科技部公益性行业（气象）科研专项"西北地区东部
降水异常机理及预测方法研究（GYHY201306027）"资助

中国西北地区东部汛期降水异常成因及预测研究

王鹏祥　杨建玲　李栋梁 等　著

气象出版社
China Meteorological Press

内 容 简 介

本书系统介绍了西北地区东部汛期降水异常大气环流特征、持续性旱涝和旱涝急转环流特征、海温、北亚洲地面感热、青藏高原热状况、北半球高纬度海洋热状况对西北地区东部降水影响与机理,及其预测方法、模型和预测系统等方面的最新研究成果。本书资料翔实、结构严谨,内容丰富全面,阐述简明,理论性、针对性和实用性较强,具有较高的学术价值,对气候预测业务服务有重要的指导作用。

本书既可供气象、地理、环境、生态、水文等相关专业从事科研和业务的专业技术人员,以及政府部门的决策管理者参考,也可供相关学科的大专院校师生参考。

图书在版编目(CIP)数据

中国西北地区东部汛期降水异常成因及预测研究 /
王鹏祥等著. —北京:气象出版社,2020.9
ISBN 978-7-5029-7283-7

Ⅰ. ①中… Ⅱ. ①王… Ⅲ. ①降水-研究-西北地区
Ⅳ. ①P426.6

中国版本图书馆 CIP 数据核字(2020)第 179421 号

中国西北地区东部汛期降水异常成因及预测研究
Zhongguo Xibei Diqu Dongbu Xunqi Jiangshui Yichang Chengyin ji Yuce Yanjiu

---

出版发行:气象出版社

地　　址:北京市海淀区中关村南大街 46 号	邮政编码:100081
电　　话:010-68407112(总编室)　010-68408042(发行部)	
网　　址:http://www.qxcbs.com	**E-mail**:qxcbs@cma.gov.cn
责任编辑:隋珂珂	终　　审:吴晓鹏
责任校对:张硕杰	责任技编:赵相宁
封面设计:地大彩印设计中心	
印　　刷:北京建宏印刷有限公司	
开　　本:787 mm×1092 mm　1/16	印　　张:15
字　　数:400 千字	彩　　插:8
版　　次:2020 年 9 月第 1 版	印　　次:2020 年 9 月第 1 次印刷
定　　价:96.00 元	

本书如存在文字不清、漏印以及缺页、倒页、脱页等,请与本社发行部联系调换。

本书编写组

王鹏祥　杨建玲　李栋梁　杨金虎

崔　洋　王　慧　赵传湖　王素艳

姚慧茹　李　潇　马　阳　卫建国

王　岱　李　欣　穆建华　朱晓炜

蔡新玲　林婧婧　刘晓云

前　言

　　中国西北地区东部包括青海东部、甘肃中东部、宁夏、陕西及接壤的内蒙古中部,大约在 $100°\sim111°E$,$32°\sim42.5°N$ 范围内,位于青藏高原东北侧,深居内陆,距海遥远,属干旱半干旱气候区,处于东亚副热带夏季风的西北边缘区域,同时处于我国黄土高原腹地和黄河中上游地区,植被稀疏,土地疏松,是我国乃至世界上水土流失最严重、生态环境最脆弱的地区。该地区降水量的空间分布很不均匀,自东南向西北迅速减少,年循环具有明显的季风雨特点,主要降水量集中在夏季。降水量年际变率很大,因降水异常偏少造成的干旱是中国西北地区东部天气气候最主要的特点,也是最重要的气象灾害。严重干旱引起农业减产、水资源短缺、土地荒漠化和生态环境恶化等严重问题,是区域性可持续发展和打赢扶贫攻坚战的一个重要制约因素。同时,由于长期干旱,土质疏松,短期降水异常偏多引起的洪涝又时常造成农业受灾、人员伤亡和水土流失等严重问题。

　　在全球气候变暖大背景下,中国西北地区东部极端降水事件趋多。最新研究发现,21 世纪以来中国西北地区东部的干旱出现了显著加剧的新趋势,2004 年秋季到 2007 年 6 月在中国西北地区东部发生了持续 3 年降水异常偏少的严重干旱;2008 年 11 月至 2009 年 6 月降水持续异常偏少,出现了严重旱情。在这种严重干旱的情况下,暴雨、连阴雨却时有发生,强度有不断加强的趋势。2006 年 7 月 14 日,宁夏北部发生了历史罕见暴雨,其中心区 12 小时降水量超过全年降水量的 60%;2007 年夏、秋季节西北地区发生了 3 次历史罕见的持续阴雨天气;2008 年年初中国西北地区东部又出现了历史罕见的低温连阴雪天气;2010 年 8 月甘肃省甘南州舟曲县发生了持续强降雨,并引发了严重的泥石流灾害;2017 年 7 月 25－27 日陕北发生特大暴雨;2017 年 8 月下旬西北地区还出现了历史罕见持续低温寡照的连阴雨天气;2018 年 8 月 22 日宁夏贺兰山银川至石嘴山段出现了百年一遇局地特大暴雨。这样频繁出现的极端降水异常事件,给当地的农业生产和人民生活带来了极大影响。因此,如何在月、季时间尺度上对降水异常做出较为准确的预测,更好地服务于当地防灾减灾和社会经济发展就成为当务之急。然而,要做出准确预测,就必须搞清楚影响降水异常变化的成因。

　　降水异常的直接原因是持续性的大气环流异常造成的,但是,大气本身的记忆时间很短,不足以用来做短期气候预测。因此,要进行气候预测,必须要考虑具有较长时间记忆的前期海温、海冰、大陆积雪和地表加热等下垫面影响因子的异常。以往对中国西北地区东部降水进行了大量的研究工作,取得了卓有成效的成果。但是,目前对引起中国西北地区东部降水异常成因的科学认识仍显不足,尤其缺乏对影响异常降水的物理机制和过程的深入研究。而且在多个影响因子出现异常的情况下,究竟是哪个具有预测意义的下垫面因子(如地表加热、海温、积雪、海冰等)的异常或几个异常因子相互配合、共同作用来影响中国西北地区东部的降水异常,通过什么物理机制和过程引起中国西北地区东部降水异常等,这些科学问题都还需进行深入细致的研究。

　　本书主要以科技部公益性行业(气象)科研专项"西北地区东部降水异常机理及预测方法

研究"(GYHY201306027)取得的最新成果为基础编写完成。主要采用多种统计方法结合数值模式模拟实验,在详细研究中国西北地区东部降水异常分布、变化规律及异常大气环流背景的基础上,揭示了热带太平洋 ENSO 循环的不同阶段、热带印度洋海盆模、中高纬度地面感热、积雪、北极海冰等,从热带到极地的各主要下垫面影响因子对中国西北地区东部降水异常的影响及其物理机制和过程,在此基础上建立了多因子共同作用下中国西北地区东部降水短期气候预测的物理概念模型,以及具有坚实物理基础的客观统计预测模型,并研发了"西北地区东部降水预测系统"。

本书共包含 11 章内容,全书总体思路框架设计、主要内容安排,以及书稿审稿、统稿、定稿等工作由王鹏祥、杨建玲、李栋梁负责完成。前言由杨建玲主笔完成;第 1 章为中国西北地区东部自然概况,由王岱、马阳主笔完成;第 2 章为中国西北地区东部汛期降水时空分布特征,由杨金虎、李潇、刘晓云主笔完成;第 3 章为中国西北地区东部汛期降水异常的大气环流特征,由杨金虎、蔡新玲、刘晓云主笔完成;第 4 章为中国西北地区东部汛期持续性干湿及其转折环流特征及预测,由杨金虎、林婧婧主笔完成;第 5 章为海温对中国西北地区东部降水异常的影响及机理,由杨建玲、李欣、穆建华等主笔完成;第 6 章北亚洲地面感热变化及其对中国西北地区东部汛期降水的影响和第 7 章青藏高原热状况与中国西北地区东部汛期降水周期耦合关系,由王慧、姚慧茹、李潇主笔完成。第 8 章为北极海冰对中国西北地区东部降水的影响与机理,由赵传湖、马阳主笔完成。第 9 章为中国西北地区东部降水客观化预测方法和模型,由王素艳、杨建玲主笔完成。第 10 章为中国西北地区东部汛期降水气候预测系统,由崔洋、卫建国、马阳、朱晓炜等主笔完成。第 11 章为总结,由杨建玲主笔完成。

本书的出版得到了科技部公益性行业(气象)科研专项(课题编号:GYHY201306027,GY-HY201006038)、公益性行业(气象)科研专项重大专项(课题编号:GYHY201506001)和国家自然科学基金(课题编号:40875059,41065005)的共同资助。杨兴国研究员、陈楠研究员、董安祥研究员、邓振镛研究员、何金海教授、孙即霖教授、郑广芬研究员、李艳春研究员为本书的编写提出了极具建设性的宝贵意见,孙银川研究员、丁建军高工为本书的出版给予了大力支持和帮助,在此表示衷心感谢。

衷心期待本书的出版能为中国西北地区东部各省区气候科研和业务人员提供一些参考,对中国西北地区东部降水短期气候预测业务和科研发展起到一定的推动和借鉴作用。由于作者水平有限,书中瑕疵在所难免,真诚欢迎有关专家、学者批评指正!

作者

2020 年 8 月

目　　录

第1章 中国西北地区东部自然概况

1.1 自然概况

中国西北地区东部位于黄河上中游,位于 32.5°～41°N,100°～111.6°E 之间(图 1.1),包括宁夏、陕西、内蒙古西部、甘肃张掖以东、青海东部。东西长约 1160 km,南北宽约 890 km,总土地面积约 103 万 km²。境内地势整体自西南向东北倾斜,地貌复杂多样,植物种类丰富、类型齐全。东边植被以草原为主,向西逐渐过渡为荒漠草原、荒漠,植被覆盖率逐渐降低。土壤类型以草原土壤和荒漠土壤为主,土壤比较贫瘠。

中国西北地区东部地面水系复杂多样,内流河多,水量小,汛期短,含沙量大,冰川融水是主要补给水源,有大片无流区。境内河流分属长江、黄河、内陆河 3 大流域。长江流域主要有嘉陵江、汉江、丹江、旬河、牧马河;黄河流域主要有洮河、湟河、黄河干流、渭河、泾河、洛河、无定河、延河;内陆河流域主要有石羊河、黑河。较大的水库有青海龙羊峡水库、甘肃省刘家峡水库等。祁连山发育的冰川,是河西走廊地区最重要的水源,每年供给该地区的优质淡水,成为河西走廊灌溉农业稳定可靠的水源,为河西地区工农业生产和人民生活提供重要保证。

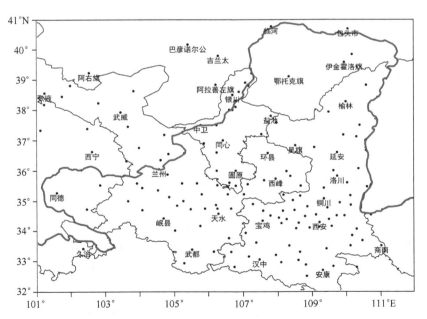

图 1.1 中国西部地区东部区域范围行政区划及气象站点分布图

1.2　地形地貌

中国西北地区东部深居内陆,周围地形复杂,陕西省南部有东西走向的秦岭山脉,秦岭以北为温带气候;甘肃省地处我国东部季风区、西风带气候区和青藏高原气候区三大气候带的交汇地带;宁夏位于黄土高原和西北的沙漠之间,北边和南边分别有贺兰山和六盘山;青海省处于青藏高原东北部,大部分地区海拔都在 3000 m 左右,部分地区还超过 4000 m;祁连山位于青藏高原东北边缘,横跨甘肃、青海两省;中国西北大部分地区属于温带大陆性干旱和半干旱气候,只有东南部边缘地带受季风影响,降水略多,出现温带半湿润季风气候。

祁连山东起乌鞘岭,西至当金山口与阿尔金山相连,北临河西走廊,南接柴达木盆地,由多条西北—东南走向的平行山脉和宽谷组成,是中国西北地区著名的高大山系之一,平均海拔4000~4500 m,4000 m 以上的山区发育有现代冰川(王义祥,2007)。祁连山是中国高原生态安全屏障的重要组成部分,是重要的生态功能区、西北地区重要的河流产流区,对中国西北地区空中水资源具有重要意义。

黄土高原位于中国中部偏北,东起太行山,西至乌鞘岭,南连秦岭,北抵长城。黄土高原丘陵区位于甘肃陇中和陇东,东部和北部分别以甘陕和甘宁边界为界限,该区地势呈阶梯状结构,西部主要向北倾斜,海拔一般在 1500~2200 m;东部向东南倾斜,海拔一般 1200~1500 m。地表十分破碎,深沟密布,陇东和六盘山东部还保存有董志塬、早胜塬、灵台塬、白草塬等 26 个大小不同独立的黄土塬,其中董志塬最大,面积为 23.09 km²。其余地方多为梁、峁、沟壑地貌。该地区生态环境脆弱,水土流失严重,容易给周围地区造成严重洪涝灾害。

秦岭是亚热带和暖温带过渡带,黄河水系与长江水系的分水岭,以及中国南北重要的地理分界线,由于其地理条件形成了独特的山地气候。秦岭南部具有北亚热带气候特征,北部属于暖温带气候。总体为春季暖而干燥,降水较少,气温回升快而不稳定,多风沙天气;夏季炎热多雨,兼有干旱;秋季凉爽较湿润,气温下降快;冬季寒冷干燥,气温低,雨雪稀少(张扬等,2018)。

青藏高原是世界海拔最高的高原,被称为"世界屋脊""第三极",对亚洲乃至全球气候具有重要影响。深居内陆和青藏高原大地形的地理环境造就了中国西北干旱的气候特点,位于西北地区西南部的青藏高原动力和热力作用是形成西北干旱的重要原因。青藏高原的热力作用主要体现在夏季是强热源,冬季是弱热汇。夏季,在热源作用下高原为上升运动,与之联系的高原外围的下沉运动造成了高原外围的少雨带,高原北侧和北部东西向的负涡度带形成了下沉运动。在南疆东部一年四季都存在一个强负涡度中心、辐散中心和下沉运动中心,这就造成极端少雨干旱气候,形成沙漠。在青藏高原东北侧也有一个相对的负涡度中心和辐散中心,造成宁夏到甘肃中部的干舌。

中国西北地区东部境内有三大沙漠,自西至东分别为腾格里沙漠、乌兰布和沙漠和毛乌素沙漠。腾格里沙漠位于内蒙古自治区阿拉善左旗西南部和甘肃省中部边境,为中国第四大沙漠,终年受西风环流控制,属于中温带典型的大陆性气候,年降水量 116~148 mm,降水多集中在 7—8 月,雨热同季。终年盛行西北风,风势强烈,风沙危害为主要自然灾害,但光热资源丰富；乌兰布和沙漠是中国北方干旱、半干旱区的过渡带，其地势西南高东北低，海拔1028～1054 m，向河套平原倾斜，该区属于温带大陆性季风气候，夏季和秋季受东南季风影响，冬季和春季受西伯利亚－蒙古冷高压控制，区域内干旱少雨，且降水分配不均；夏凉冬冷，季节温差大；温湿同期，日照充足，热量丰富。天然植被以旱生和超旱生的荒漠植被为主（罗凤敏等，2019）；毛乌素沙漠是中国四大沙地之一，地处温带半湿润半干旱与干旱气候之间的过渡地带，是中国东部季风气候区与西北干旱气候区之间的过渡地带，为大陆性季风气候。冬季气候寒冷干燥，夏季温暖湿润，春、秋两季是蒙古高压和太平洋高压的过渡时期，为时甚短，春季气温回升快，多风沙天气，秋季凉爽短促。其平均年降水量自西北向东南呈递增趋势，一般在200～400 mm之间，70%的降水量集中在7—9月（柳苗苗，2018）。

贺兰山绵亘于宁夏的西北部，既削弱了西北寒风侵袭，又阻挡了腾格里沙漠流沙东移，成为银川平原的天然屏障。贺兰山山脊是我国荒漠草原与荒漠、夏季风区和非夏季风区、外流区域和内流区域的分界线。其具有独特的山地气候特征，冬季严寒，夏季温凉，降水偏多，年日较差小，气候多变等特点。迎风坡地形对气流有抬升作用，有利于降水形成。故贺兰山较周边地区降水量大，降水日数多，大多数暴雨也在山坡地区发生。贺兰山年降水量429.8 mm，日降水量大于和等于1.0 mm的年降水日数达90天，而沿山各地年降水在200 mm以下，年降水日仅有45天左右。

六盘山位于宁夏南部，耸立于黄土高原之上，是一条近似南北走向的狭长山脉。南坡、西南坡暖湿气流北上，在地形抬升作用下使山地降水多，六盘山、泾源、隆德年降水量达600～700 mm，年降水日数多达110～130天，而处在东北方向背风坡的固原年降水量和降水日数明显要少一些，年降水量为478.2 mm，年降水日数为95天。

1.3　气候特征

中国西北地区东部独特的地理位置和地形地貌，形成了复杂多样的气候类型。西北地区东部年平均气温8.1℃，气候温凉，昼夜温差大，大陆性气候特征明显，在山区和高原，气候有明显的垂直层带性分布。该区太阳辐射强、光照充足；降水少、变率大；气象灾害种类多、发生频率高、范围广，综合来看，该区主要具有以下两点比较典型的气候特征。

1.3.1　气候干燥、降水量少、变率大、地域差异显著

中国西北地区东部平均年降水量493 mm，是全国降水最少地区之一，大约有65%的面积年降水量少于500 mm。无论年降水量还是四季降水量，其空间分布趋势大致是从东南向西北递减，降水量大值中心位于陕西省南部，而低值中心则位于内蒙古西部（图1.2）。降水量地域差异显著，例如：陕西宁强（32.83°N，106.25°E）年降水量为1105.6 mm，是内蒙古自治区伊金霍洛旗（39.57°N，109.73°E，83.9 mm）的13倍；各季降水量分配不均，降水主要集中在夏、秋季节，其中夏季平均降水量为245 mm，约占年降水量的50%，其次为秋季135 mm，占全年降水量的27%；冬季平均降水量仅为13 mm，仅占全年降水量的3%（图1.3）。逐月来看，7月降水量最多为96.6 mm，其次为8月、9月、6月、5月，而12月、1月降水量最少（3.3 mm、3.8 mm）（图1.4）。

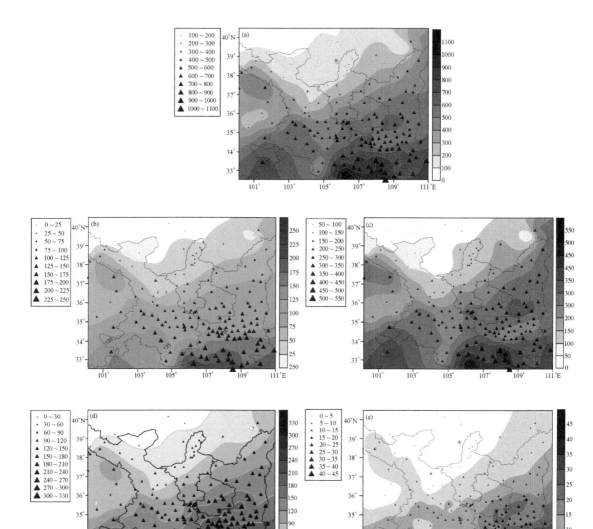

图 1.2　中国西北地区东部降水量区域分布图

((a)年降水量,(b)春季,(c)夏季,(d)秋季,(e)冬季,单位:mm)

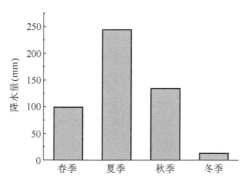

图 1.3　1961—2016 年平均中国西北地区东部各季节降水量

(图柱上的数字代表该季节降水量占全年降水量百分比)

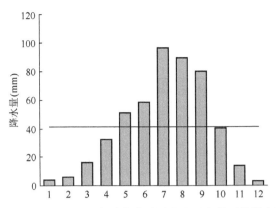

图 1.4 1961—2016 年平均中国西北地区东部逐月降水量

　　中国西北地区东部各季节和年降水量年际波动大。例如:春季区域平均降水最多年(1964 年 188.2 mm)是最少年(1962 年 42.7 mm)的 4.4 倍;夏季降水最多可以达到 337.5 mm(1981 年),最少只有 159.3 mm(1997 年);秋季降水在 2011 年最多达到 246.8 mm,1998 年最少只有 63.0 mm;冬季降水最多年(1989 年 38.1 mm)是最少年(1999 年 2.6 mm)的 14.7 倍。年降水量最多出现在 1964 年(692.7 mm),比降水最少年(1997 年 342.0 mm)多 350.7 mm(图 1.5)。

　　近 20 年中国西北地区东部降水量呈增多趋势,其中春季降水增多较明显,夏、秋季略有增加。尽管冬季降水量明显减少,但由于其占年降水量比重小,对全年降水量影响较小。

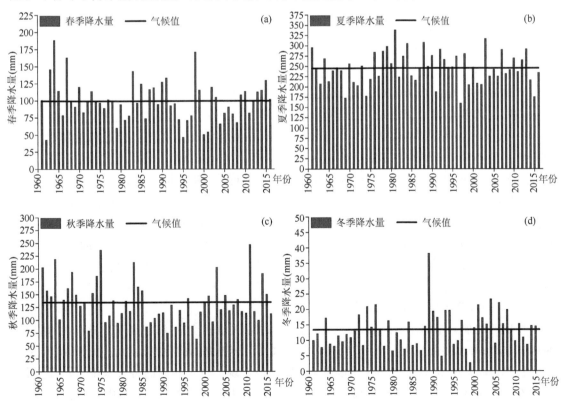

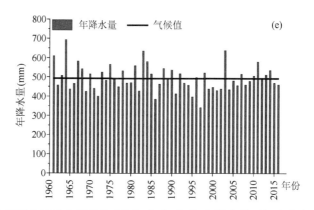

图 1.5 中国西北地区东部春季、夏季、秋季、冬季、年降水量时间变化序列

1.3.2 气象灾害种类多、发生频率高

气象灾害是指大气对人类生命财产和国民经济建设及国防建设等造成的直接或间接损害。气象灾害包括天气、气候灾害和气象次生、衍生灾害,是在自然灾害中最频繁而又严重的灾害。中国西北地区东部远离海洋,深居内陆,南北气候悬殊较大,是典型的大陆性气候。由于地势起伏及下垫面性质的差异,又是我国季风气候区西北边缘,不但形成了多种气候类型,而且气象灾害发生频繁。主要气象灾害有干旱、洪涝、大风、沙尘(暴)、冰雹、冷冻害、雷电等,且具有区域性、群发性、连续性、阶段性、季节性以及突发性等特点。在各种自然灾害造成的直接经济损失中,气象灾害最重(宋连春等,2003)。

(1)干旱频率高、范围广、影响大

干旱是中国西北地区东部最常见、影响范围最广的气象灾害。持续严重干旱引起农业减产、水资源短缺、土地荒漠化和生态环境恶化等严重问题。

在气候变暖背景下,中国西北地区东部从长期变化上看,干旱呈加剧趋势。21 世纪以来春、夏季,尤其是夏季干旱进一步加剧,而秋、冬季干旱出现了减弱的新趋势。在主降水期3—11 月,重—特旱加剧趋势比轻—中旱加剧显著,宁夏南部干旱化趋势比北部更加明显,尤其是宁夏同心地区春旱加剧非常显著,已成为中国西北地区东部重—特旱最严重的地区(杨建玲等,2013)。如 1994—1997 年,中国西北地区出现了近 60 多年来的连续 4 年春季极端干旱事件,这 4 年里春季降水距平百分率在—9.8%～—52.8%之间,尤其 1995 年是春季极端干旱最严重的一年,降水距平百分率在—43%～—89%之间。宁夏北部的贺兰等 4 站整个春季滴雨未下,不少地方发生了春夏连旱,对西北地区东部农业、畜牧业、工业及城乡生活等造成十分严重的经济损失(白虎志等,2011)。西北地区干旱具有持续时间长、覆盖面积广、旱情程度重的特点。

(2)局地强降水事件频繁、地质灾害多发

中国西北地区东部深居内陆,西接青藏高原,北靠腾格里沙漠,海拔高度差异很大,地形地貌极其复杂;降水主要集中在夏季,且短时强降水发生频率高,灾害性影响大。如 2018 年宁夏"7·22"暴雨,7 月 22 日午后到夜间银川至石嘴山段出现了百年一遇的特大暴雨,最大降雨量出现在银川市西夏区贺兰山滑雪场,为 277.6 mm,超过 2016 年"8·21"暴雨,刷新宁夏有气象观测记录以来的日降水量极值。经统计,此次暴雨致使银川市发生洪灾,直接受灾人数达

6007 人,其中,紧急转移 4629 人,死亡 1 人;农作物受灾面积 598.6 hm² ;严重损坏房屋 20 间,一般受损房屋 122 间;洪涝灾情造成全市直接经济损失 1067.77 万元。

1.4　中国西北地区东部汛期降水研究现状及必要性

1.4.1　中国西北地区东部汛期降水的研究现状

对于中国西北地区降水异常变化规律的研究表明,西北地区东部夏季降水空间分布呈自西北向东南的阶梯状递增的特征,东南部多于东北部(李飞,2018),且降水呈现明显的年代际变化,20 世纪 60 年代初期至 70 年代中期降水普遍偏少,70 年代中期至 90 年代中期降水偏多,此后降水偏少(郑丽娜,2018);西北地区水汽含量的空间分布与降水分布具有一致性,西北地区水汽含量在 20 世纪 80 年代中期至 90 年代末呈现增多趋势,从 90 年代开始至 21 世纪初呈减少趋势(王凯等,2018)。

研究指出了中国西北干旱对应的"西正东负"异常环流型,发现影响其降水异常的最强信号是青藏高原热力状况(李栋梁等,1997),El Niño 事件和台风活动(李耀辉等,2004;王迎春,2014;王芝兰等,2015;周俊前等,2016);其次是南亚高压,西太平洋副热带高压、印度洋海温以及区域降水自身演变特点(李耀辉,2000;杨晓丹,2005;江志红,2009;任国玉,2016),西风带系统和高纬度下垫面(如积雪和海冰等)也是影响中国西北地区东部降水的重要因素(陈明轩等,2003;卞林根等,2008;张若楠,2011)。另外,东亚季风,特别是东亚副热带夏季风北边缘带的活动对中国西北地区干旱形成有显著影响(王宝鉴等,2003;王可丽等,2005;黄荣辉等,2010;李栋梁等,2013;李飞,2018)。以上这些影响中国西北地区东部降水的强信号可以归为两大类:一类是具有较长"记忆"的外强迫因子(如青藏高原热力状况、海温、积雪、海冰等),另一类属于大气内部的系统(如台风、西风带系统、南亚高压、西太平洋副热带高压、东亚季风等)。因为第一类因子的异常变化具有较长的"记忆"时间,它们是气候可预报性的主要组成部分,而后者本身由于其快变特性而对气候预测的意义有限。

1.4.2　研究中国西北地区东部汛期降水的重要性和必要性

中国西北地区东部处在干旱半干旱气候区,属于东亚副热带夏季风的北边缘区域。在全球气候变暖大背景下,中国西北地区东部降水量年际变率加大,极端降水事件趋多。因降水异常偏少造成的严重干旱引起农业减产、水资源短缺、土地荒漠化和生态环境恶化等严重问题,是区域性可持续发展和西部大开发的一个重要制约因素。同时,由于长期干旱,土地疏松,短期降水异常偏多引起的洪涝又时常造成农业受灾、人员伤亡和水土流失等严重问题。

如何在月、季时间尺度上对降水异常做出较为准确的预测,更好地服务于当地防灾减灾和社会经济发展成为当务之急。目前对引起中国西北降水异常成因的科学认识仍显不足,虽然热带太平洋 ENSO 对中国西北地区东部降水的研究相对较多,但是在 ENSO 发展的不同阶段对中国西北地区东部降水有什么样的影响,以及影响的物理机制还需进一步研究;而作为中国西北地区降水主要水汽源的热带印度洋,其海温异常对中国西北东部降水影响研究很少,其物理机制还不清楚,尤其最近几年新的研究发现使得对热带印度洋海温异常影响气候变化有了新的认识,如发现热带印度洋在 ENSO 影响亚洲季风中起到了传递信号的关键作用,热带印度洋海盆模对南亚高压有直接的显著影响,ENSO 与南亚高压之间的高相关性是通过海盆模"电容器"的接力作用引起的,海盆模可以在北半球激发出绕球遥相关波列 CGT 等一系列新的研究成果。因此有必要在最新研究成果的基础上,深入研究印度洋 SST 对中国西北地区东部降水的影响及其机理。中高纬度积雪、极地海冰等的异常是影响我国大气环流和降水的不可忽略的因子之一,甚至有研究表明,北极海冰异常在对区域气候影响方面具有与 El Niño 同等重要的作用,在某些情况下,其影响甚至可以超过后者。但是以前的研究主要对我国大范围及东南部地区降水的影响,对中国西北地区东部降水的影响缺乏深度和系统性,以往研究大部分只是简单的相关统计,究竟中高纬度的积雪、海冰等下垫面异常对中国西北地区降水异常的影响及其机理目前还了解不多。另外,在气候变暖背景下,海温、海冰、积雪等外强迫因子对中国西北地区东部降水的影响发生了怎样的年代际变化,相应的以前有显著指示意义的预测指标和模型有什么改变,都需要根据相关影响做及时的调整和修正。

因此,总体来说关于中国西北地区东部降水异常成因的认识还非常有限,对影响异常降水的物理机制和过程,需要持续的深入研究。

第2章 中国西北地区东部汛期
降水时空分布特征

中国西北地区东部的主要气候特征为干旱。地形以高原、盆地和山地为主。地表状况由东向西为农田、草原、荒漠草原、荒漠、戈壁、沙丘。植被稀疏、土壤发育差、河流稀少。中国西北地区东部地处大陆腹地,远离海洋,再加上青藏高原地形作用,造成了干旱的气候背景,而高原的热力、动力作用连同盛行环流的异常变化等又影响了干旱区的相对干、湿年代(际)变化。

中国西北地区东部总体属于干旱和半干旱的温带大陆性气候。冬冷夏热,年温差、日温差大,干旱少雨,多大风天气。地域辽阔,地形复杂,气候类型多样。甘肃河西走廊中西段为西风带气候区;祁连山区为高原气候区;陕西、宁夏、甘肃河西走廊东段及青海东部为亚洲夏季风北边缘影响区域。该区大部属于东亚夏季风的北边缘区域,同时又受到西风带环流、高原季风的影响,夏半年有时还会受到中国东南沿海登陆台风的间接影响,这些使得该地区的干旱气候问题变得极其复杂。汛期降水空间分布差异大,年际变率大。中国西北地区东部的汛期(5—9月)气候变化在中国和东亚(15°～60°N,70°～140°E)的气候变化中占有重要地位。观测表明,中国西北地区东部降水量有明显的季节性差异,降水量年内分配较为集中,全年的降水量大多出现在汛期,认识中国西北地区东部汛期降水时空分布特征具有重要意义。

本章利用比较长历史资料来研究中国西北地区东部汛期降水量的时空分布特征和周期变化。

2.1 平均降水量空间分布

利用中国西北地区东部156个气象台站,1961—2016年平均的5月、夏季(6—8月)、9月降水量,分析其汛期不同时段降水量的空间分布。

2.1.1 5月降水量空间分布

图2.1为5月降水量的空间分布。可以看出,晚春5月降水的空间分布呈现东南多、西北少,由东南向西北呈台阶状递减的特征。5月全区平均降水量为51.5 mm,内蒙古西部的伊金霍洛旗(109.73°E,39.57°N)仅为4.8 mm,为全区最少;陕西南部的紫阳(108.53°E,32.53°N)和甘肃南部的康县(105.6°E,33.3°N)多达125 mm,为全区最多。

5月是北半球大气环流和天气气候开始重大调整的过渡季节,东亚大气环流第一次突变就发生在5—6月。5月温度快速上升,西风带活动频繁,水分蒸发远大于降水量,土壤失墒快,春末干旱频发。从4月至5月中旬,东亚地区副热带高压脊线向北推进的速度在大陆东部和西部基本一致。但是,由于青藏高原的热力作用和热低压的发展,从5月下旬起,青藏高原的高压迅速北移,同时大陆东部的高压北移缓慢,形成"西高东低"形势。这样,中国西北地区东部春末处于西北气流控制之下,多出现少雨干旱天气(钱林清,2000)。

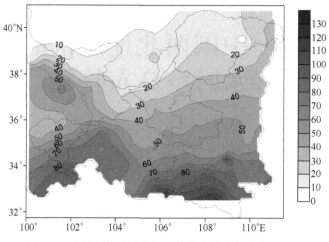

图 2.1 中国西北地区东部 5 月降水量空间分布(mm)

2.1.2 夏季降水量空间分布

从中国西北地区东部夏季降水量的空间分布可以看出(图 2.2),夏季主汛期(6—8 月)降水量为 21~525 mm,平均为 253 mm,占年降水量的 50% 左右。夏季降水量空间分布型同 5 月基本一样,也呈现东南多、西北少,由东南向西北呈台阶状递减的分布特征。夏季降水量最少的地方在内蒙古西部的伊金霍洛旗,仅为 21 mm,陕西南部的宁强(106.25°E,32.83°N)降水量为 525 mm,两地相差 504 mm。内蒙古西部、甘肃河西中东部、宁夏北部降水量在 150 mm 以下,是降水量最少的地区。青海东南部、甘肃河东大部、宁夏南部及陕北降水量为 150~350 mm。甘肃东南部、陕西中南部降水量为 350~525 mm。

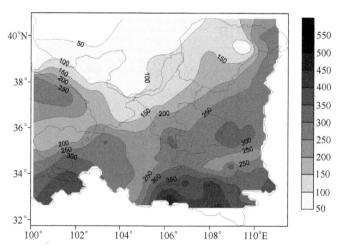

图 2.2 中国西北地区东部夏季(6—8 月)降水量空间分布(mm)

青藏高原、秦岭及祁连山等不同地形对中国西北地区东部夏季降水的分布有重要影响。该区东南部受东亚季风和南亚夏季风影响较大,空中水汽含量较多,容易形成降水且强度较大,夏季降水量一般超过 300 mm。如陕西南部、甘肃南部和青海东南部,特别是秦岭山区附件夏季降水量超过 400 mm,这里属湿润及半湿润气候区。受高大山系的影响,从东南部来的水汽很难到达该区中部一带,即使有少部分水汽被输送到这里,也是集中在对流层中高层,所以许多高大山系的迎风坡容易形成降水。但是在地势比较低的沙漠、戈壁和走廊一带,水汽很难抬升凝结,一般以下沉气流为主,这里夏季降水量一般不超过 150 mm,如河西走廊和宁夏北部。

从宁夏中南部经甘肃景泰、定西、武山、礼县、武都到文县有一个由北向南的相对少雨带。从全国降水量图上可以清楚地看到,这一地区是中国除青藏高原外,年降水在 400 mm 和 500 mm 线位置最偏南的地区,尤其是在 33°~35°N 间,降水量明显低于紧邻的东西两侧。其湿度梯度之大更是全国所罕见。气候上形象地称之为"干舌"(李栋梁和彭素琴,1992)。在这一舌状地区内的西汉水、白龙江和白水江谷地更是著名的"干旱河谷"。由于甘肃中部地处青藏高原东北侧的下沉气流中,低层流场出现辐散;其次,该区处在六盘山的西边,六盘山的走向与东南暖湿气流近乎垂直,使得山的西侧形成背风的雨影地区,降水偏少。该干舌位于青藏高原东北侧,作物生长完全依靠自然降水,是荒漠、草原和农业区的过渡地带,对农牧业而言,实际上是中国西北地区最干旱的地方(伍光和等,1998)。

总之,中国西北地区东部夏季降水量的空间分布特点是:降水量少、东西差异大,除受地理、地形影响外,还受到西风带环流和东亚季风环流的影响。干旱是中国西北地区东部夏季最基本的气候特征。

2.1.3　9 月降水量的空间分布

图 2.3 为中国西北地区东部 9 月(早秋代表月)降水量空间分布。可以看出,其分布型与夏季基本一致,同样呈现东南多、西北少,由东南向西北呈台阶状递减的分布特征。全区 9 月多年平均降水量为 80 mm,内蒙古西部的伊金霍洛旗为 7 mm,仍为全区最少;陕西南部的宁强为 205 mm,即为全区最多。

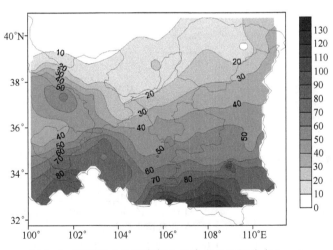

图 2.3　中国西北地区东部 9 月降水量空间分布(mm)

9 月进入秋季,冷空气活动开始频繁,气温不断下降。华西秋雨是一种秋季发生在中国西北地区东部—西南地区的特殊天气气候现象,以绵绵阴雨为主要特征。华西秋雨出现时段在 9—10 月,以 9 月为主。由于中国西北地区东部位于青藏高原的东侧,秋季频繁南下的冷空气因受秦岭和青藏高原东侧地形阻滞,与原停滞在该区域的暖湿空气相互作用,使低层锋面活跃

12 中国西北地区东部汛期降水异常成因及预测研究

加剧,使华西产生仅次于夏季降水的一个次极大值降水区。

华西秋雨极大值有南北两个中心,强度和范围在近 50 年中存在明显年代际变化(图 2.4),20 世纪 60 年代,华西秋雨中心在陇东南、陕中南与川北交界处,其典型区东伸至河南、湖北西部,南至重庆南部,秋雨指数中心值超过 0.54,秋雨强度较强;西南秋雨典型区与北部秋雨区断裂开,独立分布在川西至滇中地区,中心强度超过 0.48,强度偏强。70 年代,华西典型秋雨区中心成东西向分布,并在川西高原与陕西南部各有极大值存在,其中川西高原秋雨中心指数超过 0.48,强度偏强,陕西南部数值与范围均偏小。同时,70 年代甘肃中部、宁夏地区有带状秋雨极大值分布,秋雨现象也比较显著。此外,西南秋雨中心偏北,强度偏强。80 年代,华西秋雨典型区呈东东北—西西南向带状分布,东西方向上存在多个中心,其中陕西南部秋雨中心强度最强,超过 0.48,川西高原的另一秋雨中心指数达 0.46;西南秋雨区 80 年代范围增大,基本覆盖了云南中部、西部,中心数值超过 0.5,强度较强,秋雨现象明显。90 年代,华西秋雨范围明显减小,在陇南、陕南与川北交界处呈狭长的带状分布,西伸至西藏东部,东至陕西,中心极大值强度达 0.48,但大值范围较小,西南秋雨中心偏西,总体范围也缩小,秋雨指数在 0.45 左右,强度偏弱。21 世纪初,在气候变暖的背景下,华西秋雨典型区位于甘肃中南部、宁夏、陕西、山西西部、青海东部、四川北部,秋雨指数基本达到 0.48,强度增强,范围扩大,位置达到历史最偏北的位置。

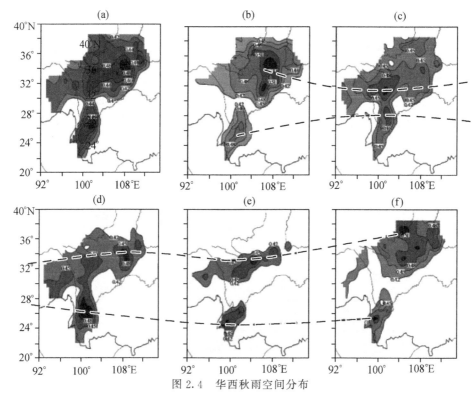

图 2.4 华西秋雨空间分布

(a)1961—2010 年平均,(b)20 世纪 60 年代,(c)70 年代,(d)80 年代,(e)90 年代,(f)21 世纪 00 年代

2.2 汛期降水异常时空特征

经验正交分解(EOF)可以把原变量场分解为正交函数的线性组合,构成为数很少的互不相关的典型模态,代替原始变量场,每个典型模态都含有尽量多的原始场的信息。它具有一系

列突出的优点：第一没有固定的函数，不像有些分解需要以某种特殊函数为基函数；第二能在有限区域对不规则分布的站点进行分解；第三它的展开收敛速度快，很容易将变量场的信息集中在几个模态上；第四分离出的空间结构具有一定的物理意义。EOF 已经成为气候科学研究中分析变量场特征的主要工具。本书利用 1961—2016 年中国西北地区东部 156 个气象台站的汛期降水序列资料，将各站的 5 月、夏季及 9 月降水量分别作为原始场，分离出降水的主要模态。

2.2.1　5 月降水

5 月降水量的第一模态空间分布型为全区一致型（图 2.5a）。载荷向量数值全区几乎都在 0.35 以上，超过了 0.01 的显著性水平，其中相对大值区（0.7 以上）主要在甘肃东南、陕西中南部以及宁夏一带，说明这些区域是全区域内 5 月降水最容易发生异常的区域。该模态的方差贡献率为 50.61%。从时间系数（图 2.5b）变化来看，中国西北地区东部 5 月降水异常第一模态在 20 世纪 60 年代初、70 年中期到 80 年代中后期、90 年代中期到 21 世纪初方差较大，区域降水异常一致模态表现得比较典型，而在 20 世纪 60 年代中期到 70 年代中期、90 年代初、21 世纪以来 5 月降水异常一致模态的方差较小，这些时段内第一模态表现不典型。从总体趋势来看，近 56 年来没有明显的增多或减少趋势，从二阶拟合曲线来看，该模态揭示的甘肃东南、陕西中南部以及宁夏一带 5 月降水量近 56 年来发生了先下降后上升的变化趋势，自 20 世纪 90 年代以来这些区域 5 月降水有增多趋势。

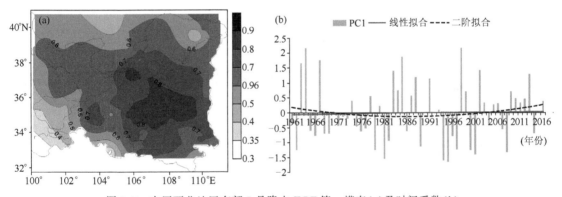

图 2.5　中国西北地区东部 5 月降水 EOF 第一模态（a）及时间系数（b）

第二模态方差贡献约为 9.95%（图 2.6a），比第一模态明显偏小，该模态表现为西北—东南反向的变化特征，正的异常显著区（超过了 0.01 的显著性水平）分别位于甘肃河西中部到甘肃中部以及内蒙古西北地区，负的异常显著区（超过了 0.01 的显著性水平）在陕西中南部。从时间系数（图 2.6b）来看，中国西北地区东部 5 月降水的这种西北—东南区域异常反向的第二模态在 1967 年表现得最为典型，其次在 1963 年、1977 年、1978 年、1980 年、1983 年、1988 年、2002 年、2009 年表现得也较为典型。结合空间分布和时间系数的二阶拟合曲线可以看出，最近 15 年来甘肃河西中部到甘肃中部以及内蒙古中西部地区 5 月降水量表现为明显减少趋势，而陕西中南部降水量有增加趋势。

第三模态方差贡献约为 5.30%（图 2.7a），比第二模态更小，该模态表现为东北—西南反向的变化特征，显著异常区范围较前两个模态明显变小，相比较陇南和陕北属于显著异常区,载荷向量绝对值大于 0.35,超过了 0.01 的显著性水平。从时间系数表现来看(图 2.7b),中国西北地区东部 5 月降水的这种东北—西南区域异常反向的第三模态在1986 年、2013 年表现得最为典型,其次在 1973 年、1983 年、1993 年、1998 年表现得也较为典型。结合空间分布和时间系数的二阶拟合曲线可以看出,20 世纪 80 年代中期之前陇南 5 月降水有增加趋势、而陕北为减少趋势,20 世纪 80 年代中期以来则表现为明显的反向趋势。

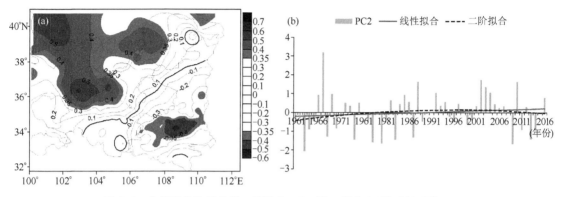

图 2.6　中国西北地区东部 5 月降水 EOF 第二模态(a)及时间系数(b)

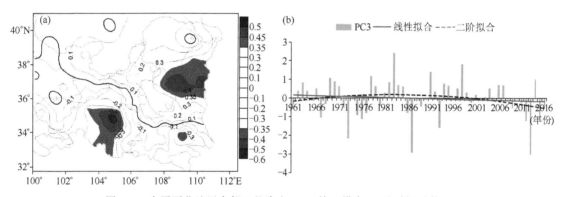

图 2.7　中国西北地区东部 5 月降水 EOF 第三模态(a)及时间系数(b)

　　需要指出的是,某一区域降水总体表现为增加或减少的趋势取决于各个模态的综合结果,上述描述的不同模态的方差较大的区域降水增加或减少趋势只是针对这一模态而言,总体第一模态有较大的权重,可以较大程度代表该区域的变化情况。下面关于夏季和 9 月的分析也存在类似的情况,在这里一并说明。

2.2.2　夏季降水

　　夏季降水的前 3 个模态的方差贡献依次为 25.19%、18.55%、6.29%。前 3 个模态累计方差贡献超过了 50%。但是时空异常分布的收敛速度在全年中最慢。这反映了夏季降水的影响因素较多,且多中小尺度的对流性强降水,其局地性强的特点。

　　第一模态表现为全区一致性特点(图 2.8a),这表明中国西北东部夏季干湿异常具有同步性,相比较显著异常区(超过 0.01 的显著性水平)在甘肃黄河以东、宁夏、内蒙古中西部以及除南部少部分区域外的陕西大部,其中最容易发生异常的区域在甘肃陇东南地区,载荷向量数值大于 0.6。从时间系数变化(图 2.8b)来看,20 世纪 60 年代中后期到 90 年代中期中国西北地区东部夏季降水异常第一模态表现得较为典型,而在 20 世纪 90 年代中期以来处于个别年份(2003 年、2013 年、2015 年)第一模态较为典型,其他绝大部分年份第一模态不典型。从二阶拟合曲线结合空间模态可以看出,20 世纪 60 年代初至 80 年代初降水总体呈增加趋势,20 世纪 80 年代初以来呈弱减少趋势。另外 20 世纪 70 年代中期至 90 年代中期该模态以正位相为主,即区域降水以偏多为主,70 年代中期之前和 90 年代中期之后以负位相为主,降水以偏少为主。

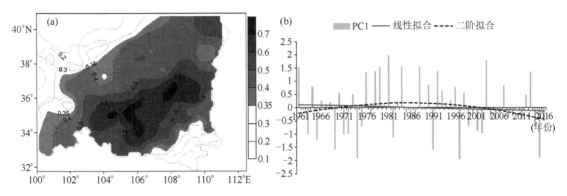

图 2.8 中国西北地区东部夏季(6—8 月)降水 EOF 第一模态(a)及时间系数(b)

第二模态反映了中国西北地区夏季降水西北—东南反向变化特征(图 2.9a)。零等值线从陕北经宁夏南部到甘南西侧。正的异常显著区(超过 0.01 的显著性水平)主要在甘肃东南部和陕西南部,而负的显著异常区(超过 0.01 的显著性水平)主要在甘肃中北部、宁夏以及内蒙古中西部地区。从时间系数变化(图 2.9b)来看,中国西北地区东部降水异常第二模态具有明显的年代际变化特征,20 世纪 60 年代初至 70 年代末、90 年代中期,负位相模态表现较为典型,即甘肃中北部、宁夏以及内蒙古中西部地区降水异常偏多,而在甘肃东南部和陕西南部降水异常偏少。20 世纪 80 年代初、21 世纪前 10 年,正位相表现较典型,降水异常与负位相相反。

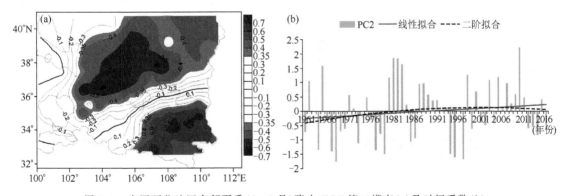

图 2.9 中国西北地区东部夏季(6—8 月)降水 EOF 第二模态(a)及时间系数(b)

第三模态自西北向东南呈三极型分布(图 2.10a),即甘肃陇东南、宁夏南部以及陕西北部同其余区域呈反向变化特征。但是除了青海东北部、甘肃河西中部、内蒙古西部以及陕西南部极少部分区域为显著异常区(超过 0.01 的显著性水平)外,其余区域基本不显著。该模态的方差贡献为 6.29%,反映了降水变化的局地特点。从时间系数(图 2.10b)演变来看该模态典型年份较少,21 世纪以来典型年份有增多趋势。1961 年以来中国西北地区东部夏季降水第三模态较为典型的年份有 1962 年、1966 年、1983 年、2007 年、2013 年、2014 年、2016 年等。

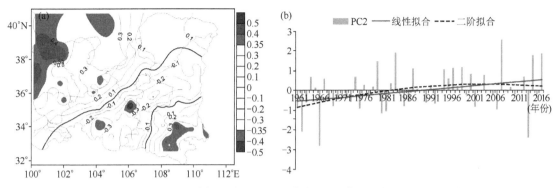

图 2.10 中国西北地区东部夏季(6—8 月)降水 EOF 第三模态(a)及时间系数(b)

2.2.3 9 月降水

9 月降水的前 3 个模态的方差贡献依次为 41.31%、15.31% 与 7.88%,其累计方差贡献率为 64.5%。秋季是夏、冬季控制系统过渡与转换的季节,由于华西秋雨形成于大气环流转换期,其影响因子相对多,因此,9 月降水的收敛速度较 5 月慢,但较夏季收敛速度快。

第一模态(图 2.11a)整个中国西北地区东部表现为全区一致性,显著异常区(超过 0.01 的显著性水平)在青海东部、甘肃河东、宁夏中部和南部以及陕西。最显著异常区在甘肃陇东和陕西中部地区。从该模态时间系数(图 2.11b)演变来看,其年代际变化明显,结合模态特征看出 1995 年之前 9 月降水呈减少趋势,1995 年以后降水呈增多趋势。另外 20 世纪 60 年代到 80 年代中前期,9 月降水第一模态以正位相为主,降水偏多,20 世纪 80 年代中后期至 21 世纪初以负位相为主,降水以偏少为主,21 世纪初以来除个别年份(2011 年、2014 年)第一模态表现典型外,其他大部分年份第一模态不典型,但总体呈增加趋势,即 9 月降水近 10 多年来呈增多趋势。

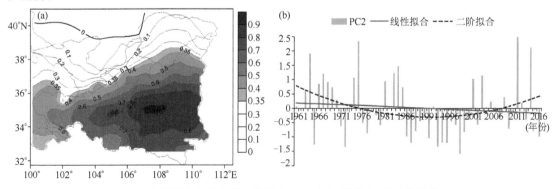

图 2.11 中国西北地区东部 9 月降水 EOF 第一模态(a)及时间系数(b)

第二模态的主要表现为西北—东南反向变化特征(图 2.12a)。正异常范围大,覆盖了该区大部,其显著异常区(超过 0.01 的显著性水平)基本位于 36°N 以北,而负显著异常区(超过

0.01 的显著性水平)位于陕西东南部,异常区在宁夏北部及其邻近区域。从时间系数变化(图 2.12b)来看,该模态表现典型的年份有 1961 年、1962 年、1971 年、1972 年、1984 年、1986 年、1991 年、2001 年、2008 年、2015 年。21 世纪以来以正位相为主,即甘肃东南部及陕西南部 9 月降水偏多,而在研究区域的北部大范围 9 月降水以偏少为主。

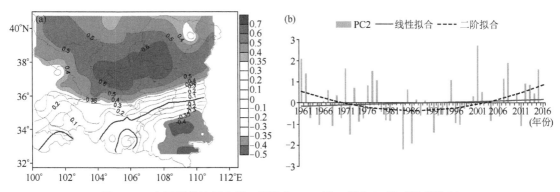

图 2.12　中国西北地区东部 9 月降水 EOF 第二模态(a)及时间系数(b)

　　第三模态(图 2.13a)同夏季降水第三模态一样表现为自西北向东南的三极型分布特征,即甘肃河东、宁夏中南部以及陕西北部同其余区域呈反向变化特征。正显著异常区(超过 0.01 的显著性水平)在甘肃河西中东部、内蒙古西部地区,负显著异常区(超过 0.01 的显著性水平)在甘肃中部小部分区域。从时间系数变化(图 2.13b)来看,年际变率较小,该模态典型年份有 1966 年、1967 年、1973 年、1985 年、1990 年、1995 年、2011 年、2013 年、2015 年。20 世纪 60 年代中前期、80 年代中后期到 90 年代初以负位相为主,该时段甘肃河东、宁夏中南部以及陕西北部 9 月降水偏多,甘肃中西部、内蒙古中西部、宁夏北部偏少。20 世纪 60 年代中后期到 70 年代中期、21 世纪以来以正位相为主,该时段内降水异常与负位相相反。

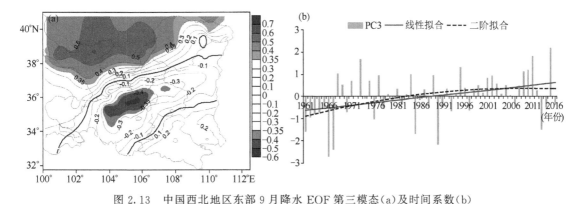

图 2.13　中国西北地区东部 9 月降水 EOF 第三模态(a)及时间系数(b)

2.3　汛期降水周期的演变特征

2.3.1　汛期降水三年周期变化对短期气候预测的重要性

　　早在 1982 年,徐国昌和董安祥(1982)指出我国西部降水量存在显著的 3 年周期,并且中国西北地区东部降水的 3 年周期更显著(李栋梁等,2000;郭新宇和蒋全荣,2001;王春学和李栋梁,2012;宋文玲等,2013),然而利用3年周期规律对该地区进行气候预测时,在某些时段出现偏差甚至与实际情况相反。随着研究的深入,一些学者发现,周期不仅是存在于气候序列的一种演变规律,而且这种规律也在发生变化,即气候变化具有明显的变频特点(李栋梁等,2000;余锦华等,2001;丁裕国等,2001;贾建颖等,2009;李潇等,2015a)。中国西北地区东部降水不仅有显著的3年周期,还有2年周期振荡(Wang and Zhao,1981;叶笃正和黄荣辉,1991;夏权等,2012;李潇等,2015a)。那么,随着时间的演变,在中国西北地区东部汛期降水3年周期与2年周期各自的振幅怎样变化,它们显著的时段分别体现在何时,各时段降水分配有何区别? 当气候变化存在变频时,采用周期规律进行预测就应该关注临近时段内的主周期。本节对中国西北地区东部汛期降水的年际短周期的变频特征进行分析。

2.3.2 汛期降水三年周期变化主要特征

通过 MTM-SVD 方法得到的 LFV 谱以频率函数的形式表明了由每个频率波段中的主要振动解释的方差百分比(王春学和李栋梁,2012),在一个给定频率处的波峰预示着数据在此频率处振荡的一个潜在重要时空信号,它可以直观地显示出变量场不同时间尺度的变化特征。李潇等(2015a)对中国西北地区东部区域平均汛期(6—9月)降水进行 LFV 谱分析得到其主要的周期。从图 2.14 可以看出,中国西北地区东部汛期降水的 LFV 谱值在3年周期附近(横坐标值为 0.33)存在一个显著峰值,通过了 99%蒙特卡洛置信度。在 2~3 年附近的峰值通过90%蒙特卡洛置信度,而年代际变化周期未达到较高的置信度。这与王春学和李栋梁(2012)对黄河流域 1959—2008 年夏季降水 LFV 谱分析的结果相似,并且黄河流域准 2 年周期的峰值达到了 95%蒙特卡洛置信度,而在本研究区却并未达到,从而更加突显了3年周期在本研究区域的重要性。

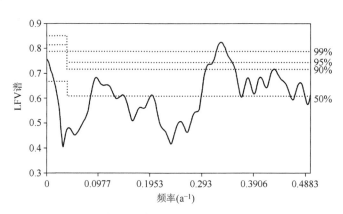

图 2.14 中国西北地区东部汛期降水 LFV 谱分析(虚线表示蒙特卡洛置信度)

对中国西北地区东部 39 个气象站汛期(6—9 月)降水的标准化序列进行 EOF 分解,第一载荷向量方差贡献率达到 43.3%。通过第一载荷向量及对应时间系数可以看出(图 2.15),在研究区域内载荷向量全部为正值,表现出全区距平场的一致变化,大值中心区主要位于陕西横山(109.14°E,37.56°N)及甘肃环县(107.22°E,36.41°N),呈东北—西南向分布。结合第一时间系数序列看出,中国西北地区东部汛期降水量极大值出现在 1964 年,极小值出现在 1965年,降水量的年际波动越来越小,呈现弱的减少趋势,且存在 2~3 年的年际变化周期。为了揭示中国西北地区东部汛期降水的变频特征,选取代表站的标准为:(1)该站的汛期降水具有显著的 2 年、3 年周期;(2)该站 2 年及 3 年周期的谐波振幅均较大;(3)图 2.15 中载荷向量最大或次大的站,并与区域内所在站的相关系数达到最大;(4)该站降水资料时间序列可延长。综合考虑以上条件,选取横山及其附近的榆林和绥德 3 个站的平均作为描述中国西北地区东部汛期降水变频特征的代表站。

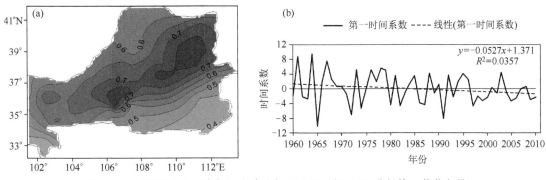

图 2.15　中国西北地区东部汛期降水标准化距平场 EOF 分析第一载荷向量
(a)及对应的时间系数序列(b)

在分析 3 个代表站平均的汛期降水变频特征时,对 1954—2010 年的时间序列建立 N—CH+1 维降水量序列,滑动窗口的取值为 CH,当变频特点不随 CH 的增大而改变时的 CH 值为合适的滑动窗口,这里选取 CH 为 18 年。分别计算其 2 年、3 年周期在各维的振幅,并在曲线图中展开。从图 2.16 可以看出,窗口期的 3 年周期振幅在 20 世纪 50 年代增大,1960 年前后达到最大之后开始缓慢减小,在 1958—1982 年期间周期显著(通过了 0.05 显著性水平检验),1983—1989 年 3 年周期接近显著程度,1990—1993 年振幅迅速减小,降至 0.05 显著性检验水平临界值以下。2 年周期振幅在 1973 年之前不明显,从 1974 年开始增大,但仅在 1990—1999 年通过 0.05 的显著性检验,之后似乎有减小的趋势。因此,中国西北地区东部汛期降水量 3 年周期的变频特征为:在 1958—1982 年以 3 年周期为主,1983—1989 年为调整时期,而 1990—1999 年则以 2 年周期为主,进入 21 世纪以来的 10 年间这些年际周期不再显著。

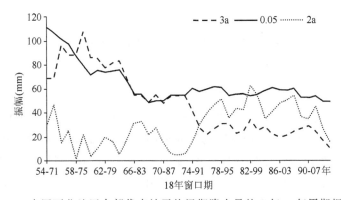

图 2.16　中国西北地区东部代表站平均汛期降水量的 2 年、3 年周期振幅在
相空间中的变化,实线为 0.05 显著性水平临界值

为了验证中国西北地区东部汛期降水的 2 年、3 年周期随时间演变,对 1960—2010 年 1—

12 月中国西北地区东部逐月降水量序列进行 Butterworh 滤波(图 2.17a),1960—1982 年 3 年周期的振幅明显,1994 年以后振幅又开始增大但仍明显小于 20 世纪 80 年代之前,达不到显著水平。1960—1989 年 2 年周期的振幅不显著,90 年代振幅显著增大。可以看出,20 世纪 80 年代初期以前主要体现为 3 年周期,90 年代则主要体现为 2 年周期。进入 21 世纪以来 3 年与 2 年周期信号均有所增强,然而尚达不到显著程度。对中国西北地区东部汛期降水量进行 Morlet 小波变换(图 2.17b),也可发现在 20 世纪 80 年代初之前主要体现为 3 年周期,90 年代为 2 年周期,验证了前面的分析。

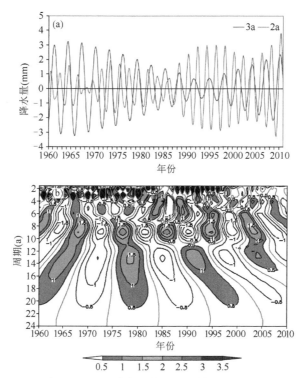

图 2.17　中国西北地区东部 2 年、3 年周期的 Butterworh 滤波
(a)及降水的 Morlet 小波变换(b)(附彩图)

2.3.3　汛期降水三年周期变化与影响因子的联系

(1)青藏高原积雪

　　青藏高原(以下简称高原)冬季积雪对中国夏季降水有很好的指示意义(吴统文等,1998;郑益群等,2000;朱玉祥等,2009)。高原冬季积雪偏多(少)会导致地面热源减弱(增强),这种影响可以持续到夏季。李栋梁等(1997)的研究表明,在夏季高原下垫面感热大面积异常增强时,由于西太平洋副热带高压脊明显西伸,江淮处于副高西伸脊控制下,冷暖气流在长江和黄河上游交汇,有利于中国西北东南部降水偏多,多雨区在青海东南、甘肃南部及陕西东部。许多研究(张顺利,陶诗言,2001,;韦志刚等,2008)表明,高原冬春积雪正(负)异常使得春、夏高原的地面热源偏弱(强),造成春夏高原上升运动偏弱(强),我国东部地区气温偏低(高)、陆海温差偏低(高),在一定程度上减弱(增强)了东亚夏季风的强度,因而西太平洋副高偏南(北),造成夏季中国长江流域降水偏多(少),华南、华北降水偏少(多)。同时由于融雪增湿效应,高

原春、夏潜热明显增强(减弱)。李栋梁等(2008)也认为高原东部凝结潜热具有一定的持续影响力,当其潜热增强时,可引起北半球同纬度带的位势高度场偏低,特别是西太平洋副热带高压偏弱,位置偏南,进而使我国长江流域汛期降水偏多,中国西北区东部、华北、东北区南部及华南降水偏少。卢咸池和罗勇(1994)指出,高原积雪正异常减弱了副热带高压,使东亚夏季风强度减弱,造成华南和华北降水减少,而长江和淮河流域降水增加。王晓春和吴国雄(1997)的研究也表明,夏季西太平洋副高稳定偏北时,河套、华南易涝,江淮易旱,反之亦然。

王春学和李栋梁(2012)发现,在准 3 年周期上黄河流域夏季降水对前冬青藏高原东部积雪日数有很好的响应,当冬季高原积雪日数以正(负)异常为主时,接下来的夏季黄河流域降水偏少(多)。这种响应存在年代际变化,在 1983 年之前最为明显,1983—1993 年是个调整时期,1993 年以后又开始明显。

(2)青藏高原地表感热

高原感热是影响中国西北地区降水的一个重要强信号。李栋梁和章基嘉(1997)发现,当初夏(6 月)青藏高原下垫面感热异常偏强时,有利于同期中国西北大部地区降水偏多,而使 7—8 月中国西北西部、北部降水偏少;东部、南部降水偏多。赵庆云等(2006)的研究表明,冬季高原感热基本与中国西北地区东部春季降水呈正相关,而与夏季降水呈反相关,冬季高原感热与滞后一个季度的夏季降水的相关较春季的更好。赵勇等(2013)指出,5 月青藏高原主体及其东、西部地表感热与北疆夏季降水的关系有所不同,以东部最优。在年际变化方面,李栋梁和章基嘉(1997)、李栋梁等(2003)的研究表明,夏季高原主体及东部平均地面感热通量表现出明显的准 3 年周期变化。

李潇等(2015b)发现,当高原东部春季感热在高原主体上偏强(弱)时,对应中国西北地区东部汛期降水的异常偏多(少)。该准 3 年周期循环上的协同关系在 1960—1982 年表现最为显著,1983—1990 年为调整阶段,20 世纪 90 年代之后又逐渐明显。高原东部春季感热对大气环流的持续加热过程影响中国西北地区东部汛期降水,且主要体现在 8 月。

2.4　本章小结

(1)中国西北地区东部汛期降水的空间分布特征:东南多、西北少,由东南向西北呈台阶状递减分布特征。从全区平均降水量来看,5 月为 51.5 mm,夏季为 253.0 mm,9 月为 80.0 mm。另外从宁夏中南部经甘肃景泰、定西、武山、礼县、武都到文县有一个由北向南的相对少雨带("干舌")。

(2)中国西北地区东部汛期降水的异常时空特征:第一模态主要体现的是整个中国西北地区东部的全区一致性,第二模态表现为西北—东南反向的变化特征。结合第一模态对应的时间系数发现,5 月降水近 56 年来没有明显的增多或减少趋势,但是 21 世纪初以来有增多趋势;夏季降水近 56 年来总体呈弱的减少趋势;9 月降水年代际变化明显,1995 年之前表现为减少趋势,而 1995 年以后表现为增多趋势。

(3)中国西北地区东部汛期降水总体存在明显的 2 年、3 年周期,但这一周期(频率)随着时间的推移其显著性在发生变化。1958—1982 年以 3 年周期为主,1990—1999 年以 2 年周期为主,进入 21 世纪以来,2 年、3 年周期的振幅均有所增加,但不显著。青藏高原冬季积雪、春季地表感热与中国西北地区东部汛期降水的准 3 年周期存在协同作用。

第3章 中国西北地区东部汛期降水异常的大气环流特征

3.1 夏季平均环流特征

3.1.1 北半球海平面平均气压场

从夏季北半球海平面气压场来看(图3.1),北极无闭合气压系统,主要为与北美北部的低压区相连的低压区,所以北极没有单个的大气活动中心。夏季与冬季最突出的差别是冬季大陆上的两个冷高压到了夏季变成了两个热低压,亚洲大陆为强大的低压区,称为印度低压(亚洲低压),因为低压中心经常在印度西北部。北美高压变成北美低压。两大洋上的副热带高压,即太平洋高压和大西洋高压大大加强,几乎完全占据了北太平洋与北大西洋。阿留申低压已完全消失,冰岛低压显著填塞。东亚夏季受印度低压和太平洋高压支配。北半球亚洲与北美洲大陆夏季为低压,冬季为高压,随季节变化,称为半永久性活动中心(卜玉康,1994)。

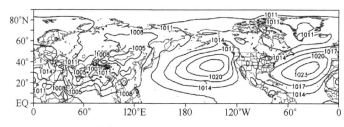

图 3.1 夏季北半球海平面平均气压场(单位:hPa)

3.1.2 北半球 500 hPa 平均高度场

夏季北半球对流层中部的环流与冬季相比有显著的不同(图3.2)。极涡向极地收缩。西风带明显北移,等高线变稀,中高纬度的西风带上由3个槽转变为4个槽,4波占优势,其强度比冬季显著减弱。比较可见,北美大槽的位置由冬至夏没有明显变化,而东亚大槽却向东移动了20个经度,移到堪察加半岛以东地区,结果使这两个大槽之间的距离拉长,引起季节性的长波调整。另一个槽在欧洲西海岸,贝加尔湖附近地区则新出现了一个浅槽,从而构成了夏季四槽四脊的形势(卜玉康,1994)。

西太平洋副热带高压(简称副高)对中、高纬度地区和低纬度地区之间的水汽、热量、能量的输送和平衡起着重要的作用。夏季中国西北地区东部位于副高的北侧或西北侧,而副高是影响夏季气候的一个重要大气环流系统。夏半年副高西进北上时,其西部的偏南气流可以从海面上带来充沛的水汽,并输送到锋区的低层,在副高的西侧到北部边缘地区形成一暖湿输送带,向副高北侧的锋区源源不断地输送高温高湿的气流。当西风带有低槽或低涡移经锋区上空时,在系统性上升运动和不稳定能量释放所造成上升运动的共同作用下,使充沛的水汽凝结而产生大范围的强降水。主要雨区经常处于副高脊线以北 3~5 个纬度的距离处(白肇烨等,2000)。

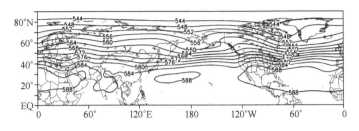

图 3.2　夏季 500 hPa 北半球平均高度场(单位:dagpm)

3.1.3　欧亚 200 hPa 平均高度场

对流层上部以 200 hPa 为代表,平均高度在 11~12 km 附近。从图 3.3 看出,夏季 200 hPa 欧亚平均高度场的主要特征是极涡的中心强度比冬季明显减弱,在北半球,西风带准静止长波呈二波型,其中一个平均槽位于亚洲东岸。夏季西风环流明显减弱,振幅显著减小。夏季 200 hPa 欧亚平均高度场最重要的系统是南亚高压。其中心位于青藏高原上空,它是西起大西洋,横跨欧亚大陆,东至西南太平洋的巨大高压系统。

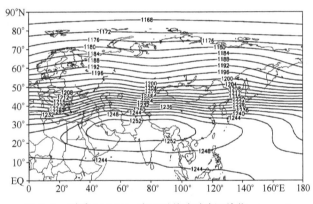

图 3.3　夏季 200 hPa 欧亚平均高度场(单位:dagpm)

3.2　中国西北地区东部汛期降水异常偏多年、偏少年环流特征

3.2.1　5 月干、湿年环流特征

中国西北地区东部 5 月干、湿年份是通过 1961—2016 年 5 月降水 EOF 第一特征向量的时间系数,各选取最典型的干、湿年份 5 个。异常偏湿年份为 1963 年、1964 年、1967 年、1985 年、1998 年,异常偏干年份为 1981 年、1994 年、1995 年、2001 年、2008 年。以下干、湿年份的环流图分别是异常偏湿与偏干年份的合成及其距平场。

(1)5 月干旱年环流特征

中国西北地区东部 5 月降水正常年 500 hPa 平均图上,极涡呈较为对称的椭圆形单极涡,中心在极点附近。而 5 月干旱年极涡位于亚洲大陆北部 80°E 附近,对应于 10 gpm 的负距平中心。欧亚大陆中纬度地区呈现两槽一脊环流型,两个长波槽一个位于亚洲大陆东部 130°E 附近,经向度大,强度偏强,并有 40 gpm 的负距平中心与其配合;另一个则位于欧洲东南部 40°E 附近,有 20 gpm 的负距平中心与其配合。对应于距平场,乌拉尔山以西为负距平,以东为正距平,东亚范围为负距平,在 60°E 以东呈现为西高东低型,与常年同期相比,东亚大槽偏西 4 个经度,强度偏强(图 3.4)。深厚的东亚大槽导致冷空气不断沿槽后西北气流南下影响中国西北地区东部,冷暖空气难以在该地交汇,导致春雨少。

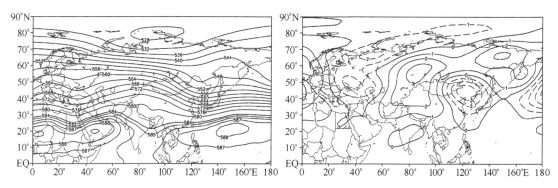

图 3.4 中国西北地区东部 5 月干旱年欧亚 500 hPa 高度(左)及距平场(右)(单位:dagpm)

中国西北地区东部 5 月降水正常年,西太平洋 588 dagpm 线的北端在 20°N 附近,西伸脊点在 120°E 附近,其为东西向狭长带状分布,而且南支槽开始减弱向北收缩,平均位置在 90°~95°E。而 5 月干旱年副高偏弱,西伸脊点偏东,对应有大片负距平区;南支槽偏浅,且位于 90°E 以西,青藏高原大部为正距平区;从孟加拉湾来的水汽少,且难以到达中国西北地区东部。亚洲中低纬度的环流形势呈现出明显的"西高东低"特征,5 月中国西北地区东部少雨干旱。

(2)5 月湿年环流特征

从图 3.5 可以看到,中国西北地区东部 5 月湿年 500 hPa 极涡明显偏强、偏南,与其相对应的是在西伯利亚有宽广的负距平区,中心为 −40 gpm。欧亚高度场距平自西向东依次呈"+−+"波列分布,东亚地区自北向南依次呈"−+−"波列分布,青藏高原及其东部地区依次呈"−+"波列分布,新疆脊弱,东亚大槽浅,这是春季干、湿年环流差别的最重要特征。

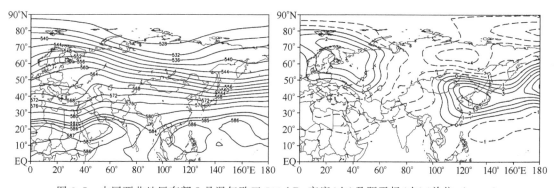

图 3.5 中国西北地区东部 5 月湿年欧亚 500 hPa 高度(左)及距平场(右)(单位:dagpm)

中国西北地区东部 5 月降水正常年,500 hPa 从巴尔喀什湖到贝加尔湖为平缓的西北气流,多雨年正好相反,贝加尔湖附近是一个高压脊,贝加尔湖及其以东地区有大块正距平区相配,中心值高达 50 gpm。而中亚为负距平区,从而,在中国西北地区上空形成了"西低东高"的环流形势。由于贝加尔湖脊的作用,影响中国的冷空气主体路径偏西,这是 5 月中国西北地区东部降水偏多的重要原因。

印缅槽的强弱是西南暖湿气流强弱的反映。它是中国西北地区东部春季降雨的重要水汽来源。5 月印缅槽明显偏强,其槽底偏南,对应于孟加拉湾以及中国西南地区东部的一大片负距平区,水汽输送较常年同期明显偏强,较强的印缅槽造成了降水明显偏多。当春季冷空气沿西路或西北路径侵入时,印缅槽偏深,从孟加拉湾输送暖湿气流,冷暖空气在中国西北区东部汇聚,导致多雨。

3.2.2 夏季旱、涝年环流特征

中国西北地区东部夏季旱、涝年份同样通过 1961—2016 年夏季降水 EOF 第一载荷向量的时间系数选取。异常涝年为 1979 年、1981 年、1984 年、1988 年、2003 年。异常旱年为 1969 年、1974 年、1991 年、1997 年、2015 年。以下环流图分旱、涝年份的合成及其距平场。

(1)夏季旱年环流特征

夏季南亚高压是对流层中高层强大、稳定的环流系统,是亚洲夏季风的主要成员之一,主要存在于亚洲大陆青藏高原和伊朗高原上空。常年盛夏南亚高压范围最大,从非洲西海岸(20°W 附近)起,经南亚到达西太平洋(160°E 附近),几乎占地球圆周的 1/2。200 hPa 风场是一个强大的反气旋环流系统,具有稳定性、持续性。其对中国西北地区的天气有重要影响。在它的控制范围内,多是干热天气;当它东移到高原东部减弱消失之后,甘肃、陕西、青海常形成大到暴雨。夏季南亚高压具有东西振荡的特征。中国西北地区东部夏季旱年,南亚高压属于西部型,高压范围小,高压主体位于青藏高原,强度强,而长江中下游强度弱,高压脊线为西北—东南走向,西风槽位于 100°～130°E 地区。对流层中高层在中国西北地区为"西高东低"型,盛行西北气流,这是该地区夏旱重要的环流背景(图 3.6)。

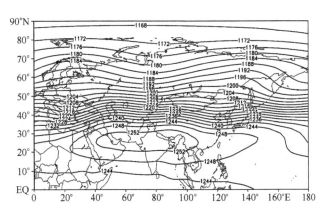

图 3.6　中国西北地区东部夏季旱年欧亚 200 hPa 高度场(单位:dagpm)

图 3.7 是中国西北地区东部夏季旱年欧亚 500 hPa 高度场及高度距平场。从图中可知,欧亚中高纬度为两脊一槽型,欧洲与东西伯利亚为长波脊,西西伯利亚为长波槽,在距平场上为"+－+"波列。新疆脊偏强,东亚大槽偏深。中国西北地区东部处于高空西北气流控制下,以晴天少雨为主。副高面积指数距平为 －1.8,偏小;强度指数距平为 －42.5,偏弱,范围很小;脊线位置偏南。正常年夏季在印度与孟加拉湾维持低压环流,低压槽明显。而旱年该地高度

场偏高,西南暖湿气流弱,水汽难以向中国西北地区东部输送。

需要指出的是,中高纬度 500 hPa 高度场,当经向环流发展强盛时易形成阻塞形势。特别在贝加尔湖或鄂霍次克海出现阻塞高压,它是影响中国西北东部地区夏季旱涝的主要环流系统之一。它常常导致中纬度西风分支经向度加大,副热带锋区南压,副热带高压位置偏南,东亚高度场距平从高纬到低纬呈"+-+"分布。阻塞形势,特别是贝加尔湖阻塞高压,维持时间长,容易造成中国西北地区东部长时间干旱,例如 1986 年 7 月,鄂霍次克海及贝加尔湖高压偏强,贝加尔湖阻塞高压偏强程度居近 46 年中第三位。许多地方降水偏少 5 成以上(李栋梁等,2000)。

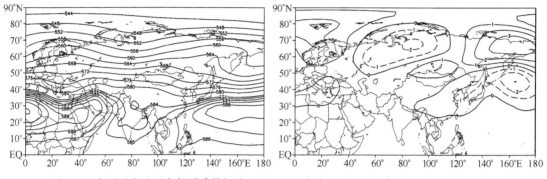

图 3.7　中国西北地区东部夏季旱年欧亚 500 hPa 高度(左)及距平场(右)(单位:dagpm)

(2)夏季涝年环流特征

中国西北地区东部夏季涝年,南亚高压属于东部型,高压范围大,高压主体位于长江中下游,强度强,其在青藏高原上强度弱,高压脊线为西南—东北走向,西风槽位于 70°～90°E 地区。对流层中高层在中国西北地区为"西低东高"型,盛行西南气流,这是中国西北地区东部夏涝重要的环流背景(图 3.8)。

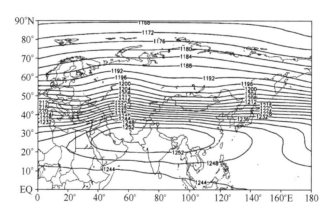

图 3.8　中国西北地区东部夏季涝年欧亚 200 hPa 高度场(单位:dagpm)

从图 3.9 看到,中国西北地区东部夏涝年亚洲中高纬度为一脊一槽型,乌拉尔山的长波脊偏强,东西伯利亚的长波槽偏宽、偏深。与夏旱年相反,西伯利亚为大片正距平区,东亚中高纬度盛行稳定的纬向环流。贝加尔湖的槽偏深,新疆脊偏弱,东亚大槽较常年偏浅、偏东。西太平洋副热带高压偏北、偏强。盛夏副热带高压强大呈带状,588 dagpm 线北界位置到达 30°N 附近,脊线平均位置到达 27°N 附近。同时,印度低压比较深厚且北抬,低压南侧的西南气流与副热带高压南的东南气流共同将海洋上水汽输送到中国西北地区东部。在涝年沿 30°～40°N

纬度带,80°～100°E 处,均为负高度距平。当青藏高原为低槽区,副高强大且西伸时,形成"西低东高"形势,利于强降水。

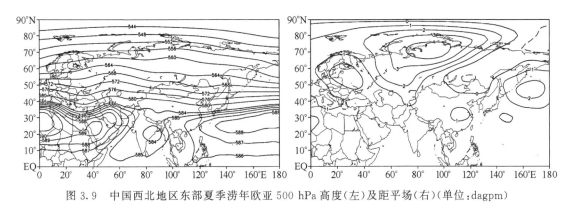

图 3.9　中国西北地区东部夏季涝年欧亚 500 hPa 高度(左)及距平场(右)(单位:dagpm)

3.2.3　9 月干、湿年环流特征

一般而言,进入秋季以后大气环流出现调整,副热带系统逐渐减弱,西风带系统明显增强。中国西北地区东部位于青藏高原的东北侧,秋季频繁南下的冷空气沿着青藏高原东部南下,与停滞在该地区的暖空气相遇使锋面活动加剧而产生较长时间的阴雨。如果冷暖空气长时期不能在本地交汇,就会出现秋旱。9 月干、湿年份同样通过 1961—2016 年 9 月降水 EOF 第一载荷向量的时间系数选取。异常偏湿年份为 1964 年、1975 年、1984 年、2011 年、2014 年。异常偏干年份为 1965 年、1972 年、1987 年、1993 年、1998 年。以下干、湿年份的环流图分别是异常偏湿和偏干年份的合成图。

(1)9 月干年环流特征

图 3.10 是中国西北地区东部 9 月干年 200 hPa 高度场的空间分布。干年南亚高压范围较大,1248 dagpm 线东西跨度达 120 个经距。500 hPa 高度场极涡偏浅(图 3.11),槽线位于北地群岛附近,北极区基本为正值区。在欧亚中高纬度,贝加尔湖为大片负距平区。亚州中高纬度高度场为一脊一槽型,乌拉尔山到巴尔喀什湖为长波脊,东亚大槽建立早,位置偏西,强度偏强。干年青藏高原位势高度场高,影响中国西北地区东部的环流形势为"西高东低"型,新疆脊偏强,高空盛行西北气流,干旱少雨。

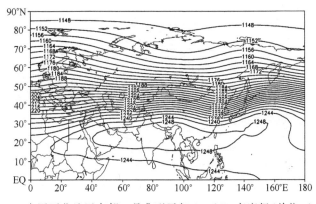

图 3.10　中国西北地区东部 9 月典型干年 200 hPa 高度场(单位:dagpm)

西太平洋副热带高压是副热带地区影响华西秋雨的一个相当重要的天气系统。常年副高主体分布在135°E以东的太平洋上,在华南仅存一副高单体,其脊线在27°N左右,脊线位置是影响9月降水最重要的副高参数。9月干年副热带高压脊线偏南,西伸脊点偏西。

多年平均图上,印度东北部和孟加拉湾西部为5840 gpm闭合等高线的季风低压所控制,而9月干年这一带为大片正距平区。南支槽偏弱,西南暖湿气流难以向北输送,这是干旱少雨的重要因素。

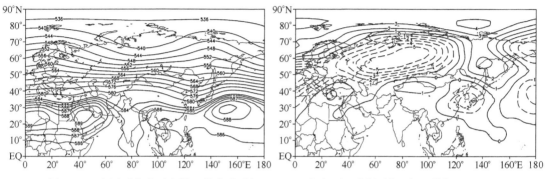

图3.11　中国西北地区东部9月典型干年500 hPa高度(左)及距平场(右)(单位:dagpm)

（2）9月湿年环流特征

受东亚季风影响,中国大部分地区的降水高峰出现在夏季。但也有一些地区的年降水除了夏季的主高峰外还有秋季的次高峰,这些地区就是秋雨区,其中,以华西地区的秋雨现象最为典型,称为华西秋雨。华西秋雨以绵绵细雨为主要特征,长时间的阴雨寡照对农业、交通运输及人民生活均产生诸多不利影响。华西秋雨发生于秋冬季节转换期,该时期大气环流将发生季节性调整,东亚季风也将经历由夏季风到冬季风的转变过程。

200 hPa高度场上9月平均环流形势主要表现为南亚高压维持,湿年南亚高压范围较小,1248 gpm线东西跨度为70个经距左右(图3.12)。进一步从平均纬向风可以看出(图略),东亚副热带西风急流位于日本以东经朝鲜半岛至中国华北、西北东部一线,急流中心位于日本以东的洋面上,中心风速超过40 m/s,而中国华北与西北东部上空风速超过35 m/s。华西地区位于副热带西风急流入口区右侧,因此该地区高层有强正涡度平流,形成高空辐散,抽吸作用使得华西上空垂直上升运动加强,并有利于低层辐合。

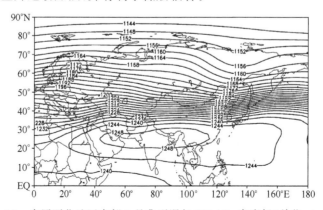

图3.12　中国西北地区东部9月典型湿年200 hPa高度场(单位:dagpm)

　　9 月湿年,500 hPa 高度场上主要的高压脊区位于西西伯利亚,东西伯利亚为长波槽,有利于冷空气南下。常年 9 月亚洲中高纬度环流形势呈西高东低型,而湿年西风带较平直,纬向环流占优势,中国西北地区东部受西风气流控制。距平场上,自中国西北地区到亚洲东北部均为负距平控制,另外,低纬度印缅区为负距平控制,并且沿南支槽前有西南气流向中国西北地区输送水汽。西太平洋副热带高压是副热带地区影响秋雨的一个相当重要的天气系统,9 月湿年副热带高压脊线偏北,在 29°N 左右;西伸脊点偏东,在 133°E 左右。从而在中国西北地区上空形成"西低东高"形势,9 月多雨(图 3.13)。

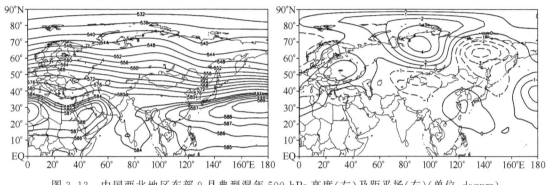

图 3.13　中国西北地区东部 9 月典型湿年 500 hPa 高度(左)及距平场(右)(单位:dagpm)

3.3　本章小结

　　(1)中国西北地区东部汛期干旱年的环流特征:东亚上空新疆脊平均位于 80°～85°E,较常年偏强;东亚大槽平均位于 130°～140°E,较常年偏深,中国西北地区东部位于新疆脊前与东亚大槽后部的西北气流控制下。在 500 hPa 高度距平场上,日本海为负距平,新疆为正距平,青藏高原大部为正距平区。从而形成了"西高东低"的环流形势,中国西北地区东部干旱少雨。在低纬度印缅槽偏弱且偏南,印度与孟加拉湾高度场偏高,西南暖湿气流弱,水汽难以向中国西北地区东部输送,这是中国西北地区东部汛期各月干旱的重要原因。

　　(2)中国西北地区东部汛期多雨年的环流特征:在 500 hPa 高度场上,东亚中纬度新疆脊弱,东亚大槽浅,气流比较平直。在 500 hPa 高度距平场上,表现为"西负东正",从而形成了"西低东高"的环流形势,中国西北地区东部多雨。在低纬度印缅槽偏强且偏北,印度与孟加拉湾高度场偏低,西南暖湿气流强,有利水汽向中国西北地区东部输送。这是该地区汛期各月多雨的重要原因。

第4章 中国西北地区东部汛期持续性干湿及其转折环流特征及预测

众多专家致力于西北东部降水异常引起的干湿研究中(谌芸等,2006;曹宁等,2011;郭慧等,2007;金葆志等,2009;马镜娴等,2000;杨金虎等,2006;杨文峰等,1997,2015;张存杰等,1998;郭艳君和孙安健,2004;赵红岩等,2012;张宇等,2014;董安祥等,2015),然而关于西北东部的干湿研究过去主要集中在季节或年降水的年际变化方面,而对于季节内的变化关注较少,特别是季节内的持续性干湿和干湿转折研究更少。事实上,季节内持续性干湿或干湿转折可造成严重灾害,中国西北地区东部降水主要出现在夏季,夏季降水异常对农业生产的影响非常巨大,而西北东部夏季降水最容易发生异常的区域在其东南部,因此该区域的夏季季节内干湿转折和持续性干湿的研究更具有重要意义。

4.1 干湿转折/持续干湿的定义及指标构建

通过计算西北东部 156 个气象台站 1961—2012 年的 5—8 月降水标准差,得到降水变率最大的站点,以其为基点站再计算其与西北东部 156 个站 5—8 月降水的单点相关(图 4.1),阴影所覆盖的显著相关区域(通过 95% 的显著性检验)有着与基点站较为一致的降水变率,而且主要在西北地区东部的东南部(下称"西北东南部"),因此使用该区域内的站点(共 64 个)5—8 月降水来讨论西北东南部的持续性干湿和干湿转折特征。

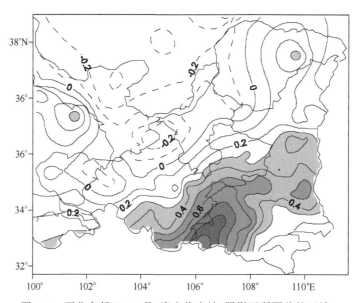

图 4.1 西北东部(5—8 月)降水代表站(阴影区所覆盖的区域)

4.1.1　持续性干湿

考虑到西北地区东部 7 月、8 月的降水连续性较好,因此本书只研究 7 月、8 月的持续性干湿,如果 7 月和 8 月均为干或湿,则认为该年盛夏为持续性干或湿年。其指数定义如下:

$$PDFI = (R_7 + R_8) \times 10^{R_7 \cdot R_8} \tag{4.1}$$

其中:R_7 和 R_8 分别为 7 月和 8 月降水距平百分率;$R_7 + R_8$ 为持续性干湿强度项;$10^{R_7 \cdot R_8}$ 为权重系数。将月降水距平百分率小(大)于 -20%(20%)定义为偏干(湿)。

4.1.2　干湿转折

这里定义的干湿时间尺度是 2 个月,并研究 5—8 月的干湿转折转折现象。如果 5 月和 6 月干,7 月和 8 月湿称作"干转湿",反之为"湿转干"。其指数为:

$$DFAI = (R_{78} - R_{56}) \cdot (|R_{56}| + |R_{78}|) \cdot 10^{-|R_{56} + R_{78}|} \tag{4.2}$$

其中:R_{78} 和 R_{56} 和分别为 7—8 月和 5—6 月降水距平百分率;$(R_{78} - R_{56})$ 为干湿转折强度项;$(|R_{56}| + |R_{78}|)$ 为干湿强度项;$10^{-|R_{56} + R_{78}|}$ 为权重系数,主要作用是增加干湿转折转折事件所占权重,降低全干或全湿事件的权重。另外将降水距平百分率小(大)于 -20%(20%)定义为偏干(湿)。

4.2　持续干湿/干湿转折的大气环流特征

4.2.1　持续性的干湿事件

(1)持续性干湿事件的发生特征

表 4.1 给出了持续性干湿事件的发生时间以及对应年 7 月、8 月的降水距平百分率,发现近 50 年来西北东南部盛夏共发生了 6 次持续性干事件,其中最强年份为 1997 年,对应持续性干湿指数为 -1.79,该年 7 月降水距平百分率为 -33%,8 月降水距平百分率为 -71%,而持续性湿事件共发生了 5 次,其中最强年份为 1988 年,对应持续性干湿指数为 3.35,该年 7 月降水距平百分率为 81%,8 月降水距平百分率为 50%。

表 4.1　1961—2012 年西北东南部盛夏持续性干湿事件年份及降水距平百分率

持续性干年	PDFI	7 月降水	8 月降水	持续性湿年	PDFI	7 月降水	8 月降水
1997	-1.79	-33%	-71%	1988	3.35	81%	50%
1994	-1.63	-42%	-54%	1981	3.33	21%	144%
2002	-1.47	-65%	-29%	2003	2.25	24%	104%
1974	-1.13	-47%	-32%	1998	1.72	58%	41%
1991	-0.98	-40%	-33%	2010	1.46	26%	70%
1967	-0.80	-22%	-43%				

(2)持续性干湿事件的环流特征

为了分析西北东南部盛夏持续性干湿事件的大气环流特征,从 6 个持续性干年份选取较强的 5 个(1997 年、1994 年、2002 年、1974 年、1991 年)以及 5 个持续性湿年份,利用合成分析从高度场、流场以及水汽场特征进行环流特征分析。

500 hPa 高度场特征

从图 4.2 可以看出,西北东南部盛夏持续性干年(图 4.2a)乌拉尔山以西为脊,以东为槽,西太平洋副热带高压的 586 dagpm 线刚好伸至中国闽浙沿岸,最强闭合中心 588 dagpm 线仍在日本国东南海洋上。而持续性湿年(图 4.2b)乌拉尔山以西的脊东移至乌拉尔山地区,西太平洋副热带高压的 586 线越过四川最西端西伸至西藏,588 dagpm 线西伸至江西和浙江一带。为了进一步对比持续性干湿年的差异,从持续性湿年和干年 500 hPa 差值场(图 4.2c)可以看出,欧亚范围内的显著差异区在乌拉尔山地区和中国华南至台湾以东的西太平洋地区,这说明在西北东南部盛夏持续性湿年乌拉尔山脊明显偏强,有利于冷空气南下影响西北东南部,另外西太平洋副热带高压偏西偏强,西北东南部正好位于副高西侧,有充足的西南暖湿气流,因此降水偏多。而持续性干年正好相反,因此降水偏少。

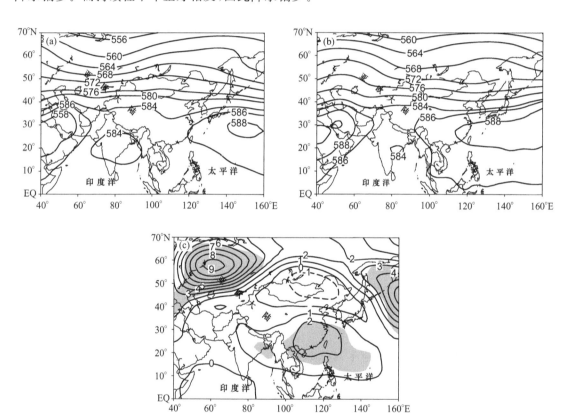

图 4.2　持续性干(a)、湿(b)年 500 hPa 高度场特征及差值场(c)(阴影区为显著差异区)

100 hPa 高度场特征

从图 4.3 可以看出,西北东南部盛夏持续性干年(图 4.3a)100 hPa 南亚高压范围较小,1676 dagpm 等值线向东仅伸至中国江苏和浙江一带,等高线相对疏松,在伊朗和中国西藏之间为最强的闭合中心,中心值仅为 1684 dagpm,另外乌拉尔山以西为脊,乌拉尔山处于槽区。持续性湿年(图 4.3b)100 hPa 南亚高压范围较大,1676 dagpm 等值线向东已伸至日本国边界,等高线相对密集,在伊朗、阿富汗和巴基斯坦交界处以及中国西藏西部分别有两个最强闭合中心,中心值为 1688 dagpm,另外乌拉尔山一带为高压脊。为了进一步比较持续性干湿年

100 hPa 环流差异,从持续性湿年和干年 100 hPa 差值场(图 4.3c)可以看出,显著差异区同500 hPa 高度场相似。因此在西北东南部盛夏持续性湿年乌拉尔山地区从中层到高层表现出比较深厚的高压脊,南亚高压偏东偏强,而且表现为双峰型,而持续性干年乌拉尔山以西为脊,乌拉尔山地区表现为槽,南亚高压偏西偏弱,仅表现为单峰型。

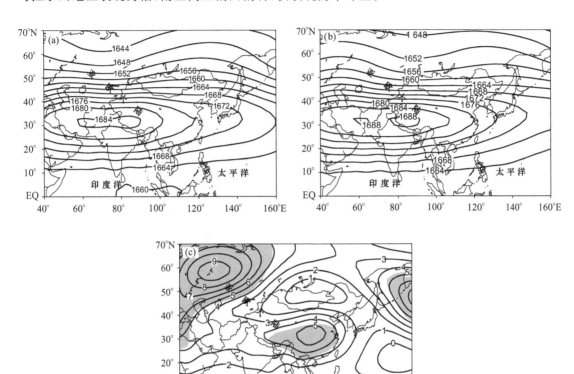

图 4.3 中国西北东南部盛夏持续性干(a)、湿(b)年 100 hPa 高度场及其差值场(c)
(阴影区为显著差异区)

高低层距平流场特征

从西北东南部盛夏持续性干年高低层距平流场来看,低层 700 hPa(图 4.4a)在中国北方到蒙古国一带表现为反气旋式距平流场,西北东南部的西侧表现为明显的辐散流场,从散度场来看西北东南部为正散度,而且以西有一正散度中心,即辐散中心,而高层 200 hPa(图 4.4c)整个中国范围表现为强大的气旋式距平流场,从散度场来看西北东南部为负散度区,表现为辐合,低层辐散高层辐合使得西北东南部在垂直场上表现为下沉运动,因此降水偏少。从持续性湿年距平流场来看,低层 700 hPa(图 4.4b)华北到蒙古国一带表现为反气旋式距平流场,而华南到中国东海一带也表现为反气旋式距平流场,西北东南部的东侧有一典型的暖式切变存在。从散度场来看,中国西北东南部为负散度区,表现为辐合,而高层 200 hPa(图 4.4d)中国基本上受一强大的反气旋式距平流场控制,从散度场来看,中国西北东南部为正散度中心,而表现为辐散。低层辐合、高层辐散,使得中国西北东南部在垂直场上表现为上升运动,因此降水偏多。

以上分析表明,中国西北东南部盛夏持续性湿年低层表现为辐合,高层表现为辐散,垂直场上表现为上升运动,因此降水偏多。而持续性干年正好相反,降水偏少。

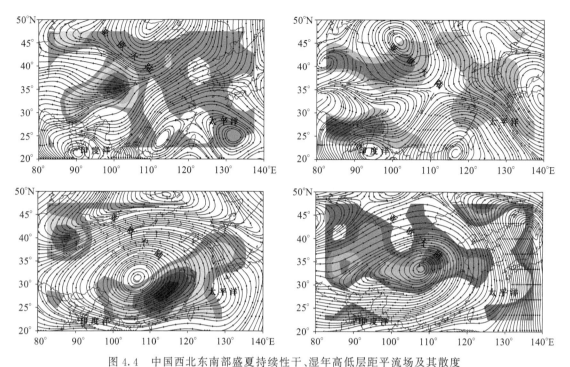

图 4.4　中国西北东南部盛夏持续性干、湿年高低层距平流场及其散度

(a)干年 700 hPa；(b)湿年 700 hPa；(c)干年 200 hPa；(d)湿年 200 hPa(阴影部分代表正散度区,散度单位：$10^{-5}\,\mathrm{s}^{-1}$)(附彩图)

整层水汽通量特征

图 4.5 给出了中国西北东南部盛夏持续性干、湿年整层水汽通量场。从持续性干年
(图 4.5a)来看,中国北方到蒙古国表现为反气旋式水汽距平通量,而中国东部到西太平
洋一带表现为气旋式水汽距平通量,西北东南部没有来自海洋的异常水汽输送,因此水
汽条件较差。从散度场来看,中国西北东南部盛夏为水汽输送正散度区,因此为水汽辐
散区。持续性湿年(图 4.5b)华南到西太平洋一带表现为反气旋式水汽距平通量,来自印
度洋和太平洋水汽部分能够到达中国西北东南部,从散度场来看,西北地区为负散度区,
表现为水汽辐合。

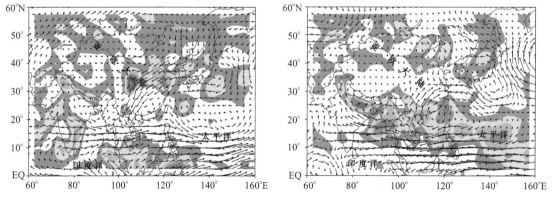

图 4.5　中国西北东南部盛夏持续性干(a)、湿(b)年整层水汽通量差值场及其散度

(阴影部分代表正散度区)(附彩图)

以上分析可以看出,中国西北东南部盛夏持续性湿年来自印度洋和太平洋的异常水汽能够输送到中国西北东南部,水汽散度场表现为辐合,因此降水偏多。而持续性干年没有异常的水汽能够输送到中国西北东南部,水汽散度场表现为辐散,因此降水偏少(杨金虎等,2015)。

4.2.2　干湿转折

(1)干湿转折异常年

表 4.2 给出了 1961—2012 年间中国西北东南部 6 个最高(低)干湿转折指数(DFAI)年及 5—6 月、7—8 月的降水距平百分率。可以看出,高 DFAI 年 7—8 月中国西北东南部降水距平百分率均为正,5—6 月降水距平百分率均为负。而低 DFAI 年正好相反。这说明 DFAI 基本能反映出中国西北东南部 5—8 月的干湿转折现象。另外发现 6 个高 DFAI 年有 4 个年份 5—6 月降水距平百分率小于−20%,所有 6 个年份 7—8 月降水距平百分率均大于 20%,为了增加高 DFAI 年的样本数量,考虑到 2010 年和 1988 年 5—6 月降水距平百分率虽大于−20%,但 7—8 月降水距平百分率大于 40%,因此增加这两年也为干转湿异常年份。而 6 个低 DFAI 年,其 5—6 月降水距平百分率均大于 20%,而 7—8 月降水距平百分率均小于−20%,因此选取这 6 年为湿转干异常年份,最终共选取了 6 个干转湿和湿转干异常年份。

表 4.2　1961—2012 年中国西北东南部 5—8 月干湿转折年 DFAI 最高(低)及降水距平百分率

高指数年	DFAI	5—6 月降水	7—8 月	降水低指数年	DFAI	5—6 月降水	7—8 月降水
1981	0.53	−39%	82%	2002	−0.92	52%	−48%
1962	0.45	−48%	32%	1991	−0.29	26%	−31%
1982	0.38	−52%	28%	1999	−0.24	25%	−25%
1976	0.31	−27%	33%	1971	−0.23	23%	−29%
2010	0.21	−18%	44%	1985	−0.23	30%	−22%
1988	0.18	−11%	66%	1967	−0.22	22%	−29%

注:将降水距平百分率大(小)于 20%(−20%),定义为偏湿(干)。

(2)干湿转折异常年份大气环流特征

为了分析中国西北东南部 5—8 月干湿转折异常的大气环流特征,利用合成分析对以上 6 个干转湿和湿转干异常年份从高度场、风场以及水汽场特征进行分析。

500 hPa 高度场特征

从图 4.6 可以看出,中国西北东南部 5—8 月干转湿年的干期(5—6 月)(图 4.6a)乌拉尔山及其以东地区为正距平,中国到日本一带为负距平,贝加尔湖有一负中心,西太平洋地区也为正距平,说明干期乌拉尔山以东的脊偏强,而东亚大槽偏深,位置偏西,中国西北东南部主要受西北气流控制而降水偏少。虽然西太平洋副热带高压也明显偏强,但由于在 5—6 月还处在西太平洋上,因此对中国西北东南部的降水影响小。湿期(7—8 月)(图 4.6c)乌拉尔山附近有一较强的正距平中心,贝加尔湖为负距平中心,西太平洋到中国东部为正距平,说明湿期乌拉尔山阻高明显偏强,蒙古低压偏深,西太平洋副热带高压偏西偏强,西北东南部正好位于西太平洋副热带高压西侧和蒙古低压底部,有充足的西南暖湿气流,因此降水偏多。湿转干年 500 hPa 高度场(图 4.6b、d)正好相反。因此湿期降水偏多,而干期降水偏少。

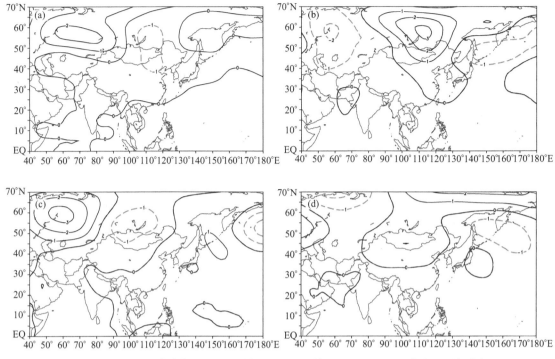

图 4.6   中国西北东南部 5—8 月干转湿(a,c)、湿转干(b,d)500 hPa 高度距平场特征

(a,b 为 5—6 月;c,d 为 7—8 月;单位: dagpm)

100 hPa 高度场特征

从图 4.7 可以看出,西北东南部 5—8 月干转湿年的干期(图 4.7a)100 hPa 北极极涡中心位置大约在 110°E 左右,而且中心强度为 1621 dagpm;湿期(图 4.7c)100 hPa 南亚高压范围较大,1676 dagpm 的范围向东已伸到日本边界,1686 dagpm 的范围较大;湿转干年的湿期(图 4.7b)100 hPa 北极极涡中心位置明显偏西,大约在 100°E 左右,而且中心强度明显偏强,中心值为 1619 dagpm;干期(图 4.7d)100 hPa 南亚高压范围较小,1676 dagpm 的范围向东仅伸到了东海,有两个强度较弱的中心,中心值仅为 1684 dagpm。由此可见中国西北东南部 5—8 月干转湿年干期北极极涡位置偏东,强度偏弱,湿期南亚高压范围较大,强度较强,而湿转干年正好相反,湿期北极极涡位置偏西,强度偏强,干期南亚高压范围较小,强度较弱。

200 hPa 纬向风场特征

图 4.8 给出了中国西北东南部 5—8 月干转湿年与湿转干年 200 hPa 纬向风差值场。可以看出,5—6 月(图 4.8a)中国以北为正的带状纬向差值风场,而中纬度为负的带状纬向差值风场,对应中国西北东南部干年和湿年的 200 hPa 距平风场(图略)发现,干年中国以北为正的带状纬向距平风场,而中纬度为负的带状纬向距平风场,湿年正好相反。而 7—8 月(图 4.8b)同 5—6 月正好相反。同样,对应干年和湿年的 200 hPa 距平风场(图略)发现,湿年中国以北为正的带状纬向距平风场,而中纬度为负的带状纬向距平风场,干年正好相反。以上分析表明,在中国西北东南部 5—8 月干转湿年的干期,由于中国以北的西风带偏强,阻止了中高纬度冷空气的南下而影响中国西北东南部,从而降水偏少;而湿期中国以北的西风带偏弱,中高纬的冷空气易于南下影响西北东南部,使得降水偏多。湿转干年正好相反。

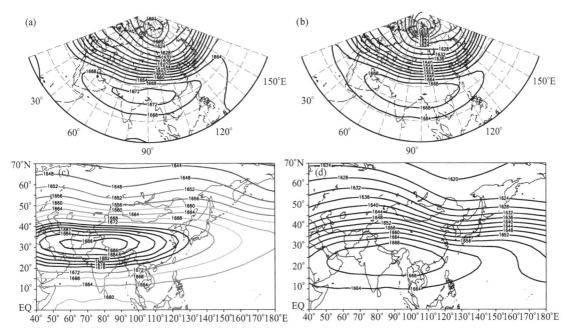

图 4.7　中国西北东南部干转湿(a,c)、湿转干(b,d)100 hPa 高度场特征(其余说明同图 4.6)

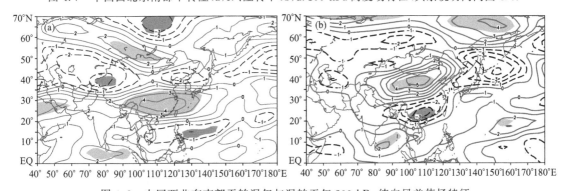

图 4.8　中国西北东南部干转湿年与湿转干年 200 hPa 纬向风差值场特征

(a 为 5—6 月；　b 为 7—8 月；阴影区为通过 95％显著检验区域；单位：m・s^{-1})

高低层距平流场特征

从中国西北东南部 5—8 月干转湿年干期距平流场来看,低层 700 hPa(图 4.9a)在甘肃河西到青海东部为气旋式距平流场,而陕西南部为反气旋式距平流场。另外,湖南和江西一带也为气旋式距平流场。从散度场来看,中国西北东南部表现为很强的辐散中心,而高层 200 hPa(图 4.9c)中国西藏以西和河北、山东及其以东表现为气旋式距平流场,新疆以北表现为反气旋式距平流场。西北东南部为负散度区,表现为辐合,低层辐散、高层辐合使得西北东南部在垂直场上表现为下沉运动,因此降水偏少。从干转湿年湿期的距平流场来看,低层 700 hPa(图 4.9b)蒙古国一带表现为气旋式距平流场,而广东一带表现为反气旋式距平流场,西北东南部为负散度区,表现为辐合。而高层 200 hPa(图 4.9d)中国基本上受一强大的反气旋式距平流场控制,西北东南部为正散度中心,表现为辐散。低层辐合、高层辐散使得西北东南部在垂直场上表现为上升运动,因此降水偏多。

从中国西北东南部 5—8 月湿转干年湿期距平流场来看,低层 700 hPa(图 4.10a)在印度

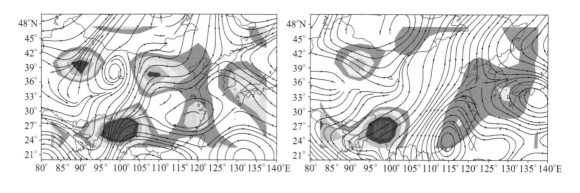

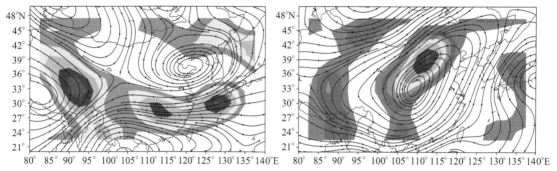

图 4.9 中国西北东南部干转湿年高低层距平流场及其散度(a)5—6 月 700 hPa；(b)7—8 月 700 hPa；

(c)5—6 月 200 hPa；(d)7—8 月 200 hPa(阴影部分代表正散度区，散度单位：10^{-5} s^{-1})

表现为一气旋式距平流场，而东海一带为反气旋式距平流场。从散度场来看西北东南部表现为负散度区，因此表现为辐合。而高层 200 hPa(图 4.10c)中国大部分地区受强大反气旋式(中心在山东以东)距平流场所控制；西北东南部为正散度区，表现为辐散。低层辐合、高层辐散使得西北东南部在垂直场上表现为上升运动，因此降水偏多。从干转湿年的干期的距平流场来看，低层 700 hPa(图 4.10b)蒙古国一带表现为反气旋式距平流场，而孟加拉国和广东以及西太平洋一带均表现为气旋式距平流场，西北东南部大部分区域为正散度区，表现为辐散，而高层 200 hPa(图 4.10d)内蒙古到蒙古国一带表现为反气旋式距平流场，而中国南方表现为强大的气旋式距平流场，西北东南部为负散度区，表现为辐合，低层辐散、高层辐合使得西北东南部在垂直场上表现为下沉运动，因此降水偏少。

以上分析表明，西北东南部 5—8 月干湿转折年不管是干转湿年还是湿转干年在干期低层均表现为辐散，高层表现为辐合，垂直场上表现为下沉运动，因此降水偏少，而湿期正好相反，降水偏多。

整层水汽通量特征

图 4.11 给出了中国西北东南部 5—8 月干转湿年与湿转干年整层水汽通量差值场。从 5—6 月(图 4.11a)差值场来看，在南海、中南半岛一带为反气旋式水汽距平通量，东海到中国东南沿海一带为气旋式水汽距平通量，对应干期(图略)中国西北东南部没有异常水汽输送，而湿期(图略)从热带西太平洋到中国南方的反气旋式异常水汽输送带的边缘经过西北东南部。7—8 月(图 4.11b)在热带西太平洋到中国东部表现为强大的反气旋式水汽距平通量，对应湿期(图略)的水汽距平通量场同差值场很相似。而干期(图略)从热带西太平洋到中国南方的反

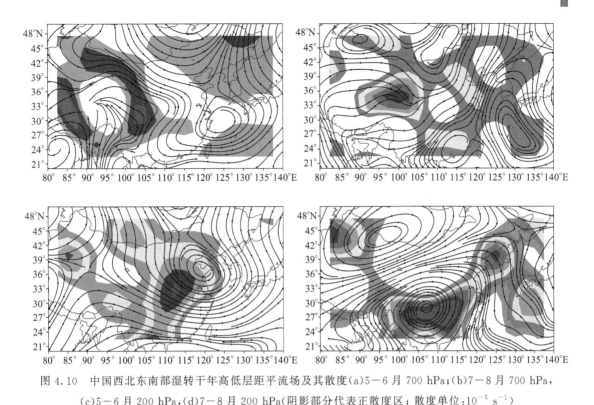

图 4.10　中国西北东南部湿转干年高低层距平流场及其散度(a)5—6 月 700 hPa；(b)7—8 月 700 hPa，
(c)5—6 月 200 hPa，(d)7—8 月 200 hPa(阴影部分代表正散度区；散度单位：10^{-5} s^{-1})

气旋式异常水汽输送带比较偏南、没有异常的水汽能够达到西北东南部。以上分析可以看出，
中国西北东南部 5—8 月干湿转折年不管是干转湿年还是湿转干年在干期没有异常的水汽能
够输送到西北东南部，因此降水偏少，而湿期有异常的水汽能够输送到西北东南部，因此降水
偏多(杨金虎等，2015)。

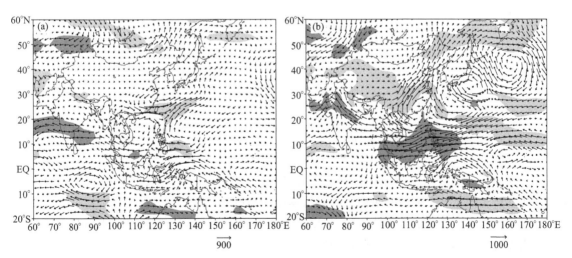

图 4.11　中国西北东南部干转湿年与湿转干年整层水汽通量差值场

(a)5—6 月；(b)7—8 月(阴影区为通过 95%显著检验区域；单位：kg·m^{-1}·s^{-1})

4.3 持续干湿/干湿转折的预测模型

4.3.1 持续性干湿

(1)持续性干湿异常与前期大气环流的关系

为了能够对中国西北东南部盛夏持续性干湿事件做出预测,分别对前期(上年9月至当年5月)的西太平洋副热带高压面积指数、强度指数、脊线指数、北界指数,北半球极涡中心位置指数、强度指数,亚洲纬向环流指数、经向环流指数,东亚大槽中心位置指数、强度指数,冷空气指数以及南方涛动指数共12个大气环流月指数同中国西北东南部盛夏持续性干湿指数(PDFI)求相关。从表4.3发现,除了西太平洋副热带高压脊线指数、北半球极涡中心位置以及东亚大槽强度指数外,其他几个指数与中国西北东南部盛夏持续性干湿指数(PDFI)存在显著的关系(杨金虎等,2015)。

表 4.3 中国西北东南部持续性干湿指数(PDFI)与前期(上年 9 月—当年 5 月)环流指数相关系数

高指数年	上年9月	上年10月	上年11月	上年12月	当年1月	当年2月	当年3月	当年4月	当年5月
西太副高面积	0.27	0.21	*0.41	*0.29	*0.39	0.25	*0.32	0.26	*0.28
西太副高强度	0.16	0.31	*0.50	*0.34	*0.43	0.24	*0.32	*0.34	0.22
西太副高脊线	−0.27	−0.16	0.25	−0.15	0.10	−0.09	0.14	0.10	−0.09
西太副高北界	*−0.28	0.09	0.01	0.08	0.27	0.01	0.27	*0.29	0.18
北半球极涡强度	0.09	−0.08	0.07	−0.21	*−0.29	−0.04	*−0.41	−0.12	−0.06
北半球极涡中心位置	−0.15	0.22	0.09	0.07	0.03	0.02	0.06	0.10	−0.02
亚洲纬向环流	−0.09	*−0.34	0.23	0.12	−0.14	−0.08	−0.08	*0.29	−0.11
亚洲经向环流	0.05	0.16	−0.20	−0.04	*0.30	0.10	0.09	−0.20	0.05
东亚大槽位置	0.05	*−0.30	−0.10	−0.16	−0.05	0.10	0.02	0.07	0.02
东亚大槽强度	−0.09	−0.18	0.17	0.11	−0.20	−0.06	−0.04	0.11	0.25
冷空气	0.23	0.16	0.07	−0.07	0.16	0.04	*−0.28	0.27	0.18
南方涛动	−0.23	−0.22	−0.24	−0.18	−0.19	*−0.34	−0.21	0.01	*0.40

注:*表示通过 0.05 显著性检验。

(2)盛夏季持续性干湿预测模型

前面的分析发现,中国西北东南部盛夏持续性干湿指数(PDFI)同前期的部分大气环流月指数存在显著的关系,为了能够给西北东南部夏季持续性干湿的短期气候预测提供参考依据,从上年9月至当年5月同西北东南部盛夏持续性干湿指数存在显著关系的每个指数中选择最显著的月指数作为该指数的预测因子,利用1961—2000年的环流指数通过逐步回归方法对西北东南部盛夏持续性干湿指数建立回归模型:

$$Y = -0.03543 + 0.02687X_1 - 0.00311X_2 - 0.00792X_3 + 0.01941X_4 + 0.0341X_5 \quad (4.3)$$

从方程可以看出,逐步回归时仅保留了 5 个指数,其他 4 个指数被剔除了,其中 $X_1 \sim X_5$ 分别为上年 11 月西太平洋副热带高压强度指数、当年 3 月北半球极涡中心位置指数、上年 10 月亚洲纬向环流指数、当年 1 月亚洲经向环流指数和当年 5 月南方涛动指数。

为了检验该模型的预测能力,通过计算发现模型对 1961—2000 年的干湿转折指数的拟合率为 78%,而且对 2001—2012 年的预测值同实况值的相关系数为 0.75,通过了 0.05 的显著性水平,特别是对于 2002 年典型的持续性干和 2003 年典型的持续性湿事件做出了较为准确预测,因此该预测模型对于中国西北东南部盛夏持续性干湿事件具有一定的预测能力(杨金虎等,2015)。

4.3.2　干湿转折

(1)干湿转折异常与前期大气环流的关系

为了能够对中国西北东南部 5—8 月干湿转折事件做出预测,分别对前期(上年 9 月至当年 4 月)的西太平洋副热带高压强度指数、脊线指数、北界指数,北半球极涡强度指数、位置指数、亚洲纬向环流指数、经向环流指数、东亚大槽位置指数、强度指数以及冷空气共 10 个大气环流的月指数同西北东南部夏季干湿转折指数(DFAI)求相关,从表 4.4 中发现,上年 9 月的亚洲纬向环流指数、东亚大槽位置指数及冷空气指数、当年 1 月的北半球极涡中心位置指数、亚洲经向环流指数及东亚大槽强度指数、当年 2 月的北半球极涡强度指数、当年 4 月的西太平洋副热带高压脊线和北界指数同西北东南部夏季的干湿转折指数存在显著的相关。其中同西太平洋副热带高压脊线和北界指数、亚洲经向环流指数以及冷空气指数呈正相关,其他几个指数呈负相关(杨金虎等,2015)。

表 4.4　中国西北东南部干湿转折指数与前期(上年 9 月—当年 4 月)环流指数相关系数

高指数年	上年 9 月	上年 10 月	上年 11 月	上年 12 月	当年 1 月	当年 2 月	当年 3 月	当年 4 月
西太副高强度	−0.02	−0.03	0.24	0.04	0.05	−0.16	−0.01	0.13
西太副高脊线	−0.10	−0.03	−0.04	−0.07	−0.03	0.09	0.13	*0.28
西太副高北界	−0.15	0.16	0.14	0.01	0.08	0.02	0.09	*0.29
北半球极涡强度	0.10	−0.22	−0.01	0.09	−0.10	*−0.28	−0.10	−0.01
北半球极涡中心位置	01.9	0.04	0.06	−0.24	*−0.30	0.04	−0.22	−0.12
亚洲纬向环流	−0.11	*−0.34	0.01	0.06	−0.17	−0.03	−0.14	0.02
亚洲经向环流	0.04	0.24	−0.11	0.07	*0.34	−0.07	−0.01	0.08
东亚大槽位置	−0.06	*−0.39	0.11	−0.23	0.05	0.04	−0.03	0.18
东亚大槽强度	0.06	−0.24	0.25	0.17	*−0.28	−0.18	0.03	−0.06
冷空气	0.17	*0.30	−0.02	0.07	0.05	0.02	−0.24	−0.13

注:* 表示通过 0.05 显著性检验。

(2)干湿转折预测模型

前面分析发现,中国西北东南部 5—8 月干湿转折指数(DFAI)同前期的部分大气环流指数存在显著的关系,为了能够给西北东南部夏季干湿转折事件的短期气候预测提供参考依据,利用 1961—2000 年的前期显著相关的 9 个大气环流指数通过多元线性回归方法对西北东南部 5—8 月的干湿转折指数建立了回归模型:

$$Y = 1.85035 + 0.01456X_1 - 0.00251X_2 - 0.0055646X_3 - 0.00207X_4 + 0.00514X_5 - 0.00832X_6$$

$$(4.4)$$

从方程可以看出,逐步回归时仅保留了 6 个指数,其他 3 个指数被剔除了,其中 $X_1 \sim X_6$

分别为当年 4 月西太平洋副热带高压北界指数、当年 2 月北半球极涡强度指数、当年 1 月北半球极涡中心位置指数、上年 10 月亚洲纬向环流指数、当年 1 月亚洲经向环流指数以及上年 10 月东亚大槽位置指数。

为了检验该模型的预测能力,通过计算发现模型对 1961—2000 年的干湿转折指数的拟合率为 71%,而且 2001—2012 年的预测值同实况值的相关系数为 0.72,通过了 95% 的显著性检验,特别是对于 2002 年典型的湿转干年做出了较为准确预测,因此该预测模型对于西北东南部 5—8 月的干湿转折事件具有一定的预测能力(杨金虎等,2015)。

4.4 本章小结

以上通过对中国西北东南部 5—8 月干湿转折和盛夏持续性干湿现象的特征进行研究,主要得出以下结论:

(1)中国西北东南部 5—8 月干湿转折特征:近 50 年来中国西北东南部 5—8 月干湿转折年际差异较小,相比较 1992 年之前干湿转折事件频发,而之后少发;中国西北东南部 5—8 月干转湿年的干期北极极涡偏东偏弱,乌拉尔山脊偏强,东亚大槽偏西偏深,中国西北东南部常盛行西北气流,另外中高纬西风带偏强阻止了冷空气的南下,缺乏明显的水汽输送,在垂直场上主要表现为下沉运动,因此降水偏少;湿期乌拉尔山阻高偏强,蒙古低压加深,西太平洋副热带高压偏西偏强,中国西北东南部正好位于西太平洋副热带高压西侧和蒙古低压底部,有充足的西南暖湿气流,另外中高纬度西风带偏弱有利于冷空气的南下,而且西太平洋有异常的水汽输送带能到达中国西北东南部,在垂直场上主要表现为上升运动,因此降水偏多。湿转干年正好相反;利用前期大气环流指数对干湿转折指数建立的集合预报模型具有一定的预测能力,从而为西北东南部 5—8 月干湿转折现象的短期气候预测提供参考依据。

(2)中国西北东南部盛夏持续性干湿特征:近半个世纪以来西北东南部盛夏持续性干事件发生略多于持续性洪湿事件,在中国西北东南部盛夏持续性湿年乌拉尔山脊明显偏强,西太平洋副热带高压偏西偏强,中国西北东南部正好位于副高西侧,同时南亚高压偏东偏强,而且表现为双峰型,低层风场表现为辐合,高层表现为辐散,垂直场上表现为上升运动,并且来自印度洋和太平洋的异常水汽能够输送到西北东南部地区,水汽散度场表现为辐合,因此降水偏多。持续性干年正好相反,因此降水偏少;利用前期大气环流指数对持续性干湿指数建立的集合预测模型具有一定的预测能力,从而为西北东南部盛夏持续性干湿现象的短期气候预测提供参考依据。

第5章 海温对中国西北地区
东部降水异常的影响

5.1 海温对气候变化的影响研究

热带海洋是大气运动的重要热库和水汽来源,它可以通过潜热、感热和长波辐射等方式向大气输送热量以及水汽含量,从而影响气候。

5.1.1 ENSO 与气候系统的联系

热带太平洋 ENSO 是气候年际变率中的最强信号,20 世纪 80 年代以来,ENSO 事件频繁发生,强度增大,引起了世界范围的气候异常(Webster et al,1998)。世界气象组织(WMO)通过实施为期 10 年(1985—1994 年)的"热带海洋和全球大气计划"(TOGA 计划)(McPhaden et al,2010),已经基本搞清了 ENSO 的形成机理,同时有力地促进了 ENSO 事件对全球气候影响的研究(Axel Timmermann et al,2018)。

ENSO 对全球气候有很重要的影响(Webster et al,1998),它被认为是影响东亚季风年际异常的关键因子,ENSO 事件的不同阶段对我国气候有不同的影响(Huang et al,1989;Zhang et al,1999;Chang et al,2000;Zhou et al,2007,2009)。ENSO 通过对东亚地区大气环流,如西北太平洋副热带高压、季风等的影响,进而影响到东亚地区的气温和降水(李崇银等,1989;黄荣辉等,1996;金祖辉等,1999;龚道溢和王绍武,1999;Wang,2000;杨修群等,2002;翟盘茂等,2016)。西太平洋副热带高压是联系中、低纬环流系统的纽带,研究发现 El Niño 对副热带高压的强度和位置有很大的影响,当 El Niño 发生 1~2 个季度后,西太平洋副热带高压加强并西伸(符淙斌等,1988;应明等,2000;彭加毅等,2000;Wang,2000)。Sun 和 Li(2018),孙圣杰和李栋梁(2019)研究了气候冷暖波动背景下西太平洋副高特征的变异及其与海温关系的变化;李栋梁和姚辉(1991)分析认为 El Niño 厄尔尼诺爆发时,我国长江流域及东北东部易发生洪涝,华北北部、内蒙古东部、青藏高原北部易发生干旱。ENSO 循环与东亚冬、夏季风有密切的联系,东亚冬季风年际变化中包含有明显的 ENSO 信号(Webster,1992;陶诗言等,1998;陈文等,2002;李崇银等,2000;黄荣辉,2003;李明聪和李栋梁,2017),在 El Niño 年,东亚夏季风减弱(陶诗言等,1998),我国夏季主要季风雨带偏南,江淮流域多雨的可能性较大,而北方地区特别是我国华北到河套一带常出现少雨和干旱(Huang et al,1989;赵振国,1996)。在 El Niño 年秋冬季,我国北方大部分地区降水比常年偏少,南方大部分地区降水比常年偏多(龚道溢,王绍武,1998)。在 El Niño 年东亚冬季风偏弱,我国常出现暖冬(李崇银,2000;何溪澄等,2008)。后来发现热带太平洋 El Niño 海温异常大值区位于热带中太平洋的频率增加,称这种为 El Niño Modoki 或中部型 El Niño(Ashok et al,2007;Kao et al,2009;Kug et al,2009),它对气候的影响与海温异常大值区位于热带太平洋东部秘鲁沿岸的传统 El Niño(东部型)对气候的影响有显著差异(Yuan et al,2012)。

也有很多关于 ENSO 影响中国西北地区东部降水的研究,朱炳瑗和李栋梁(1992)发现,El Niño 当年,中国西北地区东部 3—9 月降水量总体偏少,次年降水总体偏多,El Niño 的出现成为中国西北地区东部干旱的一个强信号,谢金南等(2000)认为上述相关具有清楚的年代际变化,20 世纪 80 年代最显著,90 年代相关很弱。李耀辉等(2000)指出 ENSO 循环与西北夏季的干湿、冷暖有密切关系,中国西北地区东部是整个中国西北地区对 ENSO 响应最强烈的区域。

5.1.2 印度洋海温对气候影响的研究

虽然比起太平洋 ENSO 来说,关于印度洋影响东亚季风及我国天气气候的工作比较少,但还是有学者在这方面做了积极的探索。从 20 世纪 80 年代中期开始,我国学者就开始关注印度洋 SST 异常对中国降水的影响,大多集中在对东亚季风和我国东部气候影响的研究上。早期的研究表明,印度洋 SST 与东亚季风有密切联系,对长江中下游夏季降水有显著影响(罗绍华等,1985;闵锦忠等,2000;张琼等,2003;金祖辉等,1987;陈烈庭等,1991;吴国雄等,2000;刘屹岷等,1999)。也有一些研究分析了印度洋 SST 与中国西北地区东部降水的联系,发现它们存在显著相关,印度洋 SST 异常和中国西北地区东部降水之间有统计上的显著正相关(徐小红等,2000),孟加拉湾—赤道印度洋中西部 SST 异常与中国西北地区汛期降水呈显著负相关(晏红明等,2001)。江志红等(2009)研究指出中国西北地区东部极端降水事件的多少与热带印度洋海温存在显著的联系。

自 1999 年热带印度洋偶极子(IOD)被发现后(Saji et al,1999;Webster et al,1999),国际上掀起了对印度洋研究的新热潮,而且大多集中在 IOD 及其对气候的影响上,热带印度洋 SST 异常第一模态海盆模(IOBM)一直以来被认为只是对热带太平洋 ENSO 的被动响应模态,其对气候的积极影响近十几年被认识和关注(Schott et al,2009)。Annamalai 等(2005)指出了 IOBM 的"电容器"效应,认为 ENSO 对热带印度洋实施了"充电",IOBM 正是 ENSO"充电"的结果(当然不是所有的海盆模都是 ENSO 引起),IOBM 被充电以后对冬、春季气候有显著影响(Annamalai et al,2005;Watanabe et al,2003;Lau et al,2005)。杨建玲(2007)、Yang 等(2007,2009,2010)的研究延拓了 Annamalai 关于印度洋"电容器"效应的内涵,将海盆模的影响延拓到了夏季,发现热带印度洋海盆模作为对 ENSO 的响应模态,可以从 ENSO 次年春季持续到夏季,而此时 ENSO 通常已经消亡,印度洋海盆模在西南季风的放大作用下,可以引起印度季风、东亚季风、南亚高压和西太平洋副热带高压的显著异常。因此印度洋在 ENSO 影响亚洲季风气候中起到了传递信号的关键作用。杨建玲等(2008)发现 ENSO 对南亚高压的直接影响很小,而热带印度洋海盆模对南亚高压有直接的显著影响,ENSO 与南亚高压之间的高相关是通过海盆模"电容器"的接力作用引起的。Yang 等(2009)发现海盆模可以在北半球激发出绕球遥相关波列 CGT。该遥相关波列是存在于北半球夏季的年际尺度上的一绕球遥相关型,其与西欧大陆、欧洲俄罗斯、印度、东亚、北美的降水及表面温度的显著异常有关(Ding et al,2005)。Xie 等(2009)揭示了热带印度洋海盆摸对西北太平洋副热带高压的影响及其物理机制。

综上所述,热带太平洋 ENSO 对中国西北地区东部降水有显著影响,但是影响的物理机制还需进一步研究;而作为中国西北地区降水主要水汽源的热带印度洋,其海温异常对中国西北东部降水影响研究很少,其物理机制还不清楚,尤其最近十几年新的研究发现使得对热带印度洋海温异常影响气候变化有了新的认识,因此本章在最新研究成果的基础上,深入研究了热带太平洋 ENSO、热带印度洋海盆模对中国西北地区东部降水的影响及其机理(杨建玲等,2015a,2015b,2017)。另外作为气候异常变化具有非常显著年代际信号的 PDO、欧亚大陆大气环流上游的热带大西洋以及其他海域如南印度洋等海温异常对中国西北地区东部降水有怎样的影响,以及对中国西北东部降水异常的预测意义,本书都做了初步分析和探讨,并建立了预测模型和指标。

5.2　热带印度洋海盆模的影响

5.2.1　热带印度洋 SST 年际变化主模态

热带印度洋 SST 在年际变化上表现为两个显著的异常模态,第一主模态即为 SSTA EOF 分析给出的第一模态(图 5.1a,b),其空间分布为整个热带印度洋 SST 异常符号一致的单极海盆模态(Indian Ocean Basin Mode:IOBM),约占方差贡献的 35.5%。热带印度洋 SST 异常 EOF 分解第二模态(图 5.1c,d)为东西部符号相反的偶极子模态(Indian Ocean Dipole Mode:IOD),该模态占总方差的 11.4%(Saji 等,1999),也称为印度洋纬向模(Indian Ocean Zonal Mode:IOZ)。

海盆模和偶极子模态都与太平洋 ENSO 关系密切。很长一段时间以来,认为海盆模只是对热带太平洋 ENSO 的响应模态(Klein et al,1999;Venzke et al,2000),海盆模滞后 ENSO 一个季度两者关系最显著,海盆模一般在冬季开始发展形成,春季达到其峰值位相。其实热带印度洋 SST 异常不仅受 ENSO 的影响,而且还可以通过影响大气风场和气压场而影响 ENSO (吴国雄等,1998;巢清尘等,2001;Wu el al,2004;Annamalai et al,2005a)。后来研究发现,热带印度洋海盆模不但只是对 ENSO 的响应模态,在其春季达峰值位相后,可以持续到夏季,对亚洲夏季风产生影响,即热带印度洋海盆模的"电容器"效应,而且海盆模是热带印度洋影响亚洲地区大气环流的第一主模态。暖海盆模通过引起大气对热源的类似"Matsuno-Gill Pattern"(Gill,1980)的动力学响应及夏季季风环流的水汽输送,使得夏季南亚高压和西北太平洋反气旋异常偏强,索马里急流、印度夏季风和东亚夏季风偏强,阿拉伯海东部—印度西部和东亚地区降水异常偏多,菲律宾附近降水异常偏少,对于冷位相的海盆模态,大气的上述变化相反,热带印度洋海盆模的这一电容器效应,在 ENSO 影响亚洲气候的过程中发挥了接力作用(Yang et al,2007,2009,2010;杨建玲等,2008;Xie et al,2009)。热带印度洋 SSTA 第二模态对应的偶极子 IOD 在秋季达其峰值位相,对秋季及后期初冬欧亚地区大气环流和气候有较显著的影响(Yang et al,2007)。

5.2.2　热带印度洋海温与中国西北地区东部降水的关系及其年代际变化

(1)热带印度洋海温与中国西北地区东部降水的关系

因为热带太平洋 ENSO 作为年际异常最强信号,同时对中国西北地区东部降水和印度洋海温都有影响,分析热带印度洋海温对中国西北地区东部降水的关系时会受到 ENSO 信号的影响,因此分别考虑扣除 ENSO 信号和未扣除 ENSO 信号两种情况进行对比分析。这里采用线性回归方法,用 Niño3 指数代表 ENSO 信号,扣除降水及大气中同期的 ENSO 影响信号。这种扣除 ENSO 的方法在以前的研究中已经得到应用(Yang et al,2007,2009,2010)。

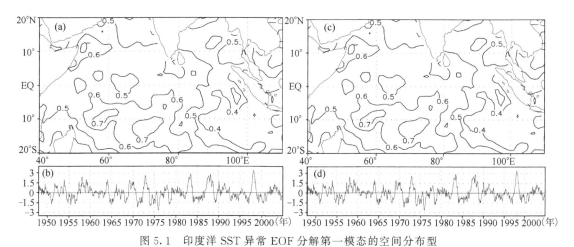

图 5.1   印度洋 SST 异常 EOF 分解第一模态的空间分布型

(a)第一模态的空间分布和标准化时间序列(b);(c)、(d)分别同(a)、(b),只是为第二模态

同时考虑到北半球大气环流的年代际变化,分两个不同时段分别分析热带印度洋海温和中国西北地区东部降水的最大协方差分析(MCA)第一、二模态的关系。两个时段分别为北半球气候突变前后两个时段(Trenberth et al,1990;Huang et al,2001;孙旭光,2005),即 1976 年以前和 1977 年以来。MCA 分析发现第二模态在两个时段内海温和降水的关系都不显著,所以对第二模态不做进一步分析,下面只详细分析 MCA 第一模态的结果。

北半球气候突变以前时段的海温和降水 MCA 结果来看,中国西北地区东部降水异常与热带印度洋海温异常关系无论扣除 ENSO 与否都不显著。也就是说,1976 年前热带印度洋海温与中国西北地区东部降水的联系不大。

北半球气候突变以后,即 1977 年以来,扣除 ENSO 前(图 5.2a),3 月、5 月中国西北地区东部降水异常与同期和前期热带印度洋 SSTA 有很好的关系,3 月降水异常与超前 0~2 个月的 SSTA 关系显著,而 5 月的降水则与前期 0~6 个月的海温异常关系显著,即 5 月降水异常与前期冬 12 月至春季 5 月海温持续异常显著相关。扣除 ENSO 后(图 5.2b),3 月降水与海温的关系变得不显著,据此提出 3 月中国西北地区东部降水异常与印度洋 SSTA 的关系可能是由 ENSO 直接引起的,后面会专门对此进行分析;5 月降水与海温的持续显著高相关变化不大,5 月降水与同期和前期海温相关系数在 0.49~0.63 之间,其中海温超前 1 个月,即 4 月海温与 5 月降水相关关系最大,达 0.63(图 5.3)。这种降水与海温显著相关的持续性,主要是因为海温异常的持续性引起的。

(2)热带印度洋海温和中国西北东部 5 月降水相关的年代际变化

中国西北地区东部 5 月降水和同期热带印度洋 SSTA 的 MCA 结果时间序列的 21 年滑动相关演变(图 5.4a),进一步说明了热带印度洋海温和中国西北地区东部降水的关系确实存在年代际变化,而且两者关系存在明显增强趋势,5 月降水和海温的 MCA 结果时间序列相关关系在 1977 年发生了明显增加,1977 年之前两者相关系数大部分没有通过 95% 的显著性检验,而在 1977 年之后全部通过了显著性检验。为了验证滑动相关关系在 1977 年是否发生了突变,图 5.4b 给出了滑动相关系数的累计距平图,可以看出累计距平在 1977 年

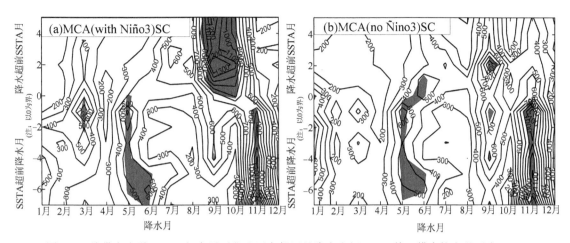

图 5.2　热带印度洋 SSTA 与中国西北地区东部逐月降水之间 MCA 第一模态协方差平方(SC)：
(a)未扣除 ENSO 信号；(b)扣除 ENSO 信号。纵轴表示 SSTA 与降水超前月
(正值代表降水超前 SSTA，负值代表 SSTA 超前降水)，阴影区表示通过 0.05 显著性水平检验

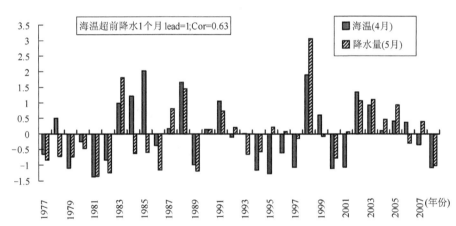

图 5.3　1977 年以来热带印度洋 4 月 SSTA 与中国西北地区东部 5 月降水 MCA，
第一模态结果的标准化时间序列，正值代表热带印度洋暖 SSTA 和降水异常偏多

确实发生了转折，而且通过了 99% 的滑动 t 检验，t 检验值为 -6.87(显著性为 99% 的滑动
t 检验的临界值为 3.2)。同时也分析了海温超前降水 1～6 个月的情况，发现海温和降水的
相关关系同样存在随着年代增加而加强的趋势。中国西北地区东部降水和印度洋海温关
系的年代际变化从另一个侧面说明了为什么前人很少有研究印度洋和中国西北地区降水
的关系，即 20 世纪 70 年代中期以前两者关系不显著。这可能与 20 世纪 70 年代中后期以
来热带印度洋海温影响气候的作用加强了有关，而海温作用加强的原因很可能与热带印度
洋海温随着全球变暖而显著变暖有关。

　　另外热带印度洋 SSTA 与中国西北地区东部 11 月降水异常的关系，无论扣除 ENSO 信
号与否都存在显著相关(图 5.5)，而且这种相关也存在显著的年代际变化特征，从 11 月降
水与 SSTA 的 MCA 结果时间序列 21 年滑动相关系数演变(图 5.5)可以看出，11 月降水与
海温的关系表现为一个 V 字形，大部分时段两者关系不显著，只在 60 年代初和近 20 多年
两者关系较好。因为我们知道热带印度洋海温的第一模态的峰值期主要出现在春季，而秋

季主要表现为热带印度洋的偶极子模态,因此 11 月海温和降水的关系,在此不做深入讨论。

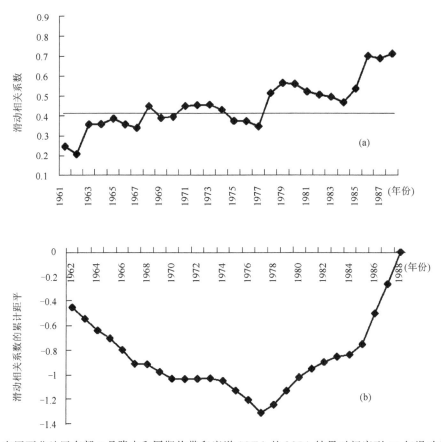

图 5.4　中国西北地区东部 5 月降水和同期热带印度洋 SSTA 的 MCA 结果时间序列 21 年滑动相关系数
(a)及其累计距平变化(b),直线为显著性检验临界值(0.433)

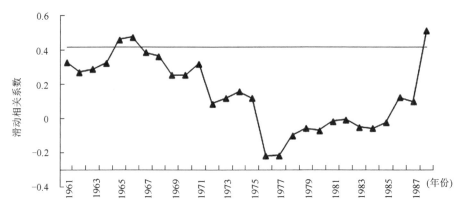

图 5.5　中国西北地区东部 11 月降水与热带印度洋 SSTA 同期 MCA 结果
时间序列的 21 年滑动相关系数图

5.2.3　热带印度洋海盆模影响中国西北地区东部 5 月降水的分布模态

（1）影响降水的热带印度洋海温模态—海盆模

利用中国西北地区东部 5 月降水异常与超前 0～5 个月的热带印度洋海温 MCA 结果时间序列，分别与海温和降水做同相和异相空间回归分布，发现热带印度洋影响中国西北地区东部 5 月降水的 SSTA 表现为典型的全海盆异常符号一致海盆模态，不同超前月份的 SSTA 分布形势非常相似（图 5.6），而且异常海温模态具有很好的持续性，这与以前研究发现的海盆模具有"电容器"效应的结论相一致（Yang 等，2007），海盆模可以从冬、春季一直持续到夏季，对春—夏季欧亚范围大气环流和气候异常都有显著影响。故前期冬—春季持续异常的热带印度洋海盆模影响后期中国西北地区东部 5 月降水，也是热带印度洋海盆模"电容器"效应的一种具体体现。

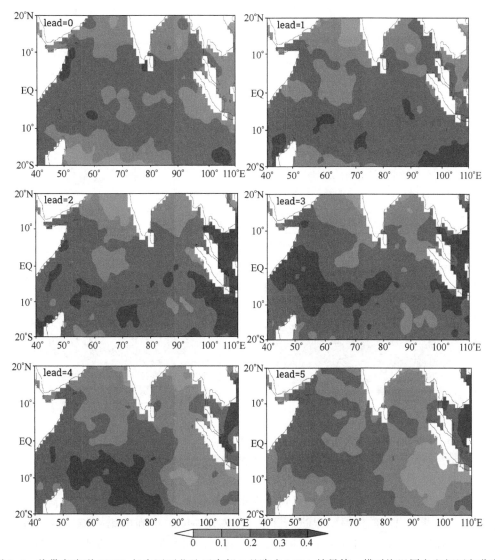

图 5.6　热带印度洋 SSTA 与中国西北地区东部 5 月降水 MCA 结果第一模对海温同向空间回归分布
（单位：℃），lead＝0～5 表示 SSTA 超前 5 月降水 0～5 个月

(2)中国西北地区东部 5 月降水对热带印度洋海盆摸的响应模态

热带印度洋海盆模引起的中国西北地区东部 5 月降水异常也为全区符号一致分布型(图 5.7),表现为自西北向东南区域增加的分布特征,陕西北部、甘肃东部、宁夏南部、青海东部地区降水异常最明显。同期和超前 1~5 个月的 SSTA 与 5 月降水异常的回归空间分布模态也具有很好的持续性,不同超前月回归的空间相关系数均在 0.80 以上,前期冬、春持续的热带印度洋海盆模海温异常偏高(偏低),对应后期 5 月中国西北地区东部全区一致的降水异常偏多(偏少)。

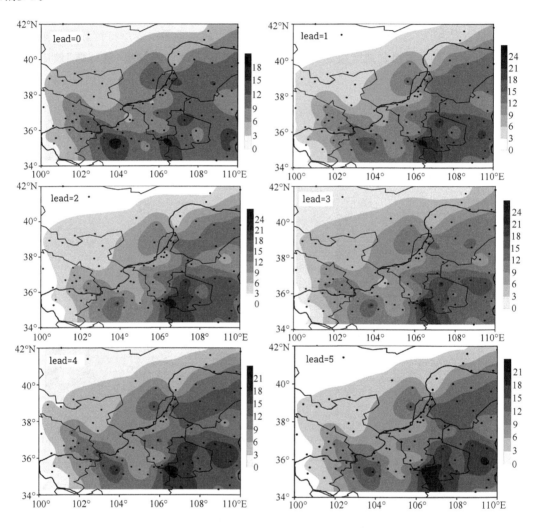

图 5.7　热带印度洋 SSTA 与中国西北地区东部 5 月降水 MCA 结果第一模对降水异向空间回归分布(单位:mm/月),Lead=0~5 表示 SSTA 超前 5 月降水 0~5 个月

为了进一步明确 MCA 第一模态得到的降水和海温的分布是否代表海温和降水的主要模态,将 MCA 结果与 EOF 分解结果进行了比较,发现 MCA 得到的第一模态的空间分布与 EOF 分解得到第一模态空间分布非常相似,其时间序列相关很高,5 月降水和海温的 EOF 结果时间序列,与 MCA 结果时间序列的相关分别为 0.652 和 0.590。因此说 MCA 结果的第一模态代表了降水和海温主要模态,即中国西北地区东部 5 月降水的全区一致异常型与前期热

带印度洋海盆模的持续有关。

综合以上分析,20 世纪 70 年代中期以来,中国西北地区东部 5 月降水异常与热带印度洋 SSTA 呈显著正相关,而且这种显著相关从前期冬季 12 月持续到同期 5 月,前期冬、春季暖(冷)的热带印度洋 SSTA 海盆模态(IOBM),对应中国西北地区东部 5 月全区一致的降水异常偏多(少)。中国西北地区东部春季降水主要集中在春末夏初的 5 月,该时段正值春播出苗、生长的关键时段,如果降水异常偏少引起干旱,及所谓的"卡脖子"旱会引起全年农业减产甚至绝收,同时会造成人畜饮水困难和生态环境恶化等严重问题。因此若能提前预测出降水的异常偏多、偏少,对于指导农业生产、防旱抗旱意义重大。

5.2.4　海盆模影响中国西北地区东部降水的大气环流异常成因和过程

下面详细分析热带印度洋海盆模异常引起的高度场、风场、水汽输送场的异常分布,主要通过分析 5.1.2 节中热带印度洋 SSTA 和中国西北地区东部降水 MCA 结果中海温时间序列与大气环流场的回归分布,从而揭示海温异常引起的大气环流异常,以此了解海温异常如何通过引起大气环流背景场的异常,从而影响中国西北地区东部 5 月降水异常的成因及可能物理机制(杨建玲等,2015b)。分析发现,海温超前降水 0~6 个月的回归分布形势都非常相似,因此为了简便,下面只给出相关最显著的情况,即海温超前降水 1 个月的情况(4 月海温对应5 月降水)。

(1)高度场异常

对应热带印度洋暖海盆模情况,低层 850 hPa 上中国西北地区东部以东在亚洲东北部地区的中国东北—日本区域高度场正异常明显,而在亚欧地区高度场异常不明显,青藏高原区域范围在 850 hPa 高度上高度场异常为虚假信息,不做考虑,低层中国西北地区东部处在弱"西低东高"的高度场异常分布形势下(图5.8)。对流层中层 500 hPa 高度场异常形势从热带印度洋到亚欧地区,再到东亚—西北太平洋地区表现为明显的"+-+"波列分布,波列异常大值中心分别位于热带印度洋地区的阿拉伯海—印度半岛、新疆—巴尔喀什湖,以及中国东北、华北—日本地区。500 hPa 上热带印度洋区域的正异常中心最大达 2 hPa 以上,而在巴尔喀什湖和东亚区域的异常值分别达-8 hPa 和 8 hPa 以上。高层 200 hPa 高度场异常分布形势与中层 500 hPa 的非常相似,异常中心位置也一致,而且异常更加明显,中心最大值分别达 12 hPa、-18 hPa 和 18 hPa 以上。总体来看,中国西北地区处在从低层到高层明显的"西低东高"异常高度场形势下,这种分布形势正是该地区降水异常偏多的典型环流形势,而且从低层到高层异常值随高度增加而增大,异常最大值在对流层高层。由此可见,热带印度洋暖海盆模态是通过引起中国西北地区东部上空"西低东高"的环流异常变化而影响该地区降水异常的。

其实这里分析得到的对应热带印度洋暖海盆模态,亚欧地区高度场异常的波列分布,与作者以前对热带印度洋海盆模引起大气环流异常的研究结果相似(Yang et al,2007;杨建玲,2007;Yang et al,2009;Yang et al,2010),即热带印度洋暖海盆模态可以激发类似"Matsuno-Gill Pattern"的响应,引起热带印度洋地区阿拉伯海—印度半岛西部高度场异常,该异常可以在亚欧地区大气中引起异常波列分布。然而以前研究重点分析了海盆模对夏季大气环流的影响。众所周知,在亚洲地区春季和夏季的大气环流背景不同,夏季有强大的亚洲夏季风环流背景系统,该系统输送的水汽引起的潜热释放,放大了热带印度洋海盆模对大气环流的影响,在夏季季风环流背景下热带印度洋海盆模可引起北半球的绕球遥相关波列,而在春季环流背景下,海盆模引起的波列传播距离有限,异常波列只在亚欧地区比较明显。

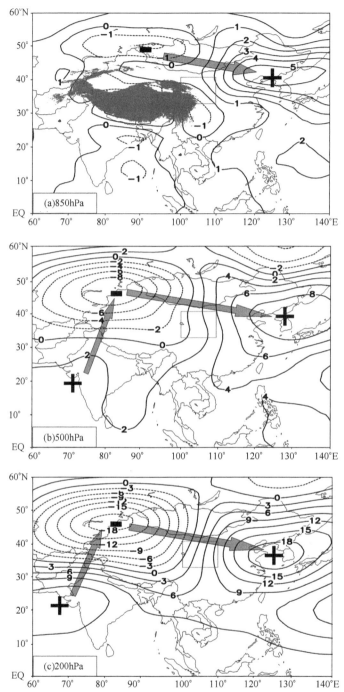

图 5.8 热带印度洋 4 月海温异常与中国西北地区东部 5 月降水 MCA 结果的海温
时间序列与 5 月高度场异常的回归分布(小方框区域代表中国西北地区东部)

（2）水平风场、垂直运动场和水汽场异常

对应热带印度洋暖海盆模,高层 200 hPa 上风场异常分布与高度场异常相一致,高度场异常中心在欧亚范围内的位置存在三个明显的气旋反气旋环流异常中心,热带印度洋—南亚地区上空为反气旋,新疆—巴尔喀什湖上空为异常气旋,而在中国东部沿海上空为异常反气旋(图 5.9)。这样的异常气旋、反气旋环流,与之前研究(Yang et al,2007;杨建玲,2007;Yang et al,2009;Yang et al,2010)指出的热带印度洋海盆模引起的北半球绕球遥相关波列在该区域的分布非常相似。热带印度洋海盆模引起的异常气旋、反气旋叠加在基本气流之上,在中国华北到西北地区东部为大片气流异常辐散区,根据大气运动连续性规律,在低层必有补偿的辐合上升运动,在低层 850 hPa,中国西北地区东部处在异常偏南、偏东异常气流中,气流辐合非常明显,中国西北地区东部的中南部及其以南为气流辐合中心。

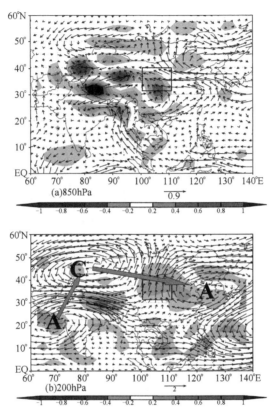

图 5.9　同图 5.8,只是回归的物理量为 5 月对流层水平风场(矢量,单位:m·s⁻¹)及其散度
(彩色区,单位 10⁻⁶s⁻¹)的回归分布(正值表示辐散,负值表示辐合)(附彩图)

　　从日本以南的海洋到中国华北至西北为异常上升运动区域,中国西北地区东部位于该异常上升气流的西北部(图 5.10),上升运动的中心位于中国西北东部到华北地区,异常垂直上升运动有利于降水异常偏多。相应的在中国西北地区东部也为水汽场异常大值中心(图 5.11),这些条件都有利于降水异常偏多。

　　(3)海盆模影响中国西北地区东部降水的可能机制

　　通过前面观测分析,归纳出持续异常的热带印度洋海盆模态影响中国西北地区东部 5 月降水的物理过程:热带印度洋暖海盆模,作为赤道附近的热源会引起大气的"Matsuno-Gill Pattern"响应,在其东侧引起大气 Kelvin 波,西侧引起 Rossby 波,异常响应在大气对流层高层表现最明显。高层的响应在青藏高原西南侧形成异常高压,这种异常在北半球沿中纬度向下游传播形成一遥相关波列(Yang et al,2009),中国西北地区东部位于遥相关波列在东亚地区异常中心的西部,这里在高层形成高度场正异常,风场表现为异常反气旋环流,气流辐散,低层为异常气旋型环流,气流辐合,并形成上升运动和水汽异常大值中心,降水偏多,这一区域主要位于中国华北和西北地区东部。下面采用数值模拟试验对该结果进一步验证。

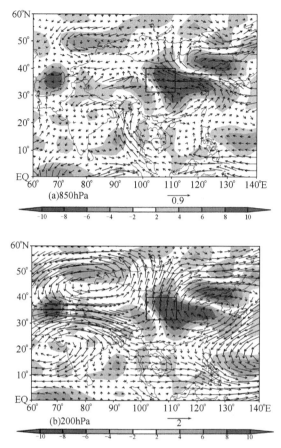

图 5.10　同图 5.8,只是回归的物理量为 5 月 500 hPa 垂直运动场(彩色区,单位:10^{-3} m/s)
叠加了 850 hPa(左)和 200 hPa(右)水平风场(矢量,单位:m/s)的回归分布,
彩色区正值表示垂直下降运动,负值表示垂直上升运动(附彩图)

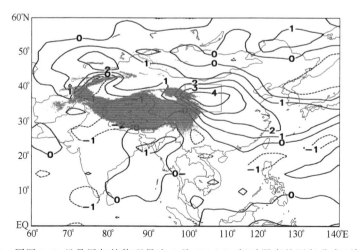

图 5.11　同图 5.8,只是回归的物理量为 5 月 850 hPa 相对湿度的回归分布(单位:%)

5.2.5　数值模式验证

采用海洋大气完全耦合模式 FOAM1.5(Fast Ocean-Atmosphere Model)模拟验证热带印度洋海盆模影响中国西北地区东部 5 月降水的异常及其物理机制(杨建玲等,2017)。该模式由美国 Argonne 国家实验室和威斯康星—麦迪逊大学共同开发,最大的优点是计算速度快,适合用于研究气候系统的长期变化问题。该模式中大气模式相似于美国国家大气研究中心(NCAR)的气候模式 CCM2.0 版本,物理过程采用 CCM3.0 版本的物理过程,菱形截断水平波数为 15(R15),水平分辨率:7.5°×4.5°,垂直 σ 坐标取 18 层,即 48×40×18 格点。FOAM1.5 的海洋模式与地球物理流体动力实验室(GFDL)的标准模式 MOM 相似,但它在很多地方与 POM 模式更相似,它的水平分辨率为 1.4°×2.8°,垂直分为 24 层,即 128×128×24 格点。FOAM1.5 模式的大气模式和海洋模式采用的分辨率不同,这样的分辨率称为混合分辨率。其中海洋模式采用的分辨率为高效的中等分辨率,但其模拟性能非常具有优势,模拟效果与高分辨模式可以相媲美。该模式虽然没有采用任何通量订正,但是模式对气候平均态状况的模拟仍具有比较强的能力。利用 FOAM1.5 模式进行模拟积分 1000 年,结果发现并没有大的气候漂移发生。

FOAM1.5 已用于研究热带和热带外气候变化(Liu et al,2000;Wu and Liu,2003),详细情况请参阅网页 http://www-unix.mcs.anl.gov/foam。作者已经利用该模式成功开展了有关热带印度洋海温异常主要模态海盆模影响亚洲季风区域的降水、气候以及其大气环流异常的数值敏感性模式试验研究(Yang et al,2007;杨建玲,2007;Yang et al,2009;Hu et al,2013)。

(1)模式试验方案设计

模式试验分控制试验和初值试验两种进行模拟,控制试验作为对比场,初值试验的热带印度洋海温设置为海盆模异常,用模式试验结果与控制试验进行对比来分析海盆模的影响。

控制试验:将模式积分一段时间,在模式达到平衡之后,选取某一年作为初值条件启动模式,每年输出一个大气和海洋数值积分的结果,并将这个结果作为初值试验的不同初始场背景,共 50 个初始场。

初值试验:海温异常范围为热带印度洋(40°~110°E,20°S~20°N)上层 40 m(即上混合层),该异常场边界为 0 ℃,从边界逐渐向中间温度以余弦函数形式增加,中间最高为 1.0 ℃(图 5.12)。初值试验从控制试验输出的 50 个初始场背景场开始,在研究关键月 5 月设置海温异常,分别进行 50 个 1 年的数值模拟积分,将积分结果集合平均,作为初值试验结果。

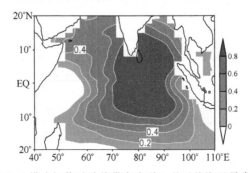

图 5.12　FOAM1.5 模式初值试验热带印度洋 5 月平均海温异常分布(单位:℃)

（2）模拟结果

高度场响应：对应热带印度洋一致增暖的海盆模，高度场异常响应从低层到高层随高度增加而显著加强，热带印度洋区域高度场异常响应呈斜压结构，暖海温作为热源引起高层 200 hPa 类似"Matsuno-Gill Pattern"响应，热源东侧引起大气开尔文波，西侧激发出罗斯贝波，东侧的开尔文波向东传播至整个赤道地区。赤道地区呈带状高度场正异常，热源西侧的罗斯贝波表现为南北纬 30°附近近似对称的高度场正异常中心，且在中纬度引起异常遥相关波列分布，且呈正压结构。高层正异常非常明显，低层异常则很弱，波列异常中心分别位于西南亚、亚洲中、东部。高度场异常在东亚至西北太平洋区域表现为"西低东高"分布形势，中国西北地区东部正好处于"西低东高"形势下（图 5.13，图中方框所示），这一模拟的西低东高异常形势与观测结果相似，只是异常中心的位置略偏东，这可能与加上的海温异常分布型和模式本身局限性有关。

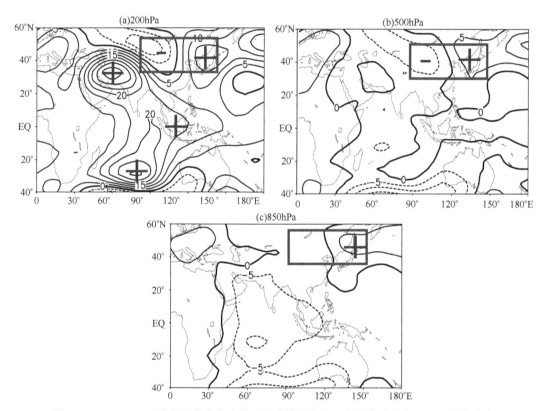

图 5.13　FOAM1.5 模拟的热带印度洋暖海盆模引起的 5 月位势高度场（gpm）异常响应

水平风场响应：对流层低层 850 hPa 风场异常响应的大值区在热带印度洋及其周边区域，热带印度洋中东部地区呈现较大范围的明显气流辐合，高层 200 hPa 上热带印度洋西侧南、北半球的罗斯贝波，即印度洋附近地区南北纬 40°范围内两个异常的反气旋，高层异常比低层更明显，且高层异常在北半球沿急流轴向下游传播，在亚洲中部贝加尔湖至中国西北东部和华北形成两个异常气旋和反气旋中心，与高度场异常正、负中心对应。高层气流异常辐散中心主要集中在热带印度洋附近和东亚地区，东亚地区高层气流异常辐散中心位于中国华北至日本南部海域，小范围弱的气流辐合，模拟的东亚地区异常辐散中心与观测相比略偏东（图 5.14）。

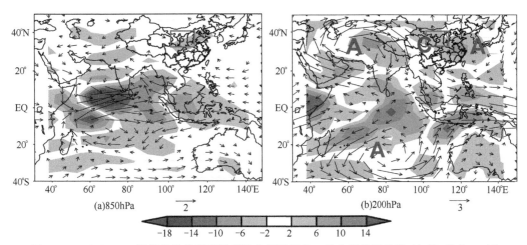

图 5.14　FOAM1.5 模拟的热带印度洋暖海盆模引起的 5 月水平风场异常（矢量，单位：m/s）及其散度场（阴影，单位：$10^{-5}\ \text{s}^{-1}$）。图中 A、C 分别表示反气旋和气旋（附彩图）

垂直运动和降水异常响应：模拟结果在热带印度洋区域和东亚地区分别存在两个垂直上升运动和降水异常的大值区域，这两个区域同时对应着低层辐合、高层辐散的风场异常分布形势，热带印度洋区域的也都非常明显。而在东亚地区的高层辐散较明显，低层辐合则较弱。中国西北地区东部位于东亚地区大范围降水异常偏多区域的西部边缘区，模拟的垂直运动和降水异常在东亚地区的分布整体比观测略偏东（图 5.15）。

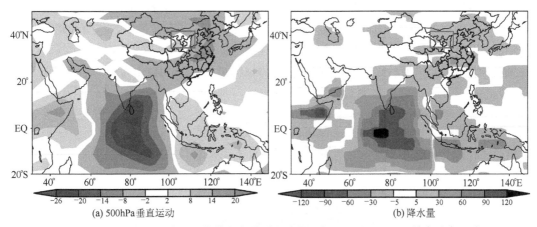

图 5.15　FOAM1.5 模拟的热带印度洋暖海盆模引起的 5 月 500 hPa 异常垂直运动 (a)（单位：$10^{-3}\ \text{Pa}\cdot\text{s}^{-1}$）和异常降水量(b)（单位：mm/月）（附彩图）

5.2.6　海盆模影响中国西北地区东部降水的物理过程和机理模型

综上所述，海气耦合模式 FOAM1.5 较好地验证了热带印度洋暖海盆影响中国西北地区 5 月降水的物理机制和过程，暖海盆模作为赤道附近的热源会引起大气的类似"Matsuno-Gill Pattern"响应，在热源东侧引起大气 Kelvin 波，西侧引起 Rossby 波，异常响应在大气对流层高层表现最明显。高层的响应在青藏高原西南侧形成异常高压，并在北半球沿中纬度向下游传播形成遥相关波列，中国西北地区东部位于遥相关波列在东亚地区异常中心的西部，高层形成高度场正异常，风场表现为异常反气旋环流，气流辐散；低层为异常气旋型环流，气流辐合,并形成上升运动和水汽异常大值中心,使得降水偏多,降水偏多区域主要位于中国华北和西北地区东部(图5.16)。

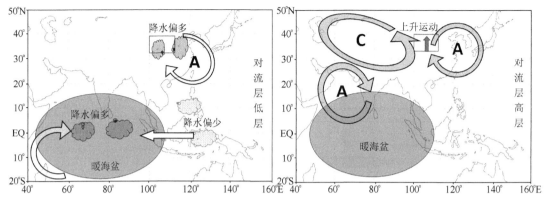

图5.16 热带印度洋海盆模影响中国西北地区东部5月降水的机理模型(附彩图)

5.2.7 热带印度洋海盆模影响中国西北地区东部降水的预测指标和模型

(1)预测指标

热带印度洋海盆模指数的定义有两种,第一种是将热带印度洋(40°~110°E,20°S~20°N)区域范围内海温距平SSTA做EOF分析,第一模态为海盆模,第二模态为偶极子模态。EOF第一模态时间序列定义为热带印度洋海盆模指数。第二种是将热带印度洋(40°~110°E,20°S~20°N)区域范围内海温距平SSTA做区域平均作为热带印度洋海盆模指数。两种指数差异不大,实际应用中第二种定义使用比较方便,本书预测指标也选取第二种定义。

根据21年滑动相关系数,选取热带印度洋海盆模指数(IOBMI)作为中国西北地区东部3月、5月、春季降水的外强迫预测指标。

3月:1968年以来,超前0~3个月,即前期12—3月IOBM指数与中国西北地区东部3月降水关系稳定显著,与超前1个月,即前期2月IOBMI关系最好(图5.17)。可以选取该时段超前1~3个月IOBM指数预测中国西北地区东部3月降水。

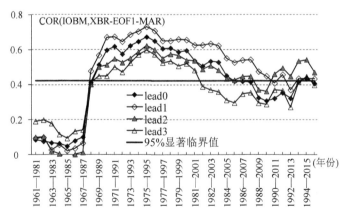

图5.17 中国西北地区东部3月降水EOF1与超前0~3个月的
热带印度洋IOBMI的21年滑动相关系数

5月：1977年以来，超前0～6个月，即前期11—5月IOBMI与中国西北地区东部5月降水相关关系稳定显著，与超前1个月，即前期4月IOBMI关系最好（图5.18）。故选取该时段1—4月IOBM指数作为中国西北地区东部5月降水预测因子。

为了更进一步确定海盆模和中国西北地区东部降水之间的关系，图5.18给出了热带印度洋海盆模（IOBM）指数与其5月降水EOF1时间序列21年滑动相关系数（其中热带印度洋海盆模指数采用该洋域平均海温距平）。该图非常清楚地显示了热带印度洋海盆模与中国西北地区东部5月降水之间的关系，在20世纪70年代中期以来总体呈显著增强的年代际演变特征。1986—2008年时段内，海温超前降水1～2个月关系最显著，相关系数最大达0.7275，远大于其99%置信度临界值0.537。1989年以来，两者关系又呈减小的趋势，但总体还是显著的。最近21年超前2个月的关系最显著。

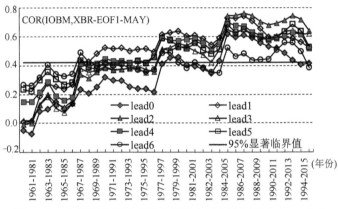

图5.18　中国西北地区东部5月降水EOF1与超前0～6个月
热带印度洋IOBMI的21年滑动相关系数

春季：1968年以来，超前1～4个月，即前期11—2月的IOBM指数与中国西北地区东部春季降水关系稳定显著，与超前2～3个月，即前期12—1月的IOBMI关系最好（图5.19）。故选取该时段超前2～3个月，即前期12—1月IOBM指数预测中国西北地区东部春季降水。

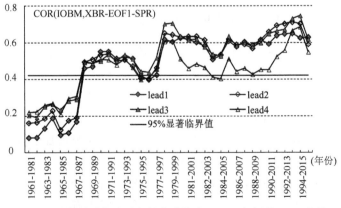

图5.19　中国西北地区东部春季降水EOF1与超前1～4个月
热带印度洋IOBMI的21年滑动相关系数

（2）预测概念模型

根据前面研究结果,建立热带印度洋海盆模影响中国西北地区东部降水的预测概念模型（如图 5.20）,20 世纪 70 年代中期以来,前冬、春持续异常的热带印度洋 SSTA 海盆模对中国西北地区东部 5 月降水异常有显著影响,这种影响存在明显年代际差异,20 世纪 70 年代中期之前不显著。3 月降水和 IOBM 也有显著关系,但是它们的显著相关是由于 ENSO 引起的,不是 IBOM 直接影响的结果。春季 3—5 月降水主要发生在 5 月,因此春季降水和 IOBM 也有显著相关。前期冬、春季暖（冷）海盆模对应 3 月、5 月和春季中国西北地区东部全区一致降水偏多（少）。具体来看,预测指示最好的是:3 月降水对应前期 2 月海温,5 月降水对应前期 4 月海温,春季降水对应前期 12—1 月海温。

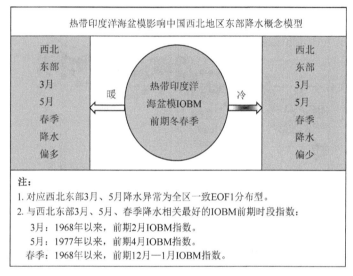

图 5.20　热带印度洋海盆模影响中国西北地区东部降水的预测概念模型

5.3　热带太平洋 ENSO 的影响

5.3.1　ENSO 影响月尺度降水的关键时段和海温分布模态

采用中国西北地区东部逐月降水 EOF 前三个模态时间序列分别与热带太平洋海温进行同期和超前 1～6 个月的相关,分析了 ENSO 发生、发展、峰值、消亡期等不同发展阶段与中国西北地区东部降水的关系,发现该地区月尺度降水对热带太平洋海温异常的响应在 ENSO 的不同阶段具有显著的差异,而且其差异存在明显的年代际变化特征。总体上 20 世纪 70 年代中后期之前,两者相关较小,而在 70 年代中后期以来两者关系显著加强,两者相关的年代际变化在后文的预测指标选择中会进一步详细介绍。

1977 年以来,扣除线性趋势后,热带太平洋海温异常对 ENSO 发展当年秋季 10 月、峰值期冬季 1 月、次年春季 3 月、4 月、5 月中国西北地区东北降水有显著相关。月尺度上,ENSO 对夏季中国西北地区东部降水的相关不显著。具体来看,ENSO 发展当年 10 月、峰值期 1 月、次年春季 3 月、5 月降水 EOF1,ENSO 当年 10 月降水 EOF2、次年 4 月降水 EOF3 相关显著。

还发现 20 世纪 90 年代中期以前 ENSO 与 9 月降水 EOF1 相关显著,但之后相关不显著,近年来两者的相关又有增大趋势,这些特点在实际预测业务应用中都非常关键,在具体的预测指标选择中要慎重考虑。

从上面的结果来看,ENSO 对中国西北地区东部月尺度降水的显著影响主要在春季和秋季各月,与夏季各月降水的相关不显著。虽然本书的重点是关于中国西北地区东部汛期降水的研究,但是作为年际最强信号引起中国西北地区东部春、秋季降水的异常,会对该地区的春耕、秋收,以及生态环境、水资源等都具有非常重要的影响,因此下面按照 ENSO 发展演变的不同阶段,介绍中国西北地区东部降水与热带太平洋海温异常的联系及可能的影响成因。

(1)ENSO 与其当年 10 月中国西北地区东部降水的关系

中国西北地区东部 10 月降水 EOF1 与同期、超前 1~3 个月,即前期 7—9 月及同期 10 月热带中东太平洋海温呈持续显著负相关,显著相关的空间分布型是典型 ENSO 海温异常分布模态(图 5.21),海温异常大值区域主要位于赤道中东太平洋(120°~160°W)。暖事件 El Niño(冷事件 La Niña),对应当年 10 月中国西北地区东部降水一致偏少(偏多)(图 5.23a),降水异常方差较大的区域位于该地区的偏东、偏南区域,主要包括甘肃中东部、宁夏南部、陕西中南部。

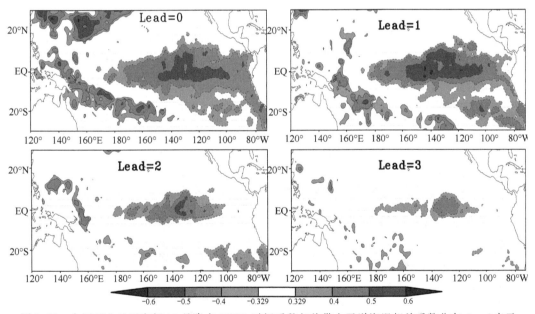

图 5.21　中国西北地区东部 10 月降水 EOF1 时间系数与热带太平洋海温相关系数分布,Lead 表示
海温超前降水的月,阴影区域超过 95% 信度检验(附彩图)

中国西北地区东部 10 月降水 EOF2 与同期、超前 1~5 个月,即前期 5—9 月及同期 10 月的热带东南太平洋海温呈持续显著正相关(如图 5.22),海温异常大值区域位于赤道东南太平洋秘鲁沿岸(大约 80°~120°W,20°S~0°)。秘鲁沿岸海温异常对应当年 10 月中国西北地区东部地区南北区域降水异常符号相反分布形势(图 5.23b),具体来看,秘鲁沿岸海温偏高(低),对应中国西北地区东部 35°N 以北地区(甘肃中西部、宁夏大部、陕西北部及内蒙中部)降水异常偏少(多),35°N 以南地区(甘肃南部和陕西南部)降水异常偏多(少)。

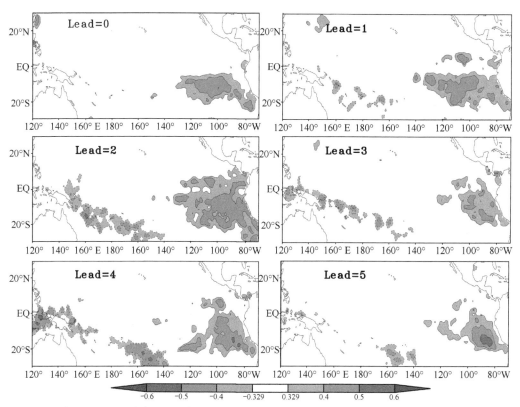

图 5.22　中国西北地区东部 10 月降水 EOF2 时间系数与热带太平洋海温相关系数分布,Lead 表示
海温超前降水的月,阴影区域超过 95% 信度检验(附彩图)

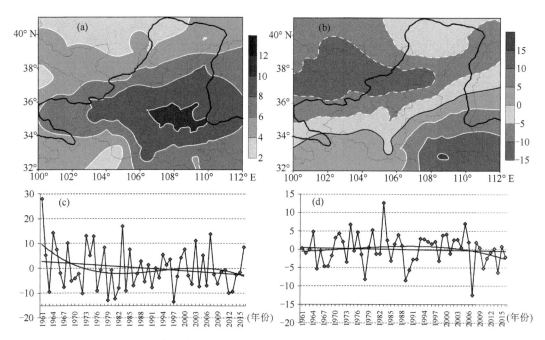

图 5.23　中国西北地区东部 10 月降水 EOF1(a,c)和 EOF2(b,d)(a)、(b) 为空间分布,
阴影区带白实线为正,阴影区带白虚线为负,黑色实线为 0;(c)、(d)为时间系数,
黑色直线为线性趋势线,黑色曲线为三次多项式趋势线

（2）ENSO 与其峰值期 1 月中国西北地区东部降水的关系

中国西北地区东部 1 月降水 EOF1 与同期、超前 1～5 个月,即前期 8—12 月及同期 1 月热带中东太平洋海温呈持续显著负相关,显著相关的空间分布型也为典型的 ENSO 海温异常分布模态(图 5.24),显著相关较大的区域位于热带中、东太平洋地区。暖事件 El Niño(冷事件 La Niña),对应峰值期 1 月中国西北地区东部一致降水偏少(偏多),降水异常方差较大的区域主要位于宁夏中南部、甘肃东部和陕西大部(图 5.25)。中国西北地区东部 1 月降水 EOF1 模态的方差贡献较大,达 48.9%,故 ENSO 对其峰值期 1 月降水的影响贡献比大。然而 1 月降水量非常小,全区域平均只有 4.2 mm,占全年的 0.84%。

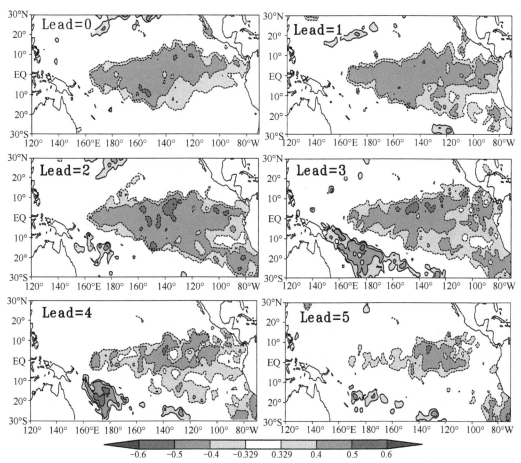

图 5.24　中国西北地区东部 1 月降水 EOF1 与热带太平洋海温相关系数分布
（Lead 表示海温超前降水的月,阴影区域超过 95% 信度检验)(附彩图)

（3）ENSO 与其次年春季 3 月中国西北地区东部降水的关系

中国西北地区东部春季 3 月降水 EOF1 与同期和超前 1～6 个月,即前期前一年 9 月—当年 2 月及同期 3 月热带中东太平洋海温呈持续显著正相关关系,持续时间长达 7 个月,显著相关的海温分布型也为典型的 ENSO 海温异常分布模态,相关系数较大的区域位于热带太平洋中部(图 5.26)。与其他时段降水的相关相比,热带中东太平洋海温与 3 月降水的相关系数和相关显著的区域范围都最大,相关持续时间也最长。暖事件 El Niño(冷事件 La Niña),对应次年春季 3 月中国西北地区东部全区域降水一致偏多(偏少),降水异常方差较大的区域位于该地区的中部偏东、偏南区域,即位于甘肃中东部、宁夏南部、陕西中南部地区(图5.27)。3月降水EOF1模态的方差贡献率较大,达42.4%,因此ENSO对3月降水的影响贡献比较大。

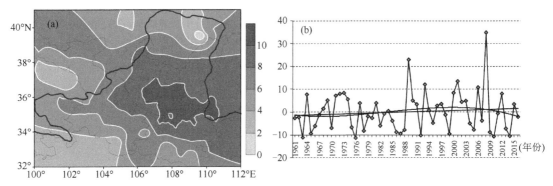

图5.25　中国西北地区东部1月降水EOF1,(a)为空间分布,阴影区带白实线为正;
(b)为时间系数,黑色直线为线性趋势线,黑色曲线为三次多项式趋势线

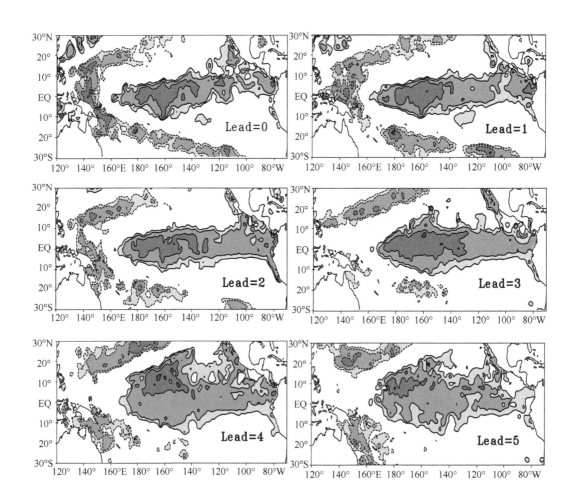

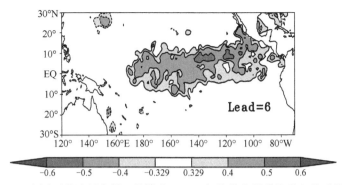

图 5.26　中国西北地区东部 3 月降水 EOF1 与热带太平洋海温相关系数分布
Lead 表示海温超前降水的月,阴影区域超过 95％信度检验(附彩图)

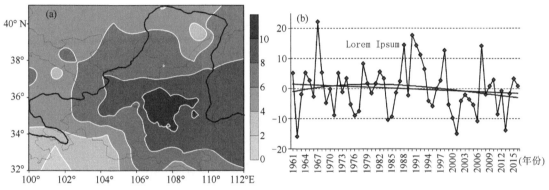

图 5.27　中国西北地区东部 3 月降水 EOF1,(a)为空间分布,阴影区带白实线为正;
(b)为时间系数,黑色直线为线性趋势线,黑色曲线为三次多项式趋势线

(4) ENSO 与其次年春季 4 月中国西北地区东部降水的关系

中国西北地区东部春季 4 月降水 EOF3 与同期和超前 1～6 个月,即前期 10 月－3 月及同期 4 月的热带太平洋、东太平洋海温持续显著相关(图 5.28),与 3 月相比(图 26),海温与 4 月降水 EOF3 相关系数的大小和显著相关的海温区域范围都明显偏小,显著相关的区域位于赤道东太平洋地区,海温超前降水 1 个月到超前 6 个月显著相关的范围和大小变化不大。结合 4 月降水 EOF3 的空间分布和时间序列得出,暖事件 El Niño(冷事件 La Niña),对应次年春季 4 月中国西北地区东部的南、北区域偏少(多),中间的东西带状区域偏多(少),降水异常方差较大的区域位于甘肃中部、南部、宁夏南部和陕西南部地区(图 5.29)。4 月降水 EOF3 模态的方差贡献率只有 5.3％,因此第三模态的方差贡献对整个 4 月降水的贡献很小。

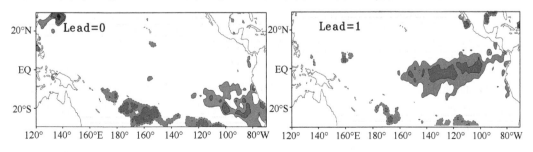

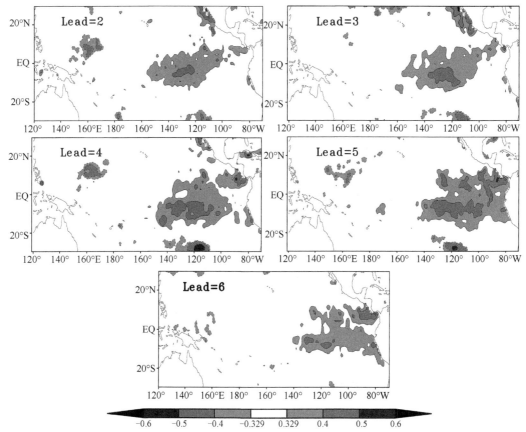

图 5.28　中国西北地区东部 4 月降水 EOF3 与热带太平洋海温相关系数分布
Lead 表示海温超前降水的月,阴影区域超过 95%信度检验(附彩图)

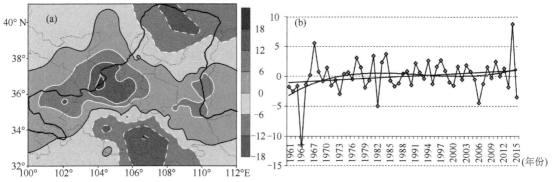

图 5.29　中国西北地区东部 4 月降水 EOF3,(a)为空间分布,阴影区带白实线为正;
(b)为时间系数,黑色直线为线性趋势线,黑色曲线为三次多项式趋势线

(5)ENSO 与其次年春季 5 月中国西北地区东部降水的关系

中国西北地区东部春季 5 月降水 EOF1 与同期和超前 1 个月的热带太平洋海温关系不显著(图 5.30),而与超前 2~6 个月,即前期 12~4 月的海温有显著关系,而且与 3 月相比(图 5.26),海温与 5 月降水的相关比 3 月的明显偏小,在相关系数的大小和显著相关的海温区域范围都明显偏小。暖事件 El Niño(冷事件 La Niña),对应次年春季 5 月中国西北地区东部全区域降水一致偏多(偏少),降水异常方差较大的区域位于该地区的中部,即位于甘肃东南部、宁夏大

部、陕西中南部地区(图 5.31)。5 月降水 EOF1 模态方差贡献率达 51.4%,故 ENSO 与 5 月降水的关联性较大。

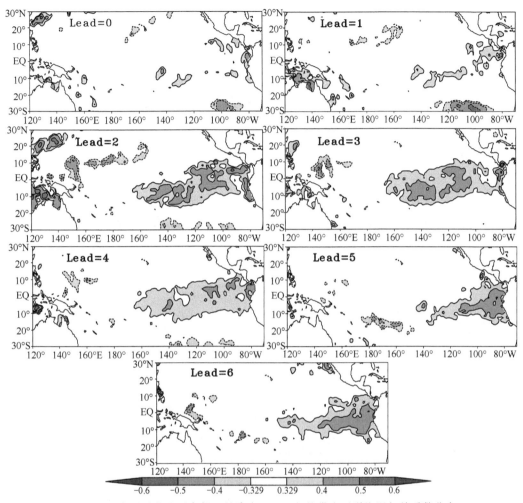

图 5.30　中国西北地区东部 5 月降水 EOF1 与热带太平洋海温相关系数分布

Lead 表示海温超前降水的月,阴影区域超过 95% 信度检验(附彩图)

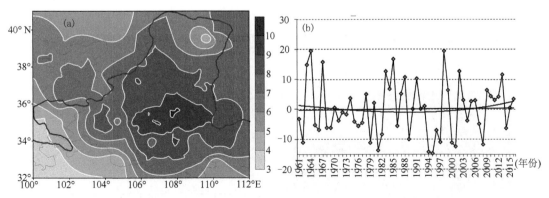

图 5.31　中国西北地区东部 5 月降水 EOF1,(a)为空间分布,阴影区带白实线为正;

(b)为时间系数,黑色直线为线性趋势线,黑色曲线为三次多项式趋势线

这里 5 月降水与同期和超前 1 个月的海温相关不显著,而与超前 2 个月以上的海温相关显著,说明 ENSO 与次年 5 月降水的显著相关并不是太平洋 SST 异常的直接影响,进一步证明了 5.1 节提出的结果,即 ENSO 对中国西北地区东部 5 月降水的影响是通过热带印度洋海盆模的"电容器"效应而实现的,是印度洋海盆模在 ENSO 影响中国西北东部降水过程中,发挥了"电容器"的效应,延续了 ENSO 的影响信号。实际上 ENSO 次年春季海温异常在 4 月大都已迅速减弱消亡。

5.3.2 中国西北地区东部降水对 ENSO 响应的分布模态

综上所述,ENSO 与其发展阶段 10 月降水 EOF1、EOF2,峰值期 1 月 EOF1、次年春季 3 月 EOF1、4 月 EOF3、5 月 EOF1 有显著的持续相关,但是由于 1 月降水量非常小,4 月 EOF3、10 月 EOF2 对当月降水方差的贡献率很小,因此在后面的分析中不做详细研究。

表 5.1 为 1961 年以来热带太平洋 ENSO 事件,15 个暖事件(El Niño)和 11 个冷事件(La Niña)发生的起止时间,冷、暖事件的确定是根据 NOAA 网站的资料和判断标准,即连续 3 个月平均的 Nino3.4 指数距平达到连续 5 个月大于 0.5℃ 或小于 −0.5℃。

表 5.1　1961 年以来热带太平洋 ENSO 事件及其起止时间

15 个	1963.06−1964.02;	1965.05−1966.04;	1968.11−1970.01;	1972.04−1973.03;
El Niño	1976.09−1977.02;	1977.09−1978.01;	1979.10−1980.02;	1982.04−1983.06;
暖事件	1986.10−1988.02;	1991.06−1992.07;	1994.10−1995.03;	1997.05−1998.05;
	2002.06−2003.02;	2004.07−2005.04;	2009.07−2010.04;	
11 个	1964.04−1965.01;	1967.12−1968.04;	1970.06−1972.01;	1973.05−1976.03;
La Niña	1984.10−1985.06;	1988.05−1989.05;	1995.08−1996.03;	1998.07−2001.03;
冷事件	2007.08−2008.06;	2010.07−2011.04;	2011.08−2012.03	

为了进一步明确 ENSO 对中国西北地区东部降水的影响,根据表 5.1 中 ENSO 事件年份,合成分析了 ENSO 当年 10 月、次年 3 月、5 月降水异常分布(图 5.32)。研究发现对应热带太平洋暖事件(冷事件),在其发展阶段的当年 10 月中国西北地区东部降水整体偏少(偏多),而在其峰值后的次年春季 3 月、5 月降水整体偏多(偏少)。合成结果与相关结果相一致。

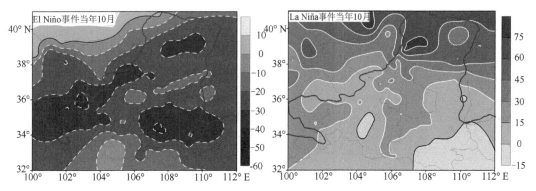

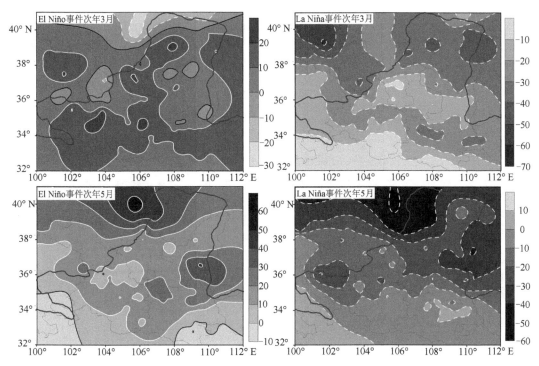

图 5.32　热带太平洋 El Niño、La Niña 事件年中国西北地区东部降水距平百分率合成(%)，
阴影区带白实线为正，阴影区带白虚线为负

5.3.3　降水对 ENSO 响应的不对称特性

中国西北地区东部降水对 ENSO 冷、暖事件的响应其实并不是对称的，而是表现为偏少更敏感的特性。暖事件当年 10 月，冷事件次年 3 月、5 月对应的降水异常偏少概率明显大于暖事件当年 10 月、冷事件次年 3 月、5 月降水异常偏多的概率（图 5.33）。偏少响应的概率普遍达 80%，而偏多响应的概率在 50% 左右，两者相差 30% 左右，这样的不对称性我们称之为"中国西北地区东部降水对 ENSO 偏少响应更敏感"的不对称特性。

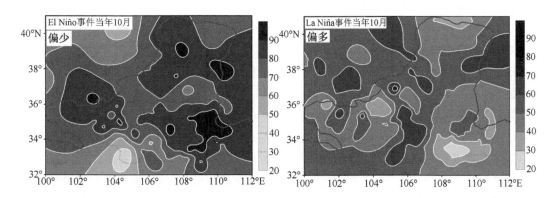

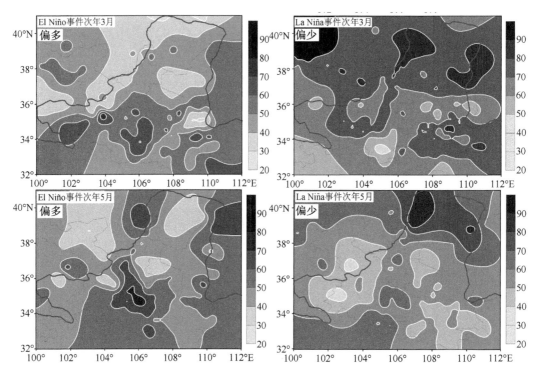

图 5.33 ENSO 当年 10 月、次年 3 月、5 月中国西北地区东部降水偏多、
偏少的概率分布(单位:%)阴影区颜色越深概率越大

至于为什么会出现这种不对称特征,这里只初步分析了中国西北地区东部降水异常在气候平均状况下偏多、偏少的概率分布。发现气候平均状况下,中国西北地区东部降水异常偏少概率大于偏多的概率,偏少概率约为 60%,偏多概率约为 40%,这可能是降水对 ENSO 响应表现为偏少更敏感的原因之一,其他原因还需进一步研究。

5.3.4 ENSO 影响中国西北地区东部降水的大气异常机理

热带中东太平洋海温异常的冷、暖事件 El Niño 和 La Niña 在其发展的不同阶段,通过影响大气环流的异常而影响中国西北地区东部的降水异常。

(1)ENSO 对当年 10 月降水异常影响

El Niño 当年 10 月(图 5.34),热带中东太平洋暖海温异常引起整个热带地区对流层高层 200 hPa 高度异常偏高,热带中东太平洋地区表现为明显的蝴蝶型高度场异常响应,即对应赤道两侧的 Rossby 响应及 Kelvin 波响应,Kelvin 波沿赤道向东传播,形成了沿整个低纬度热带地区的高度场异常偏高带。在南、北半球的 20°~40°纬度带内,高度场异常以偏低为主,欧亚地区 20°~40°N 纬度带内高度场异常偏低明显,尤其在中国东部到日本地区形成了异常低值中心,而在其西北部的巴尔喀什湖和乌拉尔山地区高度场异常偏高,这样在中国西北地区东部附近,中高纬度高层形成了明显"西高东低"高度场异常环流形势,这种形势正是中国西北地区东部降水异常偏少的典型环流异常形势,在对流层中低层 500 hPa、850 hPa 上高度场异常与 200 hPa 相似,只是异常幅度高层更明显,即异常幅度随高度升高而增大。而在低纬度印度洋北部到南亚地区,中低层 500 hPa、850 hPa 高度场异常偏高幅度比高层更显著。

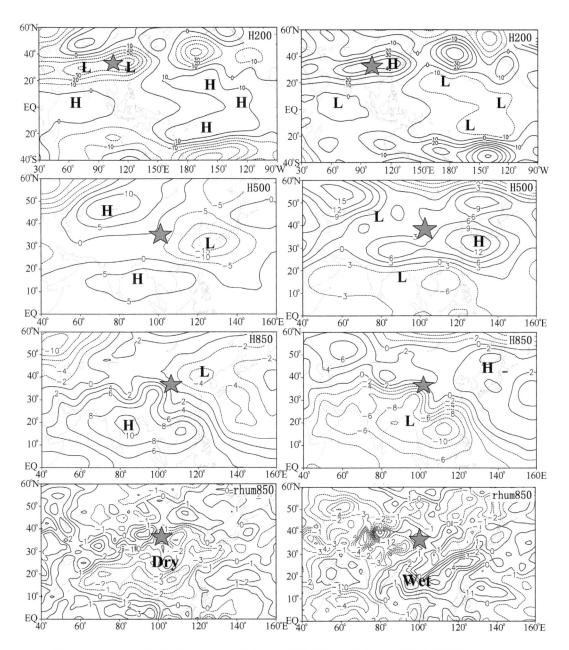

图 5.34　El Niño 事件(左)、La Niña 事件(右)发展阶段 10 月高度场和湿度场异常合成分布，阴影五角星区域为中国西部地区东部所在区域，H，L 分别表示高度场正异常和负异常中心，Dry 和 Wet 分别表示湿度场正异常和负异常中心(高度场：位势米；湿度场：%)

　　风场异常分布与高度场一致(图 5.35)，在中国西北地区东部影响范围内，高层 200 hPa 为异常气旋，低层 850 hPa 中国西北地区东部至西太平洋地区为异常偏北、偏西风。对应低纬度中低层高度场异常偏高阻挡了水汽向北输送，形成了大范围水汽偏少，有利于中国西北地区东部降水偏少。冷事件 La Niña 海温异常对应的大气环流异常分布形势与暖事件基本相反。

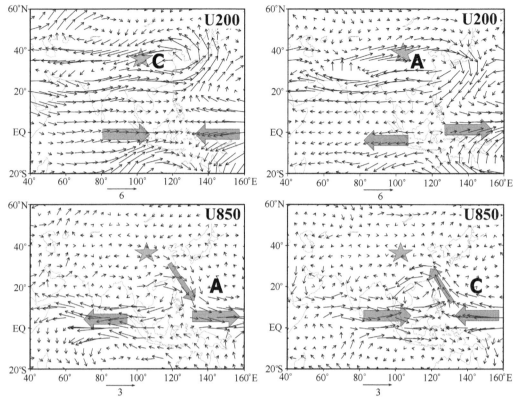

图 5.35 El Niño 事件(左)、La Niña 事件(右)发展阶段 10 月风场异常合成分布(单位:m/s),
阴影五角星区域为中国西部地区东部所在区域,A、C 分别表示异常反气旋和异常气旋中心

(2)ENSO 对其次年 3 月降水异常影响

El Niño 次年 3 月与其当年 10 月相比(图 5.36),整个热带地区对流层高层 200 hPa 高度异常偏高的形势一直维持,而且正异常的范围向高纬度扩展,至次年 3 月扩展至中纬度 30°N 左右,当年 10 月在 20°～40°N 纬度带内的高度场异常偏低区域,次年 3 月推移至中高纬度 40°～50°N 纬度带内。中、低层 500 hPa 和 850 hPa 上,西北太平洋地区高度场异常偏高,对应低层 850 hPa 风场为异常反气旋环流,即北太平洋副热带高压偏强(图 5.37),西北太平洋反气旋西部在中国西北地区东部为异常偏东风和偏南风的辐合区,水汽辐合,有利于降水偏多。对应冷海温事件 La Niña 的影响,异常环流分布形势与暖事件基本相反。

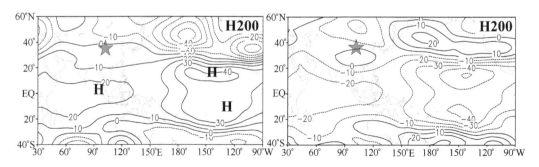

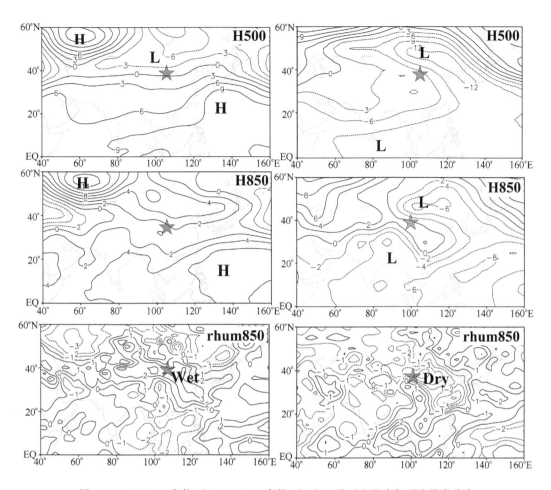

图 5.36　El Niño 事件(左)、La Niña 事件(右)年 3 月对应的大气环流异常分布
(高度场:位势米;湿度场:%),阴影五角星区域为中国西部地区东部所在区域,
H、L 分别表示高度场正异常和负异常中心,Dry 和 Wet 分别表示湿度场正异常和负异常中心

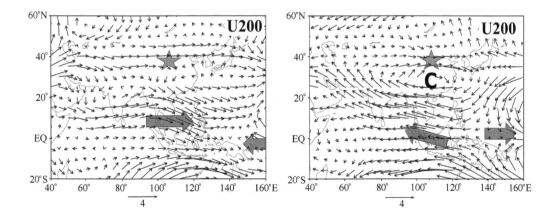

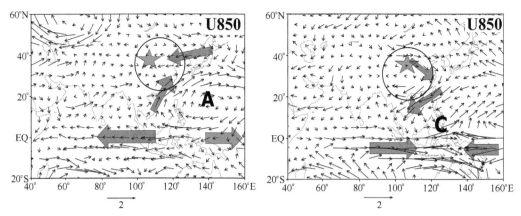

图 5.37　El Niño 事件(左)、La Niña 事件(右)消亡阶段 3 月对应的大气环流异常分布(单位:m/s),
阴影五角星区域为中国西部地区东部所在区域,A、C 分别表示异常反气旋和异常气旋中心

对比 ENSO 对当年秋季 10 月和次年 3 月中国西北地区东部降水影响的大气环流异常,发现 El Niño 当年 10 月主要影响系统是高层 200 hPa 异常波列引起的"西高东低"异常环流型,配合中、低层 500 hPa、850 hPa 西北太平洋异常气旋引起的异常偏北风共同影响。而次年春季 3 月主要影响系统是 500 hPa、850 hPa 上西北太平洋地区异常反气旋引起的异常偏南风输送水汽。

5.3.5　太平洋 ENSO 影响 3 月与 5 月降水的差异

比较了热带太平洋暖事件 El Niño 和冷事件 La Niña 对中国西北地区东部降水影响的差异(表 5.2),这里只给出暖事件比较,冷事件基本反位相。可以看出,对应暖事件 El Niño 当年秋季 10 月降水偏少,次年春季 3 月、5 月降水偏多。3 月、5 月降水量同样是偏多,但偏多的物理过程和背景并不相同。3 月偏多是 El Niño 直接通过引起西北太平洋地区中、低层异常反气旋的影响结果,是 El Niño 的直接影响,而 5 月降水的异常则是 El Niño 通过热带印度洋海盆模的"电容器"间接影响的结果。一般情况下,El Niño 在次年 5 月基本消亡,但是它的信号可以通过热带印度洋海盆模影响欧亚地区春、夏季的气候、甚至导致北半球、全球的气候异常。

表 5.2　热带太平洋暖事件 El Niño 发展过程中不同月对中国西北地区东部降水影响的差异

类别	10 月	3 月	5 月
降水异常	降水偏少 直接影响	降水偏多 直接影响	降水偏多 通过印度洋海盆模 间接影响
大气可降水量	区域偏少	区域偏多	区域偏多
环流差异	高层 200 hPa"西高东低"环流形势,配合中、低层 500 hPa、850 hPa 异常气旋引起的异常偏北风共同影响	中、低 500 hPa、850 hPa 上西北太平洋地区异常反气旋引起的异常偏南风输送水汽	中高层 200 hPa、500 hPa 上"西低东高"异常形势,配合低层 850 hPa 上 2 个反气旋引起的异常偏东、偏南风输送水汽

5.3.6 海盆模在 ENSO 影响降水中的"电容器"效应

热带太平洋 ENSO 作为气候年际变率最强的信号,对中国西北地区东部气候异常有显著影响,对其发展当年 10 月,峰值期次年 1 月、消之阶段次年 3 月、5 月的降水有显著相关。EN-SO 对 10 月、次年 1 月、3 月的影响是直接的,而对 5 月降水的影响是通过热带印度洋海盆模"电容器"的间接效应实现的。

热带印度洋海盆模作为对 ENSO 的响应模态,在 ENSO 次年春季达峰值位相,即为"充电"过程。海盆模可以从春季持续到夏季,此时 ENSO 一般已经消亡。海盆模在春季持续到夏季的过程中影响亚洲季风区气候,即所谓"放电"过程。海盆模在 ENSO 影响亚洲季风区气候中发挥了接力作用,即"电容器"效应。在这个过程中,海盆模对中国西北地区东部 5 月降水有直接的显著影响,这也是海盆模"电容器"效应的一种区域表现(图 5.38)。

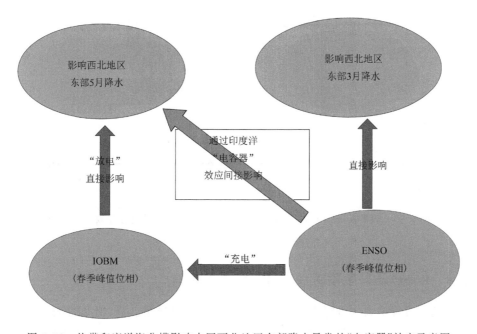

图 5.38 热带印度洋海盆模影响中国西北地区东部降水异常的"电容器"效应示意图

5.3.7 ENSO 和海盆模的季节锁向及对降水的影响过程

热带太平洋 ENSO 和印度洋 IOBM 都有很强的锁相特征,两者密切相关,其发生、发展有相互作用,而且两者对中国西北地区东部降水都有显著影响,但是影响的显著时段和过程却不同。图 5.39 给出了热带太平洋 ENSO 发生发展不同阶段和热带印度洋海盆模的季节锁相、相互关系、对大气异常的影响,以及对中国西北地区东部降水显著影响的过程。

ENSO 一般在春夏季发生,夏秋季发展,冬季达到峰值,次年春季 3—4 月迅速消亡。EN-SO 当年发展阶段秋季 10 月对中国西北地区东部降水有显著影响,在其峰值期的 1 月与降水也有显著相关,次年春季 3 月对降水影响显著。另外,落后 ENSO 大约一个季节,在热带印度洋会引起海盆模 IOBM 的形成和发展,IOBM 形成以后,对 ENSO 有反作用,加速了 ENSO 的消亡。平均而言,在次年春季4月ENSO基本消亡,而印度洋IOBM在ENSO消亡后有很好的持续性,可以从春季持续到夏季,对夏秋季节的亚洲地区气候有显著影响,这就是IOBM的"电容器"效应。ENSO超前2个月以上与中国西北地区东部5月降水有显著关系,而IOBM对5月降水有直接的显著影响,由此可见,ENSO对5月的影响是通过IOBM的"电容器"效应而实现的。ENSO和IOBM对大气系统的影响主要是通过引起西北太平洋地区中低层的反气旋,以及热带印度洋地区类似"Matsuno-Gill Pattern"的响应,及引起的高层下游异常波列而影响中国西北地区东部的降水异常。

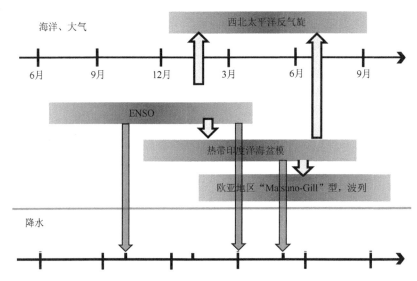

太平洋ENSO、印度洋IOBM对中国西部地区东部降水影响显著月份

图 5.39　热带太平洋 ENSO、印度洋海盆模的季节锁向及电容器效应示意图
(参考文献 Xie et al,2009,做了部分修改)

5.3.8　ENSO 不同阶段对大气可降水量的影响

ENSO 演变过程中大气可降水量在全球都表现出明显异常。冷、暖事件对应的异常分布形势基本是反位相,其发展演变很有规律。研究发现,在 El Niño(La Niña)当年 10 月之前(图 5.40),中国西北地区东部处在大气可降水量的偏少(多)区域内,而在当年 10—11 月发生了转折,中国西北地区东部由大气可降水量偏少(多)的区域转变为偏多(少)区域,而大气可降水量偏多(偏少)有利于降水量偏多(偏少)。中国西北地区东部大气可降水量的分布和转折,与前人研究发现该区域降水在 El Niño(La Niña)当年以偏少(偏多)为主,而在 El Niño(La Niña)次年以偏多(偏少)为主的结论一致。

具体来看,El Niño(La Niña)发生当年夏季 6 月开始,大气可降水量在赤道中东太平洋小范围内异常偏多(少),其他地区偏少(偏多)。随着 ENSO 的发展加强,赤道中东太平洋地区的大气可降水量偏多区域扩大,在整个太平洋地区形成一个楔形的偏多(偏少)区域。至 9 月,太平洋地区的降水偏多区域向东扩展至南印度洋、西非到北欧,在该区域形成大气可降水量的偏少、偏多的分界线,西南印度洋和北欧新出现了偏多(偏少)区域,亚洲中东部、澳大利亚、西北太平洋边界都处在偏少(偏多)区域。

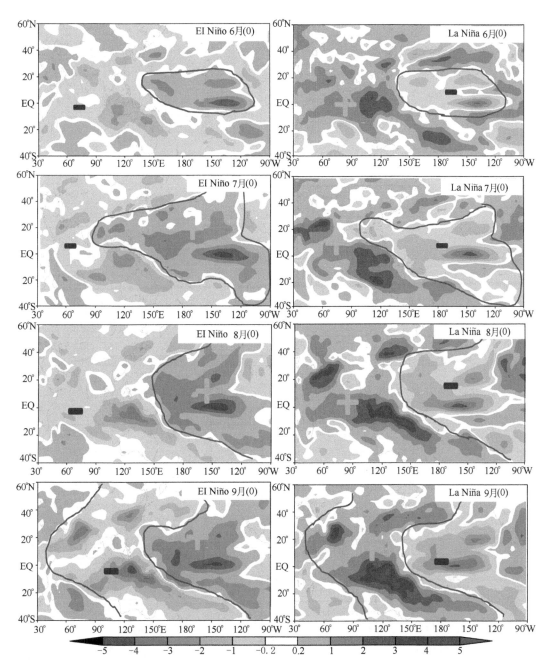

图 5.40　热带太平洋 ENSO 事件当年 6—9 月逐月大气可降水量异常演变(单位:mm/d)(附彩图)

至 10—11 月,随着 ENSO 进一步发展加强,大气可降水量的分界线向东推进越过东亚地区,使得东亚地区大气可降水量发生转折:El Niño 事件大气可降水量由偏少转为偏多,La Niña 事件由偏多转为偏少,相应的中国西北地区东部降水异常也发生了反转(图 5.41)。

11 月以后至 ENSO 次年夏季,El Niño(La Niña)对应的东亚地区的降水偏多、偏少分界线继续向东推进,东亚地区大范围的偏多(偏少)形势一直维持。当然也存在不同月、不同区域性的差异(图 5.42)。

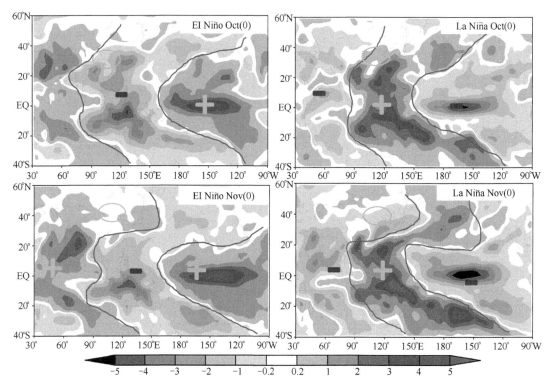

图 5.41 热带太平洋 ENSO 事件当年 10—11 月逐月大气可降水量异常演变(单位:mm/d)(附彩图)

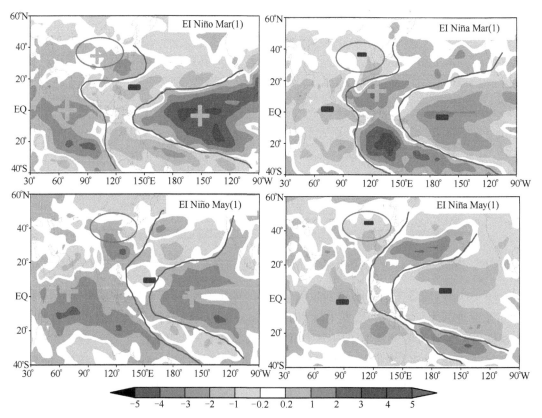

图 5.42 热带太平洋 ENSO 事件次年 3—5 月逐月大气可降水量异常演变(单位:mm/d)(附彩图)

5.3.9　中国西北地区东部春、夏、秋季节连旱与 ENSO 演变格局的关联

利用降水距平百分率分别选出中国西北地区东部春、夏、秋季节干旱最严重的 9 年、10 年、11 年，分别比较不同季节干旱与 ENSO 事件的关联（表 5.3），发现 55% 春旱与冷事件 La Niña 消亡阶段对应。70% 的夏旱与暖事件 El Niño 发生发展当年对应，30% 的夏旱与冷事件次年或消亡阶段对应，也就是 100% 夏旱与 ENSO 有关联，73% 的秋旱与暖事件 El Niño 发生发展当年对应。

综合 ENSO 对中国西北地区东部逐月降水的影响，以及该地区春、夏、秋季节干旱与 ENSO 的关联，提出春、夏、秋长时间持续的季节连旱对应热带太平洋 ENSO 的异常演变格局（图 5.43）：首先前一个冷事件 La Niña 在春季消亡，紧接着下一个暖事件 El Niño 在夏、秋季节发生、发展，即海温"前冷后暖"演变有利于该地区春夏秋季持续干旱，即季节连旱。Li X 等（2018）的研究认为，从拉尼娜现象（冬季）到厄尔尼诺（次年秋季）的连续过渡，通过调节沃克环流和东亚沿岸的经向垂直环流，对季节连旱的产生有影响。

表 5.3　中国西北地区东部春、夏、秋最严重干旱年与 ENSO 的关联

季节	春季	夏季	秋季
与 ENSO 的关联	9 年干旱中： 5 年对应赤道中东太平洋 SST 偏低，其中 4 年在 La Niña 消亡年	10 年干旱中： 7 年对应暖事件 El Niño 当年发展期。3 年对应 La Niña 次年或消亡期	11 年干旱中： 8 年对应暖事件 El Niño 当年发展期
	La Niña：55%	El Niño：70% La Niña：30%	El Niño：73%

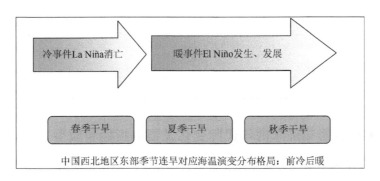

图 5.43　中国西北地区东部春、夏、秋季节连旱对应的热带太平洋 ENSO 演变格局示意图

赤道中东太平洋海温"前冷后暖"演变格局的历史个例有 5 个（图 5.44），即 1965 年、1972 年、1986 年、1997 年、2006 年。对应这些年份中国西北地区东部春、夏、秋降水距平百分率如表 5.4，可以看出，除个别月有降水偏多情况外，春、夏、秋各季节绝大部分月持续长时间的降水异常偏少，造成春、夏、秋季连旱。

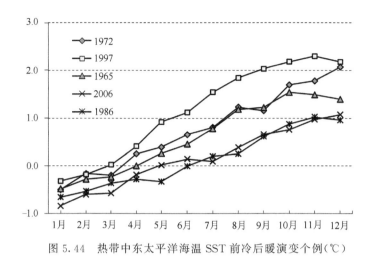

图 5.44 热带中东太平洋海温 SST 前冷后暖演变个例(℃)

表 5.4 热带中东太平洋海温 SST 具有前冷后暖演变格局的年份对应中国西北地区

东部降水距平百分率(%)

月 \ 年	1972	1997	1965	2006	1986
3 月	33.5	16.7	17.6	−62.2	−9.0
4 月	−5.7	6.5	73.0	−14.8	−34.9
5 月	−6.4	−52.2	−23.2	11.0	−26.1
6 月	−17.3	−55.9	−20.2	−20.3	40.5
7 月	−14.5	−9.4	16.2	−3.8	−21.9
8 月	−20.2	−50.3	−40.2	−5.1	−37.8
9 月	−51.9	−26.3	−51.0	1.7	−37.5
10 月	−48.1	−65.8	29.1	−32.3	−29.2
11 月	41.4	9.0	−30.3	−37.1	−34.4
春季	0.4	−21.9	14.8	−9.3	−26.1
夏季	−17.3	−35.5	−13.2	−8.2	−12.9
秋季	−40.9	−34.2	−25.0	−12.5	−34.7

5.3.10 ENSO 影响降水的年代际变化及预测指标和模型

(1) ENSO 各指数与中国西北东部降水关系的年代际变化和预测指标选取

热带太平洋 ENSO 事件的主要监测区域(图 5.45)包括 Nino1(90°~80°W,10°~5°S)、Nino2(90°~80°W,5°S~0°)、Nino1+2(90°~80°W,10°S~0°)、Nino3(150°~90°W,5°S~5°N)、Nino4(160°~150°W,5°S~5°N)、Nino3.4(170°~120°W,5°S~5°N),以上各区海温距平(SSTA)的区域平均值为各海区海温异常指数。利用 ENSO 各主要监测区海温异常指数,即 Nino1、Nino2、Nino1+2、Nino3、Nino4、Nino3.4 指数与中国西北地区东部降水 EOF 指数进行 21 年滑动相关分析,分析海温与降水相关关系的年代际变化,并在此基础上选取相关较大的显著海温指数作为 ENSO 影响中国西北地区东部 1 月、3 月、5 月、10 月、春季、秋季降水的外强迫预测指标。

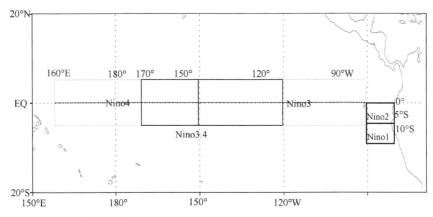

图 5.45　热带太平洋区域海温距平监测关键区范围分布

3月:1961年以来热带太平洋海温与中国西北地区东部3月降水从基本无相关逐渐变为显著正相关(图 5.46)。与 Nino1、Nino2、Nino1＋2 指数相关20世纪90年代以来变为显著,且呈增大趋势,但相关系数较小,而与 Nino3、Nino4、Nino3.4 相关自20世纪70年代以来稳定正显著,相关系数也较大。自1977年以来与 Nino3 、Nino3.4 指数呈稳定显著正相关,而且近20多年来相关达到1961年以来的最大。自1968年以来与 Nion4 指数的相关呈稳定显著正相关关系,且近年来有增大趋势。与超前1～3个月,即前期12－2月 Nino3、Nino4、Nino3.4 关系最好。选取1978年以来,超前1～3个月,即前期12－2月 Nino3、Nino4、Nino3.4 指数作为中国西北地区东部3月降水预测指标。

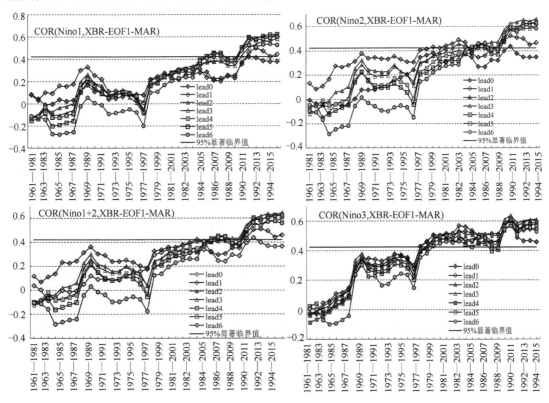

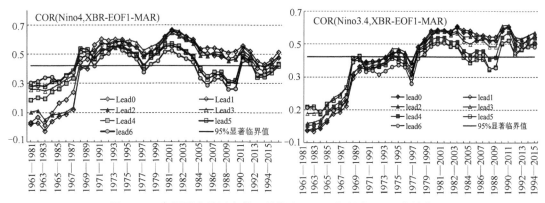

图 5.46 中国西北地区东部 3 月降水 EOF1 与超前 0～6 个月的
热带太平洋海温指数的 21 年滑动相关系数

5 月：1961 年以来热带太平洋海温与中国西北地区东部 5 月降水从基本无相关逐渐变为显著正相关，而且海温超前降水 2 个月以上时才有显著相关（图 5.47）。与 Nino1、Nino2、Nino1＋2、Nino3 指数的相关略好。与 Nino1 、Nino2 指数的相关 1968 年以来达到显著正相关。与 Nino4、Nino3.4 指数相关差，没有通过显著性检验。

选取 1978 年以来，超前 3～4 个月，即前期 1—2 月 Nino2、Nino3 指数作为中国西北地区东部 5 月降水预测指标。

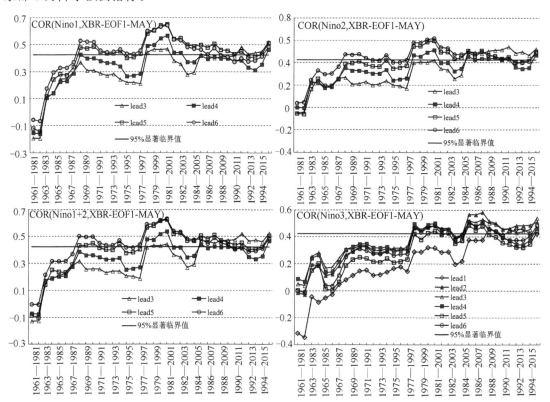

图 5.47 中国西北地区东部 5 月降水 EOF1 与超前 3～6 个月的热带太平洋海温指数的 21 年滑动相关系数

9 月：1961 年以来热带中东太平洋 Nino4 和 Nino3.4 指数与中国西北地区东部 9 月降水的关系存在明显的年代际振荡特征，在 20 世纪 70 年代中后期以前，当海温超前降水 0～3 个月两者关系显著,70 年代中后期以来两者关系不显著,在 9 月降水的气候预测中要考虑这一点。以前预测 9 月降水是可以利用热带太平洋 Nino4,Nino3.4 指数作为预测指标,但是 80 年代以来这一指标已不能用,这一点在近几年 9 月降水预测实践中得到了很好的检验(图 5.48)。

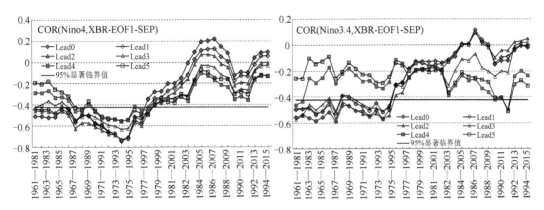

图 5.48　中国西北地区东部 9 月降水 EOF1 与超前 0~5 个月的热带太平洋海温指数的 21 年滑动相关系数

10 月:1984 年之前,Nino1、Nino2、Nino1+2 与中国西北地区东部 10 月降水关系不显著(图 5.49)。自 1985 年以来,超前 0~4 个月的 Nino1、Nino2、Nino1+2、Nino3、Nino3.4 指数与 10 月降水呈稳定显著负相关,超前 0~2 个月的 Nino3.4 指数在 1961 年以来与 10 月降水一直稳定显著负相关。1975 年之前 10 月降水与超前 0~3 个月的 Nino4 指数相关较好,1976 年以来与 Nino4 的关系不显著。10 月降水与超前 1~3 个月,即前期 7—9 月 Nino1、Nino2、Nino1+2 、Nino3、Nino3.4 关系最好。选取 1985 年以来,超前 1~3 个月,即前期 7—9 月 Nino1、Nino2、Nino1+2、Nino3、Nino3.4 指数作为中国西北东部 10 月降水预测指标。

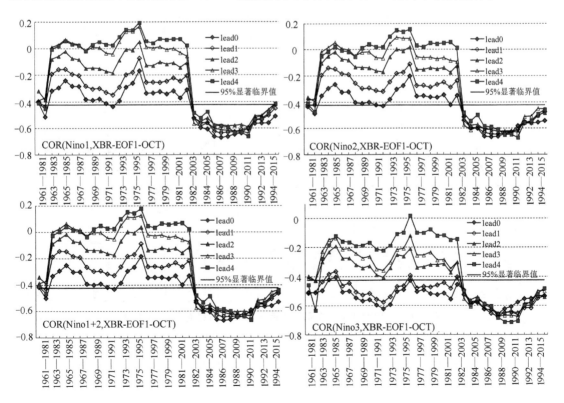

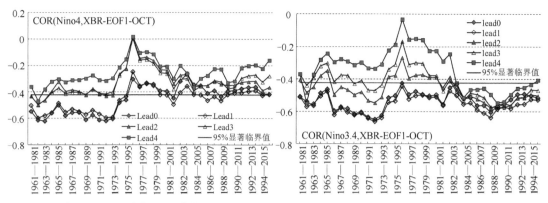

图 5.49 中国西北地区东部 10 月降水 EOF1 与超前 0~4 个月的热带太平洋海温指数的 21 年滑动相关系数

春季:自 1961 年以来中国西北地区东部春季降水和 ENSO 的相关关系发生了明显的波动变化,经历了不显著—显著—不显著—显著,相关系数的年代际变化特征明显(图 5.50)。1978 年之前,相关不稳定。自 1978 年以来该地区春季降水与超前 1~6 个月的 Nino1、Nino2、Nino1+2 、Nino3 指数稳定显著正相关,相关系数的大小也有波动,近年来有增大趋势。1978 年以来与超前 6 个月,即前期 10 月 Nino2、Nino1+2 、Nino3 关系最好。选取 1978 年以来,超前 2~6 个月,即前期 10—1 月 Nino1、Nino2、Nino1+2 、Nino3 指数作为中国西北地区东部春季降水预测指标。

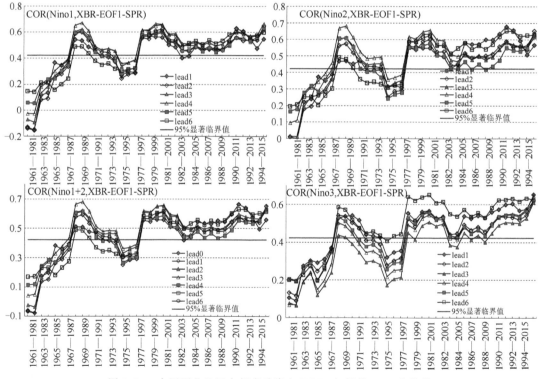

图 5.50 中国西北地区东部春季降水 EOF1 与超前 1~6 个月的
热带太平洋海温指数的 21 年滑动相关

秋季:1984 年之前中国西北地区东部秋季降水与 ENSO 关系不显著(图 5.51)。1985 年以来该地区秋季降水与超前 2～6 个月(前期 3－7 月)的 Nino1、Nino2、Nino1＋2,超前 3～5 个月(前期 4－6 月)Nino3 指数稳定显著相关,超前 3～4 个月(前期 5－6 月)Nino1、Nino2、Nino1＋2 、Nino3 关系最好。选取 1985 年以来前期 5－6 月 Nino1、Nino2、Nino1＋2、Nino3 指数作为秋季预测指标。

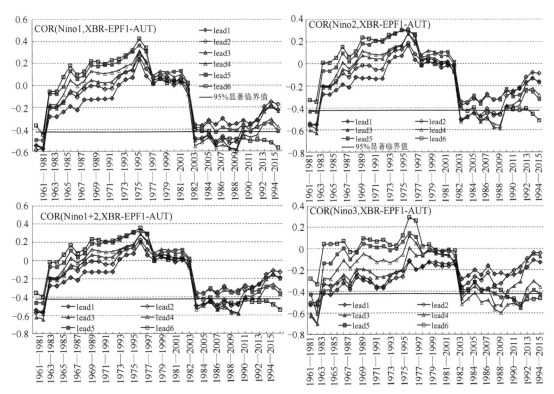

图 5.51　中国西北地区东部秋季降水 EOF1 与超前
1～6 个月的热带太平洋海温指数 21 年滑动相关系

(2) ENSO 影响月、季尺度降水异常的预测概念模型

热带太平洋 SST 持续异常偏暖和偏冷对应的 El Niño 和 La Niña 事件在其发生、发展和消亡的不同阶段与中国西北地区东部降水有显著联系。月尺度上,20 世纪 80 年代中期以来,ENSO 与其发生当年 10 月、次年 3 月、5 月降水有显著相关。当年 10 月、次年 3 月是 ENSO 直接影响,次年 5 月不是 ENSO 直接影响,而是通过印度洋的"电容器"效应实现的。总体上,El Niño(La Niña)当年 10 月、中国西北地区东部降水偏少(偏多),次年 3 月、5 月降水偏多(少)。但是必须指出,ENSO 冷、暖事件对中国西北地区东部降水的影响并不是对称的,而是表现出降水偏少响应更敏感的特性(图 5.52)。

季节尺度上,20 世纪 80 年代中期以来,ENSO 与中国西北地区东部春、秋季降水有显著相关。前期秋、冬季为 El Niño(La Niña),对应中国西北地区东部春季降水偏多(少)。前期 10 月一次年 1 月 Nino1、Nino2、Nino1＋2、Nino3 指数对春季降水指示性最好;前期春、夏季为 El Niño(La Niña),对应中国西北地区东部秋季降水偏少(多),前期 5－6 月 Nino1、Nino2、Nino1＋2、Nino3 指数对秋季降水指示性最好(图 5.53)。

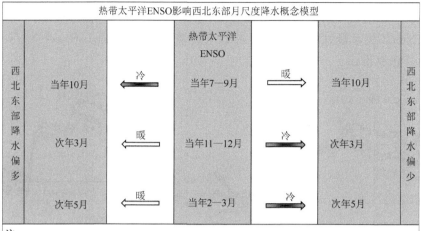

注:
1. 对ENSO当年10月、次年峰值期1月、次年3月降水是直接影响,对ENSO次年5月降水是间接影响。
2. 对应西北东部10月、1月、3月、5月降水异常为全区一致的EOF1分布型。
3. 与西北东部10月、1月、3月、5月降水相关较好的ENSO前期时段及指数:

10月:1985年以来,前期7—9月Nino1、Nino2、Nino1+2、Nino3、Nino3.4。

3月:1978年以来,前期12月—次年2月Nino3、Nino4、Nino3.4。

5月:1978年以来,前期1—2月Nino2、Nino3。

图 5.52　热带太平洋 ENSO 影响中国西北地区东部月尺度降水预测模型

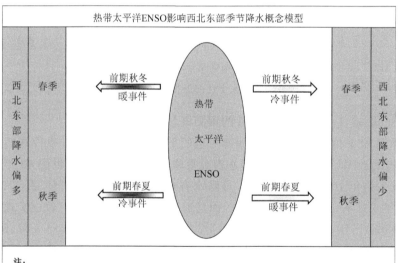

注:
1. 对应西北东部春、夏、秋季降水异常为全区一致分布型。
2. 与西北东部春、夏、秋季降水相关较好的ENSO前期时段指数:
春季:1978年以来,前期10月—次年1月Nino1、Nino2、Nino1+2、Nino3。
秋季:1985年以来,前期5—6月Nino1、Nino2、Nino1+2、Nino3指数。

图 5.53　热带太平洋 ENSO 影响中国西北地区东部季节尺度降水预测模型

5.4　北大西洋海温异常的影响

5.4.1　北大西洋海温异常与降水的关系

北大西洋海温异常与中国西北地区东部夏季 6 月、7 月降水 EOF 第一模态有显著关系(图 5.54、图 5.55),海温超前降水 0~3 个月有持续的显著相关。前期 3—5 月北大西洋海温表现为外冷内暖(外暖内冷)的马蹄形海温异常分布形势,对应 6 月中国西北地区东部降水一致偏多(偏少)。前期 4—6 月北大西洋海温表现为南北暖、中间冷(南北冷、中间暖)的三极子海温异常分布形势,对应 7 月中国西北地区东部降水一致偏多(偏少)。

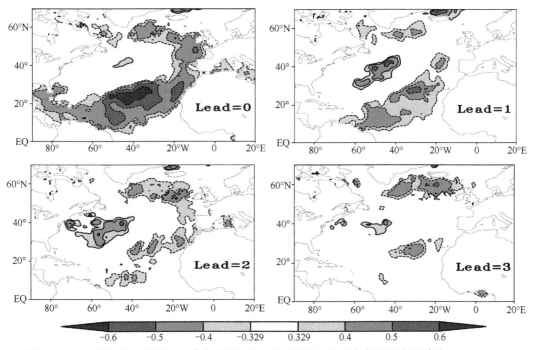

图 5.54　中国西北地区东部 6 月降水 EOF1 与北大西洋海温相关分布(海温超前降水 0~3 个月),Lead 表示海温超前降水的月,阴影区域超过 95% 信度检验,阴影区带实线为正,阴影区带虚线为负

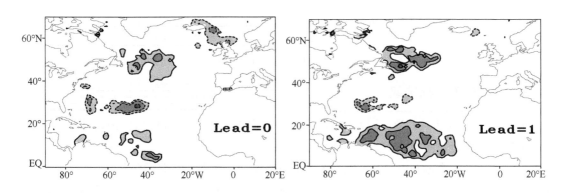

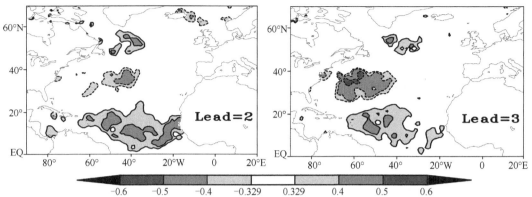

图 5.55　中国西北地区东部 7 月降水 EOF1 与北大西洋海温相关分布(海温超前降水 0~3 个月)，
Lead 表示海温超前降水的月，阴影区域超过 95% 信度检验

5.4.2　北大西洋海温异常指数定义

北大西洋马蹄形和三极子海温异常的区域位置基本一致，所以利用中国西北地区东部 6 月、7 月降水 EOF1 与北大西洋海温异常相关显著的高相关区域海温异常，建立北大西洋三级子 NAT 指数，用于客观预测模型。北大西洋三极子指数 $NATI = SSTA(A2) - SSTA(A1) - SSTA(A3)$，$SSTA(A1)$、$SSTA(A2)$、$SSTA(A3)$ 分别为区域 A1、A2、A3 平均海温距平，其中 A1 区域范围：($60° \sim 20°W$，$10°N \sim 20°N$)；A2 区域范围：($70° \sim 40°W$，$25° \sim 40°N$)；A3 区域范围：($50° \sim 20°W$，$50° \sim 60°N$)(图 5.56)。并定义 A2 区域海温异常为正异常，A1、A3 区域为负异常，即 A1、A2、A3 区域海温异常为"－＋－"分布时为北大西洋三极子正位相。反之则为北大西洋三极子负位相。

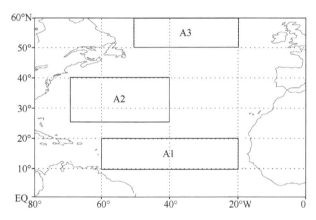

图 5.56　北大西洋海温三极子(NAOT)指数定义区域示意图

5.4.3　预测指标选取

根据 21 年滑动相关系数，选取北大西洋三极子海温(NAT)指数作为中国西北地区东部 6 月、7 月降水外强迫预测指标：

6 月：北大西洋海温与中国西北地区东部 6 月降水的关系存在显著的年代际变化，1978 年以前关系不显著，1978 年以来，超前 0~2 个月，即同期 6 月及前期 4—5 月 NAT 指数与中国西北地区东部 6 月降水存在稳定显著正相关。选取 1978 年以来前期 4—5 月 NATI 作为中国西北地区东部 6 月降水预测因子(图 5.57a)。

　　7 月:北大西洋海温与中国西北地区东部 7 月降水的关系也存在显著的年代际变化,超前 2—3 个月的海温在 1981 年以前关系稳定显著,1981 年以来相关性减小,大部分时段关系不显著,1961 年以来,超前 3 个月的 NATI 总体与 7 月中国西北东部降水关系显著,1981 年以来显著性下降,有些年份不能通过 95% 的显著性检验,1992 年以来,相关性又明显增大,选取 1992 年以来超前 3 个月,即前期 4 月 NATI 作为中国西北地区东部 7 月降水预测因子(图 5.57b)。

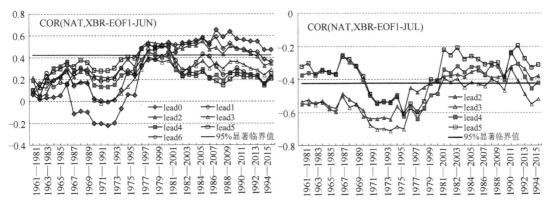

图 5.57　中国西北地区东部 6 月、7 月降水 EOF1 分别与超前 0~6 个月(a)和超前 2~5 个月
(b)的北大西洋 NAOTI 的 21 年滑动相关系数

5.4.4　北大西洋海温预测降水的概念模型

　　根据北大西洋海温与中国西北地区东部 6 月、7 月降水的相关,建立了北大西洋海温异常预测中国西北地区东部降水异常的概念模型(图 5.58)。20 世纪 80 年代以来,北大西洋前期 4—5 月海温异常为马蹄形内暖外冷(内冷外暖),中国西北地区东部 6 月降水偏多(偏少)。北大西洋前期 4 月海温异常为三极子负位相,即中间冷南北暖(正位相,中间暖南北冷),中国西北地区东部 7 月降水偏多(偏少)。

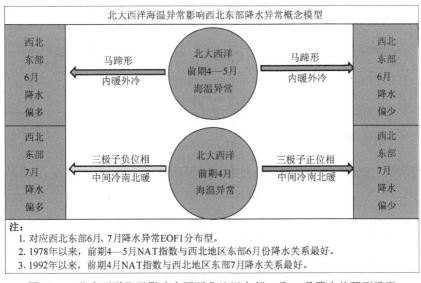

图 5.58　北大西洋海温影响中国西北地区东部 6 月、7 月降水的预测模型

5.5   南印度洋三极子海温异常的影响

5.5.1   南印度洋三极子与降水的关系

发现超前0～3个月(同期3月及前期12月—次年2月)南印度洋海温异常与中国西北地区东部3月降水EOF第二模态持续显著相关(图5.59)。南印度洋(0°～50°S,20°～120°E)显著相关区位于从西南向东北方向呈"—+—"的三极子分布形态,超前1～2个月关系最显著。前期12—次年2月南印度洋海温异常呈"—+—"分布,对应中国西北地区东部的东北区域偏少,西南区域偏多的降水分布型。反之亦然。

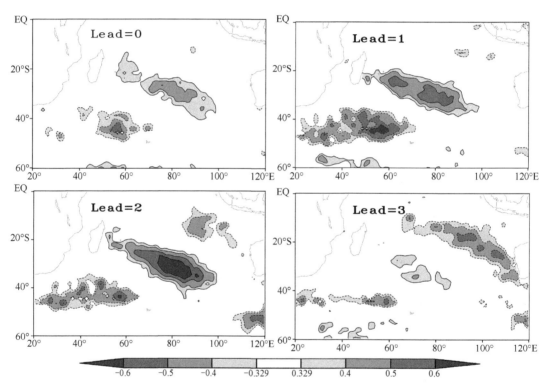

图5.59   中国西北地区东部3月降水EOF2与南印度洋海温相关分布,
Lead表示海温超前降水的月,阴影区域超过95%信度检验

5.5.2   典型个例

利用中国西北地区东部降水EOF1和EOF2时间序列,选出了第2模态占主导的2个正位相年份1970年、2009年,2个负位相年份1980年、1997年。这些年份3月降水异常分布型与3月降水EOF第二模态非常相似(图5.60)。

选出的个例年份对应南印度洋海温异常分布都为明显的三极子分布型(如图5.61),南印度洋海温异常自西南到东北方向呈正负间隔的波列分布型,超前0～3个月海温异常"—+—"("+—+")分布型对应3月中国西北地区东部降水呈东北部偏少、西南部偏多分布型(东北部偏多、西南部偏少分布型)。

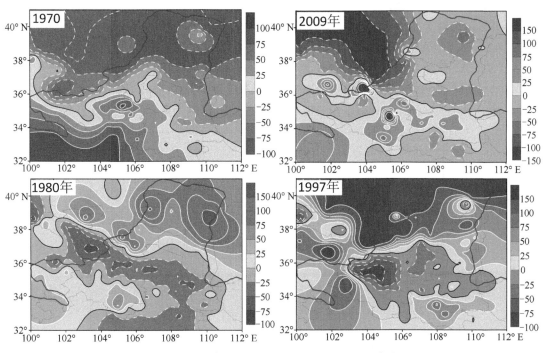

图 5.60　中国西北地区东部 3 月降水异常为典型第二模态个例的降水距平百分率分布(%)

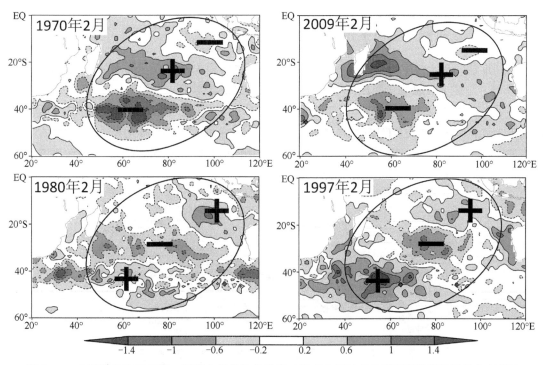

图 5.61　中国西北地区东部 3 月降水异常为典型第二模态个例对应的南印度洋海温异常分布(℃)

5.5.3　南印度洋三极子定义

利用与中国西北地区东部 3 月降水 EOF2 显著相关的南印度洋海温三个高相关海区海温

异常建立南印度洋三极子指数(SIOTI),用于客观预测模型。

南印度洋三极子指数：SIOTI = SSTA(A2) − SSTA(A1) − SSTA(A3),SSTA(A1)、
SSTA(A2)、SSTA(A3)分别为区域 A1 、A2、A3 平均海温距平。A1 区域范围：$(30°\sim60°E,$
$40°\sim50°S)$；A2 区域范围：$(70°\sim90°E,25°\sim35°S)$；A3 区域范围：$(10°\sim20°S,85°\sim105°E)$
(图 5.62)。并定义 A2 区域海温异常为正异常,A1、A3 区域为负异常,即 A1、A2、A3 区域海
温异常为"−+−"分布时为南印度洋三极子正位相。反之,则为南印度洋三极子负位相。

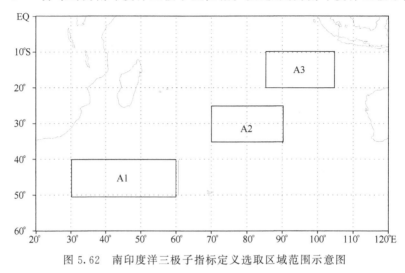

图 5.62　南印度洋三极子指标定义选取区域范围示意图

5.5.4　南印度洋三极子预测指标选择

南印度洋三极子与中国西北地区东部降水 21 年滑动相关系数存在明显的年代际演变特征
(图 5.63)。总体上与超前 2 个月,即前期 1 月的海温关系最显著,只是在近 21 年关系急剧减小
为不显著。1976 年以来,超前 3 个月,即前期 12 月南印度洋三极子指数(SIOTI)与中国西北地区东
部次年 3 月降水 EOF2 关系稳定显著。1991 年以来,与超前 3~5 个月,即前期 10−12 月的 SIOTI
关系最好。选取 1991 年以来,前期 12 月 SIOTI 作为中国西北地区东部次年 3 月降水预测因子。

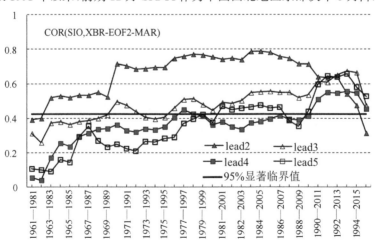

图 5.63　中国西北地区东部 3 月降水 EOF2 与超前 2~5 个月的南印度洋三极子指数
(SIOTD)的 21 年滑动相关系数

5.5.5　南印度洋三极子影响降水预测概念模型

根据南印度洋三极子海温异常分布型与中国西北地区东部 3 月降水的相关,建立了南印度洋海温异常预测中国西北地区东部降水异常的概念模型(图 5.64)。1991 年以来,中国西北地区东部 3 月降水 EOF2 与前期冬季南印度洋三极子关系稳定显著,与前期 10—12 月南印度洋三极子 SIOTI 关系较好。前期秋冬季 10—12 月南印度洋海温呈三极子异常分布时,即正(负)位相从南到北"－＋－"("＋－＋",具体位置见图 5.62),对应中国西北地区东部次年 3 月降水异常 EOF2 分布型,即该地区东北偏少西南偏多(东北偏多西南偏少)。

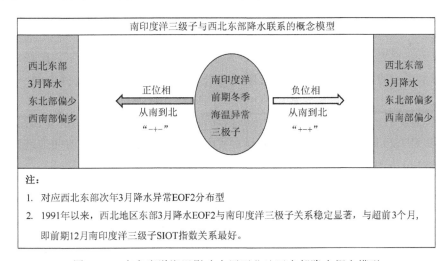

图 5.64　南印度洋海温影响中国西北地区东部降水概念模型

5.6　本章小结

5.6.1　热带印度洋海盆模的影响

揭示了热带印度洋海盆模对中国西北地区东部降水的显著影响及物理机制,并采用气候模式对观测分析结果进行了验证,指出了海盆模在 ENSO 影响中国西北地区东部降水中发挥了"电容器效应"。建立了热带印度洋海盆模影响中国西北地区东部降水的预测概念模型和指标。

(1)海盆模对降水的影响

发现中国西北地区东部 3 月、5 月降水与同期和前期热带印度洋海盆模有显著相关,但 3 月的显著相关是太平洋信号影响结果,而 5 月显著相关才是印度洋海盆模影响结果,这是热带印度洋海盆模"电容器"效应的一种具体体现。海盆模对 5 月降水的显著影响存在明显年代际变化特征,自 1961 年以来两者相关呈增强趋势,1976 年(北半球气候突变年)之前关系不显著,1977 年两者关系突然增强为显著正相关,1986 年以来显著性进一步增强。海盆模超前降水 0~6 个月相关持续显著,与超前 1 个月,即前期 4 月海温相关最大。前期冬、春季持续偏暖(冷)的热带印度洋海盆模对应 5 月中国西北地区东部全区域一致的降水异常偏多(少)。

(2)海盆模影响 5 月降水的机理

热带印度洋暖海盆模作为赤道附近的热源,可以在亚欧地区大气中引起类似"Matsuno-Gill Pattern"的响应,在热源东侧引起 Kelvin 波,西侧引起 Rossby 波,响应在大气对流层高层表现最明显。高层响应在青藏高原西南侧形成异常高压,并在北半球沿中纬度向下游传播形成遥相关波列。中国西北地区东部位于遥相关波列在东亚地区异常中心的西部,中高层形成"西低东高"环流形势,高层气流异常辐散,低层海盆模在西北太平洋引起异常反气旋,中国西北地区东部处在异常反气旋西侧的弱偏南、偏东气流中,气流辐合,并形成上升运动和水汽异常大值中心,有利于华北和西北地区东部降水偏多。冷海盆模异常过程相反,有利于降水偏少。

5.6.2　热带太平洋 ENSO 的影响

通过深入研究揭示了热带太平洋 ENSO 发生、发展、峰值、消亡期等不同阶段对中国西北地区东部降水影响的差异及物理过程,发现了 ENSO 影响该地区降水过程中的一些新特点:指出了 ENSO 与 3 月、5 月降水异常显著相关的不同及其物理过程的差异,发现了 ENSO 预测降水偏多、偏少的不对称性;揭示了 ENSO 循环过程中大气可降水量的演变、转折及对降水的影响,以及 ENSO 影响降水的大气环流异常成因和机理。提出了中国西北地区东部春、夏、秋连旱的 ENSO 海温演变格局。

(1)ENSO 不同发展阶段与降水的相关及其年代际变化

热带太平洋 ENSO 与中国西北地区东部降水的显著相关时段主要是 ENSO 当年秋季 10 月,峰值期次年 1 月、3 月、4 月、5 月。对应热带太平洋暖事件 El Niño(冷事件 La Niña),在发展阶段当年 10 月中国西北地区东部降水一致偏少(偏多),而在峰值后次年春季 3 月、5 月该地区降水一致偏多(偏少)。ENSO 与中国西北地区东部降水的关系存在显著年代际变化特征,与当年 10 月、次年 3 月、5 月相关总体呈增强趋势,20 世纪 70 年代中期之前关系不显著,70 年代末以来关系突然增强变为显著,近年来与 10 月降水的关系显著减小。而 ENSO 与 9 月降水在 20 世纪 90 年代中期以前相关显著,之后突然减小至不显著,这些特点在实际预测业务应用中都非常关键。

(2)ENSO 与次年 3 月、5 月降水显著性的差异及物理机制

中国西北地区东部春季 3 月、5 月降水与 ENSO 的显著相关前人已有研究结论,本研究进一步揭示了 ENSO 与 3 月、5 月降水显著相关的实质内涵,即物理过程完全不同。同期和超前 1~6 个月的 ENSO 与 3 月降水持续显著相关,与 5 月降水的相关显著偏小。同期和超前 1 个月的 ENSO 与 5 月降水关系并不显著,而超前 2~4 个月时相关反而显著。ENSO 与 3 月、5 月降水相关的差异,主要是由于 ENSO 对 3 月降水是直接影响,而对 5 月降水是通过热带印度洋海盆模"电容器效应"的接力作用而实现的。因为一般而言 ENSO 在 4 月已消亡,而印度洋海盆模作为 ENSO 的响应模态可以持续到夏季,发挥"电容器效应"影响 5 月降水。

(3)ENSO 影响降水的大气环流

对比 ENSO 对当年秋季 10 月和次年 3 月中国西北地区东部降水影响的大气环流异常,发现 El Niño 当年 10 月主要影响系统是高层 200 hPa"西高东低"异常环流型,配合中、低层 500 hPa、850 hPa 异常气旋引起的异常偏北风共同影响,引起降水偏少。而次年春季 3 月主要影响系统是中、低 500 hPa、850 hPa 上西北太平洋地区异常反气旋引起的异常偏南风输送水汽,有利于降水偏多。冷事件过程基本相反。

(4)ENSO 循环过程中大气可降水量演变及对降水的影响

ENSO 整个循环演变过程中大气可降水量在全球都表现出明显异常分布和演变,冷、暖事件对应的异常分布形势基本反位相,其发展演变很有规律。El Niño(La Niña) 当年 10 月之前,东亚及中国西北地区东部处在大气可降水量的偏少(多)区域内,而在当年 10—11 月大气可降水量在东亚地区发生了转折,中国西北地区东部处在大气可降水量偏少(多)区域转为偏多(少)区域,而大气可降水量偏多(偏少)有利于降水量偏多(偏少)。这一转折与前人研究发现该区域降水在 El Niño(La Niña) 当年以偏少(偏多)为主,而在 El Niño(La Niña) 次年以偏多(偏少)为主的结论相一致。正好反映了 ENSO 影响中国西北地区东部降水与大范围大气环流异常有关系。

5.6.3　中国西北地区东部春、夏、秋季节连旱的海温演变格局

发现中国西北地区东部春、夏、秋严重季节干旱与 ENSO 关系密切,55% 严重春旱与 La Niña 消亡阶段对应;70% 严重夏旱与 El Niño 发生发展当年,30% 严重夏旱与 La Niña 次年或消亡阶段对应,即 100% 严重夏旱与 ENSO 有关联,73% 严重秋旱与 El Niño 当年对应。提出春、夏、秋长时间持续的严重季节连旱对应热带太平洋海温异常演变格局为:首先前一个冷事件 La Niña 在春季消亡,紧接着下一个暖事件 El Niño 在夏、秋季节发生、发展,即热带中东太平洋海温前冷后暖演变格局有利于该地区春、夏、秋季节连旱。

5.6.4　热带太平洋 ENSO、印度洋 IOBM 的季节锁向及"电容器"效应

热带太平洋 ENSO 和印度洋 IOBM 都有很强的锁相特征,两者密切相关,其发生发展有相互作用,而且两者对中国西部地区东部降水都有显著影响,但是显著影响的时段和过程不同。ENSO 一般在春夏季发生,夏秋季发展,在冬季达到峰值,次年春季迅速消亡。热带印度洋会引起海盆模 IOBM 落后 ENSO 大约一个季节生成和发展,IOBM 形成以后,对 ENSO 有反作用,加速了 ENSO 的消亡。一般 ENSO 在次年 4 月消亡,而印度洋 IOBM 有很好的持续性,可以从春季持续到夏季,对夏秋季节的亚洲地区气候有显著影响,这就是 IOBM 的"电容器"效应。ENSO 当年发展阶段秋季 10 月、峰值期的次年 1 月、次年春季 3 月对中国西北地区东部降水有显著影响,IOBM 对次年 5 月降水有显著影响,而 ENSO 对次年 5 月降水是通过IOBM 接力作用的间接影响。

5.6.5　北大西洋海温异常与中国西北地区东部降水异常的联系

北大西洋海温异常与中国西北地区东部夏季 6 月、7 月降水关系密切,海温超前 0~3 个月,与 6 月、7 月降水 EOF1 相关持续显著。前期 3—5 月北大西洋海温表现为外冷内暖(外暖内冷)马蹄形海温异常分布形势,对应 6 月中国西北地区东部降水一致偏多(偏少)。前期 4—6 月北大西洋海温表现为南北暖、中间冷(南北冷、中间暖)的三极子海温异常分布形势,对应 7月中国西北地区东部降水一致偏多(偏少)。定义了北大西洋三极子指数(NATI)用于降水预测。

5.6.6　南印度洋三极子与中国西北地区东部降水的显著相关

超前 0~3 个月(前期 12—3 月)南印度洋海温异常与中国西北地区东部 3 月降水 EOF2

持续显著相关,南印度洋海温异常表现为从西南向东北方向正、负相间的三极子分布形态,超前1~2个月关系最显著,前期12一次年2月南印度洋海温异常呈"一十一"("十一十")分布,对应中国西北地区东部的东北区域降水偏少(偏多),西南区域降水偏多(少)的分布型。定义了南印度洋三极子指数(SIOTI)用于客观预测模型。

5.6.7 全球主要海盆模态与中国西北地区东部降水的关联

综合前面海温对降水影响的研究,给出了与中国西部地区东部降水异常显著关联的全球主要海区海温主模态(图5.65)。与中国西北地区东部降水有显著关联的有热带太平洋 EN-SO,热带印度洋 IOBM,南印度洋三级子(SIOT),北大西洋海温异常(三极子或者马蹄形)。总体来看,中国西北地区东部3月、5月、6月、7月、10月降水与海温显著关联,但是不同海区海温主模态与降水显著关联的月不同,2月、4月、8月、9月、12月降水与各大海盆海温异常主模态没有显著关联(表5.5)。

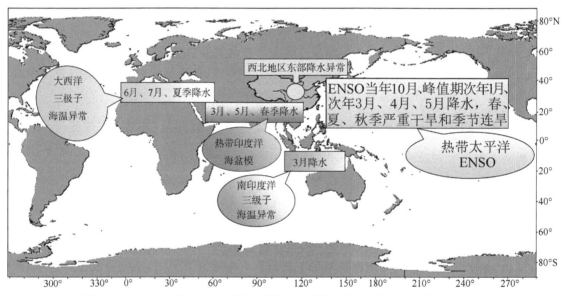

图 5.65 与中国西北地区东部降水异常有显著关联的全球海温主要模态示意图

表 5.5 与中国西北地区东部降水异常有显著关联的海温区域及主要模态

序号	降水模态及时段	相关显著的海温模态
1	1月降水第一模态	热带太平洋 ENSO
2	3月降水第一模态	热带太平洋 ENSO,热带印度洋海盆模 IOBM
3	3月降水第二模态	南印度洋三极子 SIOT 海温异常
4	4月降水第三模态	热带太平洋 ENSO
5	5月降水第一模态	热带太平洋 ENSO,热带印度洋海盆模 IOBM
6	6月降水第一模态	大西洋三极子海温异常 NAT
7	7月降水第一模态	大西洋三极子海温异常 NAT
8	10月降水第一、第二模态	热带太平洋 ENSO
9	春、夏、秋季节连旱	热带中东太平洋海温前冷后暖海温格局,即春夏季 ENSO 冷事件 La Niña 消亡,紧接着夏秋季 ENSO 暖事件 El Niño 发生、发展,有利于中国西北地区东部春、夏、秋季节连旱。
10	2月、8月、9月、11月、12月	与中低纬度海温异常主模态相关不显著

5.6.8　中国西北地区东部降水的海温预测指标及模型

　　根据海温异常有很好持续性的特点,用于建立降水预测指标和模型。综合前面海温对中国西北地区东部降水影响的研究,同时考虑海温对降水影响的年代际变化特征,选择了预测降水的海温指标 10 个(表 5.6),建立了降水与太平洋 ENSO,热带印度洋 IOBM、南印度洋三极子、北大西洋三极子等海温预测概念模型 5 个。给出了指标使用最佳时段,并将这些指标用于"中国西北地区东部降水预测系统"逐月降水客观预测模型。

表 5.6　影响中国西北地区东部降水的全球海温强信号预测指标选取

序号	降水月	热带太平洋 ENSO 指数(预测降水在 ENSO 的生命期)	热带印度洋海盆模(IOBM)指数	南印度洋三极子 SI-OT 指数	北大西洋海温三极子(NAOT)指数
1	3 月	1978 年以来,前期 12 月—次年 2 月 Nino3、Nino4、Nino3.4 指数(ENSO 次年 3 月)	1968 年以来,前期 12 月—次年 2 月 IOBM 指数	1968 年以来,前期 12 月—次年 1 月 SIOT 指数	
2	5 月	1978 年以来,前期 1—2 月 Nino2、Nino3 指数(ENSO 次年 5 月)	1977 年以来前期 1—4 月 IOBM 指数		
3	6 月				1978 年以来,前期 4—5 月 NAOT 指数
4	7 月				1981 年以来,前期 1—3 月 NAOT 指数
5	10 月	1985 年以来,前期 7—9 月 Nino1、Nino2、Nino1＋2、Nino3、Nino3.4 指数(ENSO 当年 10 月)			
6	春季	1978 年以来,前期 10 月—次年 1 月 Nino1、Nino2、Nino1＋2、Nino3 指数(ENSO 次年春季)	1968 年以来,超前 2—3 个月,即前期 12 月—次年 1 月 IOBM 指数		
7	秋季	1985 年以来,前期 5—6 月 Nino1、Nino2、Nino1＋2、Nino3 指数(ENSO 当年秋季)			

第6章　北亚洲地面感热变化及其对中国西北地区东部汛期降水的影响

地面感热输送可通过非绝热效应加热或冷却大气,并通过能量交换对后期大气环流的建立和维持产生影响(李崇银等,1993;Wu et al,1998;Xue et al,2004)。李栋梁等(1997,2003a,2003b)发现青藏高原下垫面不同的热力异常空间型导致了北半球大气环流的异常,从而引起中国天气、气候的异常;很多学者对地面感热异常的气候效应进行了研究,毕宝贵等(2006)研究指出中国陕西南部地面热通量对本地区强降水有重要影响;也有研究指出中国西北地区地面感热变化是中国夏季降水异常的重要影响因子之一(周连童和黄荣辉,2008;Wang 和 Li,2011);周长春等(2009)指出中亚感热异常与中国西北地区夏季降水相关显著;陈圣劼等(2012)发现北亚洲大陆冬季地面感热较强时,我国江淮梅雨期降水偏多,出梅偏晚;吴荷等(2015)发现欧亚中高纬春季地面感热变化会影响到我国长江中下游地区的夏季降水。

内陆地区因气候干旱,地表与大气的热力交换往往以感热为主,中国西北东部位于欧亚大陆中高纬的下游,其夏季降水很可能会受到地面感热变化引起的环流异常的影响。但目前针对北亚洲地面感热通量异常的影响研究不是很多,其影响机制也不十分明确。那么,北亚洲地区地面感热通量异常与中国西北东部降水之间是否存在一定关系?怎样解释感热影响降水的物理机制?基于以上考虑,本章将分析北亚洲(包括欧亚中高纬地区和中国西北地区)冬、春季地表感热通量与中国西北地区东部夏季降水的关系,并初步探讨其影响的物理机制。

6.1　中国西北地区东部汛期降水的变化及其大气环流特征

很多研究均指出,近年来中国西北地区东部降水呈下降趋势,1990 年后降水减少趋势更为明显,尤其在夏季(王宝鉴等,2004;黄玉霞等,2004;陈冬冬等,2009;王晖等,2013)。杨建玲等(2013)研究表明,在气候变暖背景下,中国西北地区东部从长期趋势看,春、夏、秋季干旱呈加剧趋势,冬季干旱呈减轻趋势,21 世纪以来春、夏季干旱进一步加剧,尤其是夏季加剧更显著,并且在主降水期(3—11 月)重—特旱加剧趋势比轻—中旱加剧显著,南部干旱化趋势比北部更加明显。中国西北地区夏季降水量和降水日数在 20 世纪 50 年代之后也存在减少趋势,而降水强度则呈增强趋势,特别是其东部,弱降水量减少而强度有所增强,强降水强度也在增强,但同时极强降水强度却减弱,降水日数减少成为干旱化的主要原因(郭慕平等,2009;陈冬冬等,2009a)。白虎志等(2005)指出,中国西北地区东部夏季降水日数自 20 世纪 80 年代以来呈减少的趋势,与该地区干旱化的结论一致。将降水强度划分后的结果表明,中国西北地区极端强降水日数较少且变化不明显(Tu 等,2011),干旱化主要体现为微量降水事件减少(严中伟等,2000;Qian et al,2007),尤其是河套地区,干旱化与小雨、中雨和大雨日数的减少有很好的关系(王展等,2011;陈晓燕等,2010)。

雨日多、寡的直接原因是环流系统的异常变化,王咏青等(2005)曾指出,中国西北地区东部夏季环流型与干旱型天气体系正相似的日数有逐渐增多的趋势,而与偏涝型天气体系正相似的日数趋于减少。这个结果与降水日数的减少趋势是对应的,因为区域性干旱或洪涝出现和持续的直接原因在于当地和邻近地区上空某些特定的大气环流型的出现和持续。白肇烨和徐国昌(1988)指出,中国西北干旱在中纬度地区的基本特征是 500 hPa 新疆脊强、东亚槽深的"西高东低"分布,距平场上表现为"西正东负"。罗哲贤(2005)进一步将其称为"干旱流型"。进一步的研究指出,源自西欧的遥相关波列是影响中国西北月降水和极端降水的关键系统(Chen et al,2012;2013;Chen et al,2014;Orsolini et al,2015)。赵庆云等(2006)认为,亚洲西风带环流及西北太平洋副热带高压(西太副高)的位置对西北东部异常旱涝的作用最为关键。异常涝年,亚洲地区环流经向度增强,东亚大槽偏东,西太副高偏北;异常旱年则相反。王宝鉴等(2004)研究表明,强夏季风年西北东部汛期降水偏多,反之降水偏少。黄菲等(2009)指出,夏季风北边缘带向北推进的程度与西北东部降水的关系非常显著。可见,西北东部的夏季降水同时受到中纬度西风带系统和副热带天气系统的共同影响。此外,也有学者指出,极涡面积大小与西北地区降水多寡的变化有较好的关系(陈冬冬等,2009)。

不同强度降水对农业、生态以及人民生活的影响显然是有差别的,因受到不同尺度天气系统的影响,其环流背景也会存在一定差异。为此,姚慧茹和李栋梁(2017)对比了西北东部不同强度降水的雨日和雨量的时空变化特征,并通过个例分析探讨了发生不同强度降水时大气环流配置的异同。

6.1.1　盛夏 7—8 月降水时空演变特征

西北地区东部盛夏降水由南至北逐渐减少(图 6.1a),最少的地方位于河西走廊以北的阿拉善高原,多年平均不足 30 mm;而降水量最多的地方位于陕、甘南部,7 月、8 月降水总量可以达到 180 mm 以上。图 6.1b 显示,除甘肃西部—青海东部,以及陕西南部降水量有较弱的增加趋势外,甘肃中东部、宁夏全区、内蒙古中南部和陕北等区域盛夏降水量均呈现显著减少趋势,其中内蒙古的吉兰太站(39.78°N,105.75°E),线性趋势达到 $-13.1\% \cdot (10\mathrm{a})^{-1}$。

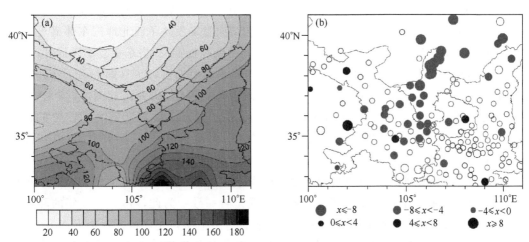

图 6.1　1961—2015 年中国西北地区东部盛夏(7—8 月)降水分布(a)(单位:mm)
及其百分率的线性趋势(b)(单位:%(10a)$^{-1}$;实心通过 90% 的置信水平 t 检验)(附彩图)

通过对西北地区东部盛夏降水量标准化序列进行 EOF 分解,研究其时空演变特征。表

6.1 给出其前 10 个载荷向量场的解释方差和累积方差,可以看出,西北地区东部盛夏降水特征的收敛速度较快,前十个模态的累计解释方差达 73.7%,前两个模态的累计方差贡献率达到 48.0%,均通过了 North 检验。下面主要对前两个最主要模态的空间分布和时间演变进行分析。

表 6.1 　 中国西北地区东部盛夏(7—8 月)降水量 EOF 分析前 10 个模态
的个别方差和累积方差贡献率(%)

EOF	LV1	LV2	LV3	LV4	LV5	LV6	LV7	LV8	LV9	LV10
解释方差	28.7	19.2	5.4	4.2	3.7	3.3	2.8	2.5	2.1	1.9
累积方差	28.9	48.0	53.4	57.6	61.3	64.5	67.3	69.7	71.8	73.7

图 6.2 给出了中国西北地区东部盛夏降水标准化序列 EOF 分解前两个主模态的载荷向量场(LV1、LV2)及其对应的时间系数(PC1、PC2),其中 LV1 的方差贡献为 28.9%。从图 6.2a 中可以看出,西北地区东部全区均为正值,为全场一致型演变特征,体现了大尺度气候因子对西北地区东部盛夏降水的影响。其载荷向量大值区位于宁夏南部、甘肃东部及陕西西南部,大值中心在甘肃的天水站(34.58°N,105.75°E),其载荷向量值达 0.77。图 6.2b 反映了与 LV1 场对应的时间系数的演变特征,可以看出西北地区东部盛夏降水的年际波动较大,其中 1978 年、1979 年、1981 年、1988 年和 2003 年为西北地区东部盛夏降水异常偏多年,1974 年、1991 年、2002 年和 2015 年是降水异常偏少年(异常超过 1.5 个标准差)。20 世纪 60—70 年代中期降水呈减少趋势,但波动较小,1975 年西北东部盛夏降水突然增多,且年际波动增大,20 世纪 70 年代中期至 21 世纪 00 年代初期降水也呈现显著减少趋势,最近的十几年,西北地区东部盛夏降水又有所增多。

图 6.2c 和 6.2d 分别为中国西北地区东部盛夏降水 EOF 分解第二模态的载荷向量场(LV2)及其时间系数(PC2),其方差贡献为 19.2%。从图 6.2c 可以看出,西北地区东部降水整体呈东南—西北反向变化型分布。正值区包括甘肃中东部、宁夏、陕西北部及内蒙古中南部,大值中心在宁夏永宁站(38.3°N,106.3°E),其值达到 0.7 以上,负值中心位于陕西南部的长安站(34.15°N,108.92°E),其值为 0.66。第二载荷向量场反映了西北地区东部盛夏降水受东亚季风气候系统和大陆性干旱气候系统共同影响的跷跷板特征,当东亚夏季风强时,季风偏北,雨带位置偏北,研究区的北部(即 LV2 正值区)降水相对偏多,南部(即 LV2 负值区)降水相对偏少。反之,当东亚夏季风弱时,季风偏南,雨带位置偏南,研究区的南部(即 LV2 负值区)降水相对偏多,北部(即 LV2 正值区)降水相对偏少。时间系数 PC2 反映了 LV2 的正(负)值区在 20 世纪 60 年代中期到 70 年代末期盛夏降水异常减少(增加),80 年代和 90 年代降水异常增加(减少),而 2000 年之后降水又逐步减少(增加)的年代际变化特征。

由以上分析可知,西北东部汛期降水存在两个主要模态,那么这两个主模态在各个年代是否有差异,降水敏感区的位置及显著性在各个年代是否一致?为此,对过去 52 年的降水量场分年代进行 EOF 分解,得到不同年代降水量异常的主模态及其变化特征。根据 North 准则,每个年代均为前 2 个载荷向量场是显著的。因此,各年代均选用前 2 个载荷向量场表征其主模态。表 6.2 为各年代 EOF 分解前 2 个模态的解释方差及累计方差。由表可知,过去的 5 个年代的第一模态均为全区一致型,解释方差在 33%～44%。第二模态的方差在 17%～25%。前两个模态的累计方差在 50%～63%。比较各年代的第一模态可以看出,西北东部汛期降水

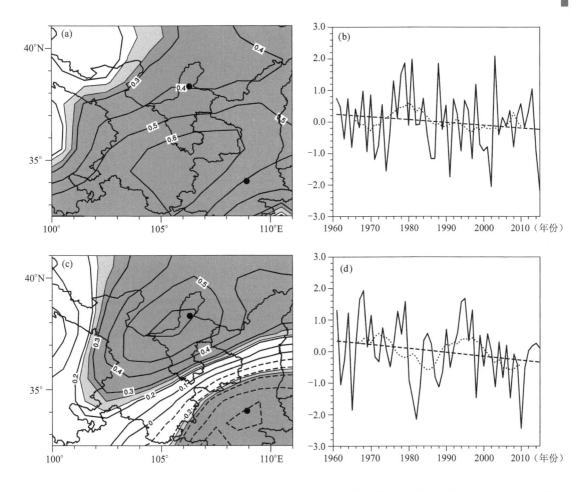

图 6.2　中国西北地区东部盛夏(7—8 月)降水标准化值 EOF 分解第一、二主模态的空间分布及对应的
时间系数。(a)第一空间模态;(b)第一模态时间系数;(c)第二空间模态;(d)第二模态时间
系数(实线(虚线)表示正(负)值;深(浅)阴影表示通过 95%(90%)的置信水平 t 检验)

异常敏感区的特征有所不同(图 6.3)。第一载荷向量反应的降水异常敏感区的中心位置随时
间逐渐向东南方向移动,20 世纪 60 年代降水异常敏感区范围广、强度大,显著区域覆盖青海
东部、甘肃中部和宁夏全区,最强中心位于宁夏北部(图 6.3a);70 年代降水异常敏感区收缩至
宁夏南部至甘肃中部,强度减弱(图 6.3b);80 年代降水异常敏感区范围向东南扩大至甘肃东
南部—陕西西部,强度稳定(图 6.3c);90 年代降水异常敏感区的范围向东南收缩,强度增强
(图 6.3d);21 世纪 00 年代降水异常敏感区南移到陕南地区(图 6.3e)。

表 6.2　各年代降水 EOF 分解前两个模态解释方差及累计方差

年代	LV1(%)	LV2(%)	累计方差(%)
20 世纪 60 年代	40.5	20.3	60.8
70 年代	30.9	25.5	56.4
80 年代	44.3	18.6	62.9
90 年代	38.9	16.8	55.7
21 世纪 00 年代	33.1	16.7	49.8

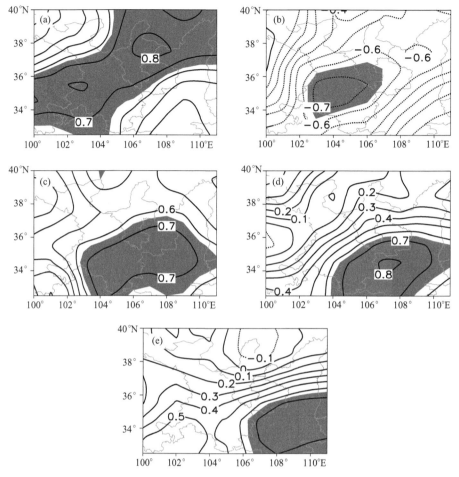

图 6.3 各年代标准化降水距平 EOF 分解第一载荷向量场(阴影区:载荷向量绝对值
大于 0.632,通过 ∝＝0.05 显著性水平检验)(a) 20 世纪 60 年代;
(b)20 世纪 70 年代;(c)20 世纪 80 年代;(d)20 世纪 90 年代;(e)21 世纪 00 年代

各年代第二模态均为西北—东南反向型,但其降水异常敏感中心位置(模态正位相中心)从 20 世纪 60 年代到 80 年代自东南向西北位移。60 年代降水异常中心在陕西东南部的安康(图 6.4a);70 年代在陕西关中的西安(图 6.4b);80 年代在甘肃的景泰—宁夏中卫一带(图 6.4c);到了 90 年代降水异常中心进一步向西北偏移到甘肃武威经腾格里沙漠至宁夏北部的石嘴山一带(图 6.4d);21 世纪 00 年降水异常敏感区再向北移动(图 6.4e)。

6.1.2 夏季不同强度降水的雨日和雨量特征

为了解西北地区东部降水的构成,首先给出了西北东部 1981—2012 年平均的各强度降水的雨日和雨量分别占夏季总雨日和总雨量的百分比(图 6.5),小雨、中雨、大雨、暴雨和(特)大暴雨的日数分别占夏季雨日的 77.5%、15.9%、5.3%、1.2% 和 0.1%,降水量则分别占夏季雨量的 34.3%、35.4%、21.5%、7.8% 和 1%。小雨和中雨的降水日数超过总雨日的 90%,其降水量对总雨量的贡献在 70% 左右,是西北东部地区夏季降水的主要组成部分;大雨的日数虽然仅占雨日的 5.3%,但是对雨量的贡献超过了 20%,也是西北东部降水的重要部分;暴雨及以上的雨日占比不足 2%,雨量占比不足 10%,且具有局地特征。

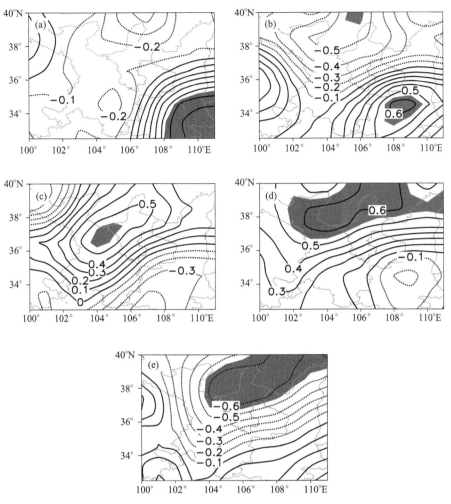

图 6.4　各年代标准化降水距平 EOF 分解第二载荷向量场(阴影区:载荷向量绝对值大于 0.547,通过 ∝ = 0.1 显著性水平检验)(a)20 世纪 60 年代;(b)20 世纪 70 年代;(c)20 世纪 80 年代;(d)20 世纪 90 年代;(e)21 世纪 00 年代

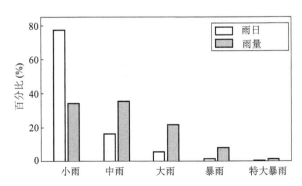

图 6.5　1981—2012 年平均西北地区东部夏季不同强度降水的雨量和雨日百分比(单位:%)

1981—2012 年气候平均夏季(6—8 月)降水日数在中国西北东部呈自南向北递减的空间分布(图 6.6a),雨日大值中心分别位于甘肃西南部(超过 60 d)和青海东部(超过 50 d),夏季雨量也多于周边,分别约为 300 mm 和 250 mm(图 6.6b)。前者位于河曲一带,是黄河上游降水资源最丰富的地区之一,因其处于孟加拉湾水汽向东亚大陆输送的必经之路,降水量比青藏高原其他地区要大得多(许晨海等,2004)。后者位于祁连山脉一带,受到西风带、偏南季风和东亚季风共同制约,是石羊河、黑河和疏勒河三大内陆河的发源地和径流形成区,也是河西走廊绿洲的重要水源地(贾文雄,2012)。少雨中心位于内蒙古西部,降水日数不足 15 d,降水量在 50 mm 以下。降水日数与降水量空间分布的差异主要在陕西南部,降水量超过 250 mm,但降水日数约为 30 d,因为该地区中雨以上的降水相对较多,而小雨相对较少。此外,图 6.6 清晰地显示出中国西部的几条干舌,分别位于陕蒙交界的毛乌素沙漠、宁蒙交界的巴丹吉林沙漠和甘肃南部一带(李栋梁等,1992),干舌区降水少且不稳定。夏季降水量为 300～400 mm、降水日数 35 d 以上的等值线在陕甘交界处存在一条北伸的湿舌,这与秦岭、子午岭的地形相一致,可见这套资料能够准确地反映出夏季降水在较复杂地貌、地形处的分布特征。

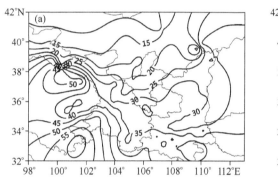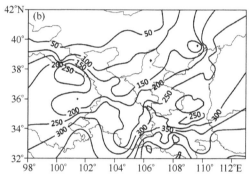

图 6.6 1981—2012 年中国西北地区东部夏季平均降水日数
(a)(单位:d)和降水量(b)(单位:mm)的空间分布

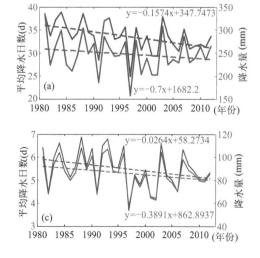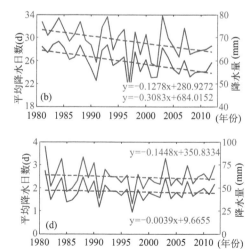

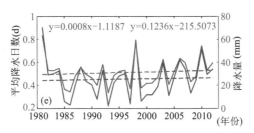

图 6.7　1981—2012 年中国西北地区东部平均降水日数(单位:d)和降水量(单位:mm)的年际变化
(a)夏季总雨日和降水量;(b)小雨;(c)中雨;(d)大雨;(e)暴雨和(特)大暴雨(虚线为线性趋势)(附彩图)

不同类型降水占夏季雨日的百分比在空间分布上也存在很大差异。小雨占比自东南向西北递增,在陕西南部约为 70%,而在内蒙古中部则超过 90%;中雨、大雨、暴雨和(特)大暴雨的百分比在空间上则是自东南向西北递减,从陕西南部至内蒙古中部,中雨的占比从 18% 减至 4%;大雨从 8% 减至 1%;暴雨和(特)大暴雨在西部甚至不足 0.5%,仅在陕西南部暴雨出现的百分率为 2% 左右。可见在研究区域的西北部,夏季雨日的构成较为单一,如内蒙古中西部夏季雨日九成以上为小雨,且降水日数与其他地区相比最少,是该地区常年干旱的主要原因;在研究区域西南部,大雨和暴雨(及以上)日数极少,因此以小雨和中雨的贡献为主;而在研究区域东南部,夏季雨日的构成相对复杂,如在陕西中南部小雨约占夏季雨日的七成,中雨约占二成,大雨、暴雨和(特)大暴雨日数约占一成。总体而言,西北地区总降水日数少,且多以小雨出现,是该地区干旱的重要原因。

从区域平均的降水日数和降水量来看(图 6.7),近 32 年夏季雨日和雨量的年际变化大体一致,二者的长期趋势均表现为减少,雨日的线性倾向率为 $-1.57\ \mathrm{d\cdot(10\ a)^{-1}}$(通过了 $\alpha=0.01$ 信度水平检验),雨量的倾向率为 $-7.0\ \mathrm{mm\cdot(10\ a)^{-1}}$,但未通过显著性检验。值得注意的是,20 世纪 80—90 年代减少趋势较明显,21 世纪初趋势变得平缓(图 6.7a)。小雨的年际变化与夏季降水较为相似,且减少趋势更显著,小雨日数的线性倾向率为 $-1.28\ \mathrm{d\cdot(10\ a)^{-1}}$,雨量的倾向率为 $-3.08\ \mathrm{mm\cdot(10\ a)^{-1}}$(前者通过了 $\alpha=0.01$、后者均通过了 $\alpha=0.05$ 信度水平检验)(图 6.7b);中雨日数和降水量只呈微弱的减少趋势,雨日的线性倾向率为 $-0.26\ \mathrm{d\cdot(10\ a)^{-1}}$,雨量的倾向率为 $-3.89\ \mathrm{mm\cdot(10\ a)^{-1}}$,均未通过显著性检验,从图中可看到雨日和雨量在 20 世纪 80 年代至 90 年代初明显减少,而从 90 年代中后期开始出现增多的趋势(图 6.7c);大雨和暴雨的日数和降水量未表现出显著的长期趋势(图 6.7d、e),且暴雨日数极少,对夏季降水异常变化的贡献非常有限。

从线性趋势的空间分布来看(图 6.8),近 32 年西北东部大部分地区的雨日呈减少趋势,其在宁夏、甘肃和陕西关中的减少趋势尤为显著,速率约为 $-2\sim-4\ \mathrm{d\cdot(10\ a)^{-1}}$,而青海省同仁(102.85°E,35.52°N)、内蒙古自治区的伊金霍洛旗(109.73°E,39.57°N)和杭锦后旗(107.13°E,40.9°N)的雨日则显著增多,同仁的雨日增加速率超过 $4\ \mathrm{d\cdot(10\ a)^{-1}}$(图 6.8a)。小雨日数的减少速率(图 6.8b)和空间分布与总雨日基本相同。中雨日数在全区仍以减少为主,但是趋势显然没有小雨显著,只有甘肃肃南(99.62°E,38.83°N)、东乡(103.4°E,35.67°N)、宕昌(104.38°E,34.03°N)、文县(104.67°E,32.95°N)、宁夏固原(106.3°E,36°N)、陕西千阳(107.15°E,34.68°N)、凤县(106.6°E,33.95°N)、南郑(106.93°E,33°N)等地的中雨日数减少趋势比较明显,速率约为 $-1\sim-2\ \mathrm{d\cdot(10\ a)^{-1}}$。局部地区如青海东部和内蒙古中部的中雨日数出现了增多的趋势,特别是同仁和伊金霍洛旗的小雨和中雨日数均显著增多,导致这些地区的夏季雨日也明显增多(图6.8c)。大雨日数在研究区域西北部有所增多,如在甘肃西北部的民乐(100.82°E,38.45°N)、宁夏北部的贺兰(106.4°E,38.6°N)增多趋势显著,东南部的大雨日数则有所减少,如在陕西南部的铜川(109.07°E,35.08°N)、富平(109.18°E,34.78°N)、宁强(106.25°E,32.83°N)、南郑(106.93°E,33°N)、城固(107.33°E,33.17°N)等地减少较显著,但是总体变化不显著(图6.8d)。暴雨以上等级的降水日数变化更加不明显,只有宁夏银川(106.2°E,38.5°N)显著增多,而在宁夏南部隆德(106.1°E,35.6°N)和甘肃东部正宁(108.35°E,35.5°N)则显著减少(图6.8e)。

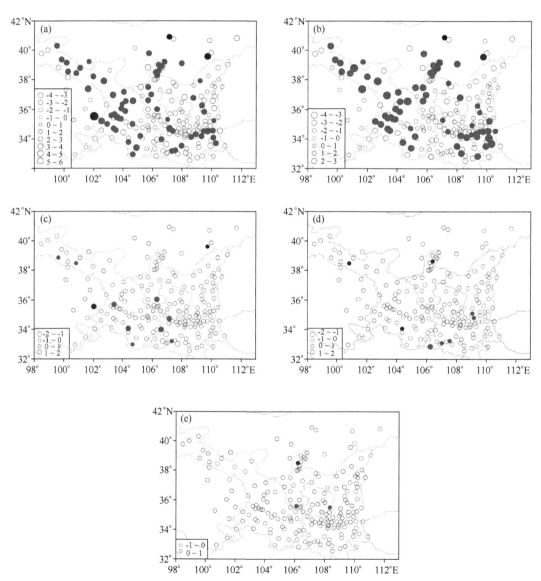

图6.8　1981—2012年中国西北地区东部不同强度降水日数的线性倾向率分布
(单位:d・(10 a)$^{-1}$)(a)夏季总雨日;(b)小雨;(c)中雨;(d)大雨;
(e)暴雨和(特)大暴雨;实心圆表示通过 $\alpha=0.05$ 的显著性检验(附彩图)

与降水日数相比,近 32 年夏季降水量虽有减少趋势但并不显著(图略)。小雨降水量的减少趋势在甘肃中部、宁夏北部较显著,与雨日的减小相一致,其他地区降水量的减少趋势不明显,可能是小雨强度发生了变化;中雨和大雨降水量减少的区域和降水日数较一致,且雨量显著减少的站点更多,局部如陕西麟游(107.78°E,34.68°N)、富县(36°N,109.38°E)、甘肃陇西(104.65°,E35°N)、平凉(106.4°E,35.55°N)和青海南部的班玛(100.75°E,32.93°N)等地,说明中雨和大雨的强度也在减小;暴雨降水量在大部分地区呈增多的趋势但不显著。总体上,虽然显著性在局部略有差别,但降水量的变化与降水日数的长期趋势是一致的,可见降水日数的变化是西北东部干旱加重的主要原因。

6.1.3　不同强度降水的环流特征个例对比分析

不同强度降水的环流背景必定存在差异,区分这种差异很有必要。这里将 1981 年 8 月和 2003 年 8 月作为特例展开分析,因为这两年夏季雨日偏多,同时 8 月各类降水也偏多,便于在相同的月(季)背景下对比不同强度降水的环流差异。在两个特例中,全区降水较多的时段都出现在 7 月上中旬和 8 月中下旬,暴雨多集中在 8 月。1981 年出现强降水的站点略多,而 2003 年极端降水强度较大。根据台站数统计的降水异常日期如表 6.3 所示,下文中将主要分析 1981 年 8 月不同类型降水的环流差异,对 2003 年则作简要说明。

表 6.3　中国西北地区东部 1981 和 2003 年 8 月不同强度降水异常偏多的日期

年份	降水强度	日期
1981 年	小雨偏多	8 月 20 日(106 站小雨)、8 月 24 日(147 站小雨)、8 月 25 日(100 站小雨)、8 月 28 日(107 站小雨)、8 月 29 日(95 站小雨)
	中雨偏多	8 月 18 日(53 站中雨)、8 月 19 日(60 站中雨)、8 月 23 日(63 站中雨)、8 月 31 日(42 站中雨)
	大雨和暴雨偏多	8 月 9 日(26 站大雨,23 站暴雨)、8 月 15 日(27 站大雨,20 站暴雨)和 8 月 21 日(33 站大雨,24 站暴雨)
2003 年	小雨偏多	8 月 9 日(95 站小雨)、8 月 10 日(155 站小雨)、8 月 15 日(135 站小雨)
	中雨偏多	8 月 1 日(52 站中雨)、8 月 2 日(56 站中雨)
	大雨和暴雨偏多	8 月 26 日(29 站大雨,13 站暴雨)、8 月 28 日(38 站大雨)、8 月 29 日(29 站大雨,39 站暴雨)

图 6.9～6.12 给出了 1981—2012 年平均的 8 月环流场、1981 年 8 月环流距平场(相对于 32 年平均值)和根据表 6.3 中 3 种雨型偏多的日期合成的环流距平场(相对于 1981 年 8 月环流场)。

从 500 hPa 位势高度场(图 6.9)可以看出,气候平均 8 月东亚大陆中低纬度主要受低压控制,低值中心位于青藏高原南部－中国东部沿海一带,高纬度地区则受阻塞高压控制,高值中心分别位于乌拉尔山以西和贝加尔湖以东(图 6.9a)。1981 年位势高度在东亚地区较常年偏低,距平值在中高纬度地区自西向东以波列形式分布,乌拉尔山的阻塞高压较强,东北地区受低压槽控制,有利于冷空气南下。同时,在中国南方西太副高西伸,有利于南方暖湿气流深入到内陆,这是该年降水偏多的重要原因(图 6.9b)。该月小雨偏多时(图 6.9c),乌拉尔山阻塞高压增强,东亚低槽加深,西太副高位置偏北同时西伸;中雨偏多时(图

6.9d),阻塞高压位置略偏东,位于西伯利亚中部,西太副高位置偏南、西伸;大雨和暴雨偏多时(图 6.9e),高纬度阻塞形势位于西伯利亚中东部,同时西太副高西伸至中国南方地区,有利于强降水产生。

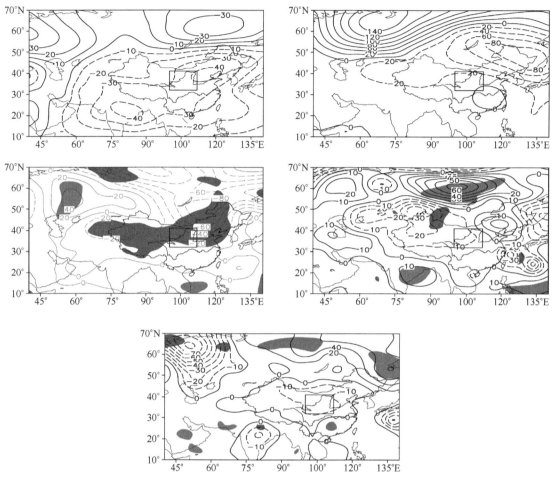

图 6.9　1981 年 8 月亚洲 500 hPa 位势高度(单位:gpm)(a)32 年平均纬偏场;
(b)1981 年距平场;(c)小雨偏多的距平场;(d)中雨偏多的距平场;
(e)大雨偏多的距平场(阴影表示通过 $\alpha = 0.05$ 的显著性检验,(b)为相对于
32 年平均值的距平,(c)、(d)、(e)为相对于 1981 年 8 月平均值的距平,下同)

高、低纬环流配置异常反映了冷、暖气团的活动,气候平均的 8 月 500 hPa 温度平流场上,西北东部位于冷、暖空气的交绥区。与 32 年平均值相比,1981 年冷、暖平流均有所增强,增强的冷空气主要来源于西伯利亚中部,经青藏高原北部绕流南下,增强的暖空气主要是沿着西太副高西侧北上的,且暖气团较常年更加向北推进。该月小雨偏多时,研究区域的冷平流显著增强,这与蒙古高原气旋式环流增强有关,而暖平流显著增强的区域位于渤海和黄海,即导致西北东部多地出现小雨天气的主要原因是北方冷空气较强盛;该月中雨偏多时,研究区域东部的暖平流显著增强,西北部的冷平流也有所增强但不如暖平流显著,可见中雨天气出现主要是由于偏南风引导的暖空气向北推进所致;该月大雨和暴雨偏多时,研究区域的冷、暖平流均有所增强,但是东南部的暖平流增强较为显著。由上述分析可知,大雨和暴雨多发生在陕西南部,

引发强降水的主导因子是北上的暖湿空气(图略)。图 6.10 分别给出了 1981 年和 2003 年不同降水情况下温度平流 0 线(即冷、暖空气交界线)的位置分布,气候平均的 0 线(黑实线)在黄河中下游位于 36°N 附近,在黄河中上游位于 34°N 以南。1981 年 8 月温度平流 0 线(黑虚线)与气候平均相比略偏北(图 6.10a),即在冷暖空气同时增强的情况下南方暖空气势力更强,尤其是在甘肃南部 0 线偏北较明显。1981 年 8 月小雨偏多时,0 线(红实线)南压至 34°N 附近,表明当西北东部大部分地区受到北方冷空气控制时易出现小雨天气;该月中雨偏多时,0 线(绿实线)整体比气候平均位置偏北,在 105°E 以西与同年 8 月平均 0 线基本重合,而在 105°E 附近 0 线呈南北走向,即 105°E 以东的地区完全被暖空气控制;大雨和暴雨偏多时 0 线(蓝实线)位置也比气候平均位置偏北,暖空气控制的主要是研究区域东南部,这也是暴雨相对多发的区域。可见中雨和大雨在南方暖空气的北推过程中更易形成,这是由于大量水汽会伴随暖空气北上,与南下的冷空气相遇易诱发上升运动,为强降水提供了垂直运动和充足的水汽条件。

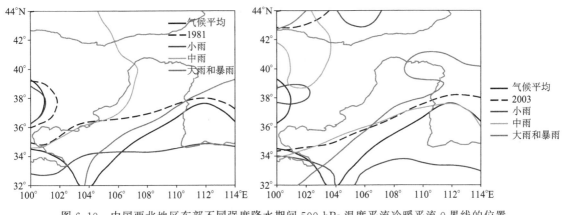

图 6.10　中国西北地区东部不同强度降水期间 500 hPa 温度平流冷暖平流 0 界线的位置

(a)1981 年 8 月;(b)2003 年 8 月(附彩图)

从温度平流和经向环流在中部 106°E 的高度—纬度剖面(图 6.11)可以看出,气候平均 8 月西北东部地区上空低层 700~600 hPa 主要受暖平流控制,中层 500~400 hPa 北部为下沉的冷空气,南部为上升的暖空气,在 300 hPa 以上的高层又以暖平流为主(图 6.11a)。与 32 年平均值相比,1981 年研究区域南部上升的暖空气明显增强,暖中心位于研究区域上空,形成有利于降水的垂直运动条件,北方下沉的冷空气也有所增强,冷中心位于蒙古高原 50°N 附近(图 6.11b)。该月小雨偏多时(图 6.11c),西北东部上空中低层冷平流和下沉运动显著增强,冷平流距平中心位于研究区域北侧 45°N 附近;该月中雨偏多时(图 6.11d),西北东部上空的暖空气显著增强,暖平流距平中心位于北侧蒙古高原上空,上升运动从对流层低层至 200 hPa 显著增强;该月大雨和暴雨偏多时(图 6.11e),西北东部暖空气和上升运动显著增强,且暖平流距平中心位于研究区域上空,同时北侧蒙古高原上空为冷平流距平中心,垂直速度距平通过显著性检验的层次在 200 hPa 以上,且上升运动的强度也强于中雨。

形成降水的必要条件除垂直运动外还需要有充足的水汽,图 6.12 和表 6.4 给出了水汽的输送、辐合辐散以及收支情况,从气候平均的 8 月水汽通量及其散度场上(图 6.12a)可以看到,水汽主要来源于印度洋,途经孟加拉湾和中南半岛在南海沿东南气流北上,在研究区

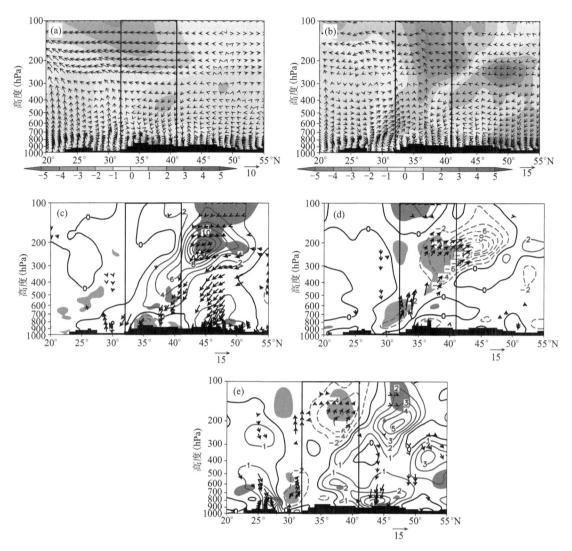

图 6.11　1981 年 8 月温度平流(等值线,单位:10^{-5}℃ · s^{-1})和风场(箭矢,
水平风速单位:m · s^{-1},垂直风速单位:Pa · s^{-1})沿 106°E 的垂直剖面
(a)32 年平均值;(b)1981 年距平场;(c)小雨偏多的距平场;(d)中雨偏多的距平场;
(e)大雨偏多的距平场((c)、(d)、(e)中阴影表示通过 $\alpha=0.05$ 的显著性检验)(附彩图)

域东南部存在明显的辐合区。与 32 年平均值相比,1981 年 8 月孟加拉湾地区水汽通量和中国南部沿反气旋式环流距平向北输送水汽通量显著增强,西北东部的水汽辐合也显著增强(图 6.12b)。从水汽通量收支也可看到(表 6.4),气候平均西北东部地区水汽净收支为 29.06 kg · m^{-1} · s^{-1},1981 年净收支达到 125.36 kg · m^{-1} · s^{-1},是气候平均的 4 倍之多,特别是自北边界和南边界进入的水汽显著增多,分别是气候平均的 45 倍和 4 倍,但是由于高纬度地区大气水汽含量很少,北边界水汽通量的急剧增大可能是风速增大的结果,其对降水的贡献必定有别于南边界。从东边界流出的水汽通量几乎是气候平均的 3 倍,即流经西北东部地区的西北气流和西南气流是显著增强的。对于不同强度的降水,水汽通量的输送路径和辐合强度也有差异,该月小雨偏多时(图 6.12c),在研究区域东部来自北方的水汽通量显著增

强,由于水汽含量极少,在大部分地区水汽辐合减小,因此降水强度也较小;该月中雨偏多时
(图 6.12d),在研究区域有来自西北和西南水汽交汇,水汽辐合中心的散度距平值达 $-15\times$
10^{-5} kg・m^{-2}・s^{-1};该月大雨和暴雨偏多时(图 6.12e),研究区域的东南部存在明显的水汽
辐合,且辐合中心的散度距平值可达 -25×10^{-5} kg・m^{-2}・s^{-1} 以上,有利于强降水产生。如
表 6.4 所示,该月小雨偏多时,北边界输入的水汽通量约是气候平均的 70 倍,南边界和西边界
输入的水汽通量约为 2 倍,东边界输出的水汽通量约为 4 倍,但是南边界输入的水汽通量比同
年 8 月平均值偏少,可见水汽的输送比较微弱;中雨偏多时,北边界的水汽输送较少,南边界的
水汽输送明显增多;该月大雨和暴雨偏多时,南边界的水汽输送较中雨更多,但是区域净水汽
收支情况在小雨、中雨、大雨出现时依次为 96.73 kg・m^{-1}・s^{-1}、74.76 kg・m^{-1}・s^{-1} 和
69.03 kg・m^{-1}・s^{-1},这很可能是受到降水范围的制约,因为出现小雨的站点较多,出现中雨
的站点多分布在东部,大雨和暴雨则主要集中在东南部。

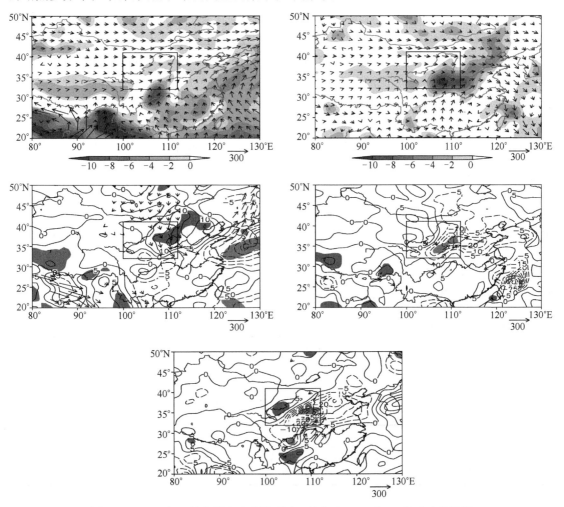

图 6.12　1981 年 8 月整层水汽通量(箭矢,单位:kg・m^{-1}・s^{-1})和水汽通量
散度(等值线和阴影,单位:10^{-5} kg・m^{-2}・s^{-1}))(a)32 年平均值;
(b)1981 年距平场;(c)小雨偏多的距平场;(d)中雨偏多的距平场;
(e)大雨偏多的距平场 ((c)、(d)、(e)中阴影表示通过 $\alpha=0.05$ 的显著性检验)

表 6.4　1981 年 8 月整层水汽通量在中国西北地区东部的区域收支(单位:kg·m⁻¹·s⁻¹)

	北边界	南边界	西边界	东边界	区域净收支
32 年平均	+2.07	+38.83	+34.53	−46.37	+29.06
1981 年 8 月平均	+97.03	+104.02	+55.23	−130.92	+125.36
1981 年 8 月小雨偏多	+142.71	+80.55	+67.39	−193.89	+96.76
1981 年 8 月中雨偏多	+26.45	+158.62	+75.45	−185.76	+74.76
1981 年 8 月大雨偏多	+36.37	+196.18	+56.78	−220.3	+69.03

注:"+"表示边界有净水汽输入,"−"表示边界有净水汽输出。

　　2003 年 8 月环流场与 1981 年较相似,在西北东部地区,来自北方的干冷空气和来自南方的暖湿空气同时增强(图略)。根据表 6.4 选取 2003 年 8 月不同强度降水较多的日期,其环流差异也与 1981 年较相似,不再赘述。如图 6.10b 所示,2003 年 8 月冷、暖平流的交界线较气候平均略偏北(黑虚线);小雨偏多时冷空气范围向南扩张至 34°N 以南(红线);中雨偏多时暖空气向北推进的范围与该月平均值相当,但是东部界线与 1981 年相比略偏南;2003 年 8 月大雨偏多时暖空气向北推进的范围也比气候平均值更大,东部界线比 1981 年偏北。从区域水汽收支来看(表 6.5),水汽通量在南边界的差异决定了降水的强度,小雨偏多时北边界的水汽通量较大反映出北方冷空气偏强,与 1981 年相似。2003 年不同降水对应的垂直运动和水汽条件也表现出与 1981 年相似的特征(图略),即小雨偏多时西北东部上空主要受北方下沉冷空气的控制,水汽的辐合主要在研究区域的南边缘;中雨和大雨则主要受南方爬升暖空气的控制,水汽辐合的中心位于研究区域内,中雨偏多时水汽通量散度在 −10×10⁻⁵kg·m⁻²·s⁻¹ 左右,暖空气的爬升范围主要在 200 hPa 以下;大雨时水汽辐合中心超过 −20×10⁻⁵kg·m⁻²·s⁻¹,暖空气和上升运动的范围可达 200 hPa 以上。2003 年与 1981 年的区别在于中雨偏多时水汽通量的输送和辐合被限制在研究区域南部,而暴雨日的水汽辐合范围反而比 1981 年更大,可见中雨和大雨的范围往往受到当天冷、暖空气推进位置的制约,降水强度则是由南边界的水汽通量大小、水汽辐合强度和对流运动高度决定。

表 6.5　2003 年 8 月整层水汽通量在中国西北地区东部的区域收支(单位:kg·m⁻¹·s⁻¹)

	南边界	北边界	西边界	东边界	区域净收支
32 年平均	+38.83	+2.07	+34.53	−46.37	+29.06
2003 年 8 月平均	+98.72	−41.51	+50.2	−108.42	−1.01
2003 年 8 月小雨偏多	+5.97	+160.42	+67.54	−181.42	+52.51
2003 年 8 月中雨偏多	+125.84	−15.35	+55.48	−129.51	+36.46
2003 年 8 月大雨偏多	+184.5	+35.31	+49.18	−190.27	+78.72

　　需要说明的是,本节给出的两个特例(即 1981 年 8 月和 2003 年 8 月)的月、季环流具有共同的特征,即冷、暖空气系统是同时增强的,为降水提供了较为充足的条件,而在不同的环流背景下可能出现更复杂的情况,在今后的工作中有待更细致、深入的研究。

6.2 北亚洲冬春季地面感热的变化特征及其影响中国西北地区东部汛期降水的关键区

6.2.1 亚洲中高纬冬季地表感热变化及其与中国西北地区东部汛期降水的联系

感热资料选自 1979 年 1 月至 2012 年 12 月 NCEP/DOE 地表感热净通量再分析资料。降水资料来自中国西北东部 156 个台站。由于中国西北东部站点分布不甚均匀,故对 156 个站点平均降水量计算采用面积加权法,使测站少的区域信息权重加大,在一定程度上有效修正了站点分布的非均匀性(赵庆云等,2006),本节使用的降水序列均通过面积加权计算而得。

庞雪琪等(2017)分析发现,中国西北东部夏季降水量与欧亚大陆中高纬冬季(1 月)地表感热通量存在显著的负相关(图 6.13),相关系数大值区通过 99% 的显著性检验。由于欧亚中高纬冬季感热为负值、地表为冷源,感热绝对值越大即大气向地表输送感热越大,说明当冬季欧亚大陆中高纬大气向地表感热输送值偏大(小)时,中国西北东部夏季降水量偏多(少)。

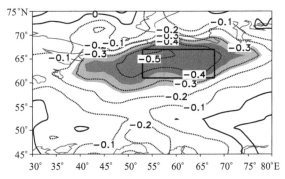

图 6.13 中国西北地区东部夏季降水量与欧亚大陆中高纬度前期冬季(1 月)地表
感热通量相关关系数(深浅阴影区分别表示通过了 95%、90% 的置信检验)

选取图 6.13 中相关显著区(61°～67°N,53°～68°E)作为冬季欧亚大陆中高纬感热影响中国西北地区东部夏季降水的感热异常关键区,从关键区地表感热与后期夏季中国西北地区东部各月降水的相关系数可以看出(表 6.6),关键区感热与 7 月、8 月降水量呈显著的负相关,且均达到 95% 的置信度,其中 8 月的相关系数 −0.47 达到了 99% 的置信度,说明冬季欧亚大陆中高纬感热影响中国西北地区东部夏季降水的敏感时段主要是 7—8 月的盛夏时期。在欧亚大陆中高纬冬季大气向地表感热输送偏大年,中国西北地区东部盛夏除青海同德,陕南的安康、旬阳、白河,内蒙古的包头、东胜、伊金霍洛旗等地降水偏少外,大部分地方降水偏多,尤其是甘肃东部的环县、西峰等地降水偏多最为明显(图 6.14a);而欧亚大陆中高纬冬季大气向地表感热输送偏小年,中国西北地区东部后期盛夏在青海的久治、河南站,甘肃中部、宁夏中部等地降水偏多,而其他大部分地区降水偏少,尤其是陕南、陕北和内蒙古巴彦诺尔等地降水偏少最为明显(图 6.14b)。

表 6.6 欧亚中高纬冬季地表感热与后期西北东部夏季各月降水的相关系数

	6 月降水	7 月降水	8 月降水
1 月感热	0.17	−0.38*	−0.47**

注:* 表示 95% 置信度;** 表示 99% 置信度。

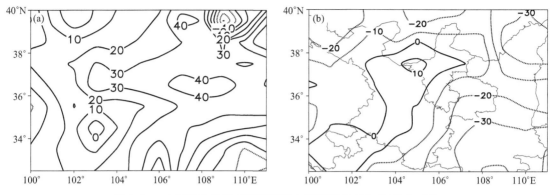

图 6.14　中国西北地区东部盛夏降水距平百分率合成(单位：%)

(a)大气向地表感热输送值偏大年；(b)大气向地表感热输送值偏小年

　　从西北地区东部夏季降水标准化距平、冬季欧亚大陆中高纬感热标准化距平及其两者的滑动相关图上也可以看出(图 6.15)，欧亚中高纬冬季地表感热与西北东部夏季降水在年代际尺度上也存在着联系。在 20 世纪 80 年代初期，冬季欧亚大陆中高纬大气向地表感热输送值偏大，随后感热输送值有所减小，中国西北东部夏季降水在这段时间内略有减少。在 20 世纪 90 年代感热输送值有一次显著减小的过程，且在 1996 年发生突变，而中国西北东部夏季降水也在 1996 年发生突变，在突变后欧亚大陆中高纬大气向地表感热输送值偏小，对应中国西北东部夏季降水偏少。21 世纪初欧亚大陆中高纬大气向地表感热输送值又开始增大，而此时中国西北东部夏季降水开始增加(图 6.15a、b)。且两者在 20 世纪 90 年代初到 21 世纪 00 年代后期的相关最为显著(图 6.15c)。

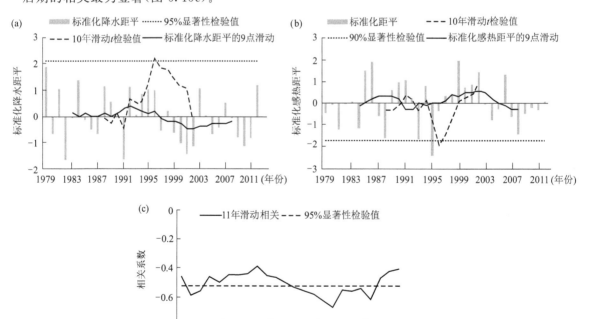

图 6.15　中国西北地区东部夏季降水量标准化距平(a)欧亚大陆中高纬

冬季地表感热通量；(b)标准化距平；(c)两者的 11 年滑动相关

6.2.2　亚洲中高纬春季地表感热异常与中国西北地区东部夏季降水日数的联系

　　除了降水量,中国西北地区东部夏季降水日数与亚洲高纬感热通量的相关性也表现出月—季尺度的反位相交替变化(图 6.16)。在 $40°\sim80°N$ 附近,中国西北地区东部夏季雨日与冬季 1 月感热通量呈负相关,而与春季感热通量呈正相关,相关性在 $4-5$ 月最显著。由于欧亚高纬地区的感热通量在冬季为冷源、春季转变为热源,表明当 $40°\sim80°N$ 附近春季热源偏强时,中国西北地区东部夏季降水日数偏多,反之降水日数偏少。

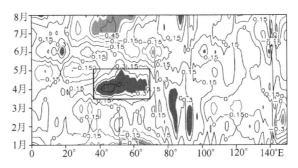

图 6.16　中国西北地区东部夏季降水日数与中高纬地区($45°\sim70°N$ 平均)
$1-8$ 月地表感热通量的相关系数(阴影表示通过 $\alpha=0.05$ 的显著性检验)

　　因中国西北地区东部夏季降水日数与欧亚高纬春季地表感热通量的关系较显著,进一步给出区域平均夏季雨日与春季感热通量的相关系数分布(图 6.17),可以看到通过显著性检验的正相关区域主要位于乌拉尔山一带,其范围与 6.1.1 节中冬季感热通量的关键区较相似。

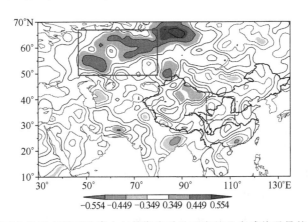

图 6.17　中国西北地区东部夏季降水与前期春季欧亚高纬地表感热通量的相关系数分布
(阴影表示通过 $\alpha=0.05$ 的显著性检验)(附彩图)

　　根据春季感热关键区的范围,计算了乌拉尔山地区($50°\sim80°E$,$50°\sim65°N$)区域平均的春季地表感热通量经标准化后的时间序列,同时给出中国西北地区东部区域平均夏季降水日数经标准化后的时间序列,其年际变化如图 6.18 所示,可知中国西北地区东部降水日数在 20 世纪 90 年代之前偏多、在 90 年代之后偏少,乌拉尔山地区春季感热也是在 90 年代之前偏强、90 年代之后偏弱,二者相关系数为 0.5,通过了信度水平 $\alpha=0.01$ 的显著性检验。

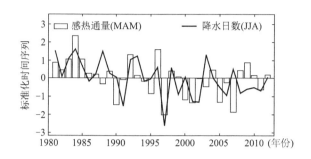

图 6.18　乌拉尔山地区平均春季感热通量(方柱)与中国西北地区
东部夏季降水日数(曲线)的标准化时间序列

6.2.3　中国西北地区初春地面感热输送与其东部盛夏降水的联系

将中国西北地区东部盛夏降水 EOF 分解的时间序列 PC1 和 PC2 与中国西北地区 3—8 月逐月地表感热通量进行相关分析。结果显示,西北地区 3—8 月地表感热通量与其东部盛夏降水 PC1 的相关不显著,仅与同期地表感热通量的异常变化呈弱的负相关(表 6.7),实际上反映了东亚副热带夏季风北上造成的降水产生的潜热对感热的抑制作用。表明西北地区东部盛夏降水 LV1 全区一致性演变主要受到同期大尺度环流因子的影响。而 PC2 与西北地区地表感热通量的相关关系较好(表 6.7),说明西北东部盛夏降水 LV2 主模态的演变主要受局地陆—气相互作用的影响,与前期地表感热通量变化有密切联系,即前期 3—4 月西北地区地表感热异常增强(减弱),会抑制(有利于)东亚副热带夏季风的北上,甘肃中部、宁夏平原和陕西北部一带降水出现异常偏少(多)。

表 6.7　中国西北地区东部盛夏降水 EOF 分解 PC1、PC2 分别与西北区平均 3—8 月感热的相关系数

月	3	4	5	6	7	8	3—4	5—6	7—8
PC1	0.138	−0.035	−0.010	0.011	−0.271**	−0.246*	0.063	0.002	−0.280**
PC2	−0.239*	−0.417**	0.009	−0.052	−0.165	−0.246*	−0.439**	−0.027	−0.222*

注:**$\alpha = 0.263$,*$\alpha = 0.222$。

下面将主要分析中国西北地区初春(3—4 月)地表感热异常与其东部盛夏(7—8 月)降水的联系。图 6.19 给出了中国西北地区东部盛夏(7—8 月)降水 EOF 分解 PC2 与西北地区 74 站 3—4 月地表感热通量的回归分布,从图 6.19 可以看出,当西北地区东部盛夏降水呈 LV2 空间分布(图 6.2c)时,西北地区初春(3—4 月)除准噶尔盆地北部和柴达木盆地南部等小范围外,大部分区域地表感热通量异常偏弱,其中塔里木盆地东部、柴达木盆地北部以及甘肃西部,最大负值中心可以达到−2.0 以上,通过了 95% 的置信水平 t 检验。结合图 6.19 和图 6.2c 可以得到,当初春 3—4 月西北地区地表感热通量异常偏强(弱)时,甘肃中部、宁夏和陕西北部大片区域盛夏降水会异常偏少(多),而陕西南部降水偏多(少)。

图 6.20 给出了以中国西北地区初春地表感热通量为左场,西北地区东部盛夏降水为右场的 SVD 分析第一主模态分布及其对应的时间系数。其协方差贡献为 40%,展开系数之间的相关为 0.62。当中国西北区西部(中心在新疆南部、甘肃西部)初春(3—4 月)地表感热通量显

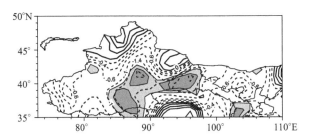

图 6.19　中国西北地区东部盛夏降水 EOF 分解 PC2 与西北区 74 站 3—4 月地表
感热通量的回归分析,实线(虚线)表示正(负)相关系数;深(浅)
阴影表示通过 95%(90%)的置信水平 t 检验

著偏弱时,西北地区东部盛夏降水北部与东南部呈反向变化分布,这与回归分析的结果(图
6.19)一致。由此也证明了当西北地区西部初春地表感热异常偏弱时,西北东部偏北地区盛夏
降水会出现异常偏多,东南角降水出现异常偏少。从图 6.20c 时间系数的演变可以看出,左右
场的时间序列趋势基本同步,都是在 20 世纪 60 年代末期—70 年代呈下降趋势,20 世纪 80 年
代—90 年中期呈上升趋势,而后从 2000 年以后逐步下降,至 2010 年起又开始回升。同时显
示,在 20 世纪 60 年代—70 年代初期以及 90 年代,西北地区大部分区域地表感热异常偏强,
陕西南部降水异常偏多,而甘肃中部、宁夏和陕西北部大片区域降水异常偏少,而在 20 世纪
80 年代和 2000 年以来,西北地区大部分地区地表感热异常偏弱,陕西南部和青海北部降水偏
少,而甘肃中部、宁夏和陕西北部大片区域降水异常偏多。

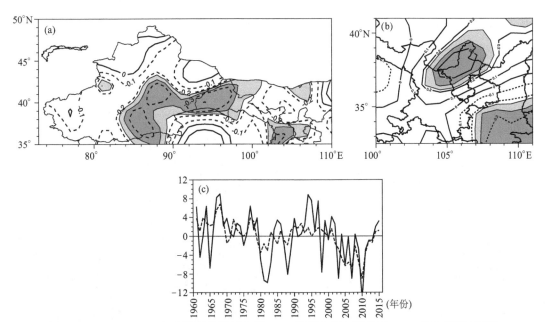

图 6.20　1961—2015 年中国西北地区东部 7—8 月降水量与西北区 3—4 月地表感热通量
SVD 分析的第一模态异类相关
(a)3—4 月地表感热通量;(b)7—8 月降水量(实线(虚线)表示正(负)值;
深(浅)阴影表示通过 95%(90%)的置信水平 t 检验);(c)左右异类相关
场时间系数(实线为地表感热通量;虚线为降水量)

6.3　北亚洲感热影响汛期降水的环流背景和物理机制

6.3.1　亚洲中高纬感热异常影响中国西北地区东部夏季降水可能机制

（1）冬季感热异常对夏季中层环流场的影响

从风场上看,欧亚中高纬冬季大气向地表感热输送异常偏大年,后期春季乌拉尔山一带出现反气旋式的距平风场,表明乌拉尔山高压脊在春季已经开始增强（图 6.21a）；到了夏季,乌拉尔山脊前的偏北风显著增强,从西北方向南下的冷空气显著增强,冷空气经过气旋式环流进入我国西北区,而此时来自热带西太平洋的显著异常偏东风在孟加拉湾附近转为西南风,且吹向中国西北地区东部,冷暖空气的交汇有利于中国西北地区东部夏季降水偏多（图 6.21b）。

从位势高度场上看,在欧亚中高纬冬季大气向地表感热输送偏大年（图 6.21c）,后期夏季乌拉尔山以东、鄂霍次克海以西高度距平场为显著的正距平,乌拉尔山高压脊显著增强,贝加尔湖、蒙古一带的高度距平场为显著的负距平,蒙古低压加深,有利于冷空气南下；副热带地区为显著正距平,副高增强,范围扩大,强度增强,主体位置偏西至 110°E 附近（图 6.21e）,有利于暖湿气流向内陆地区输送。所以,在冬季欧亚中高纬大气向地表感热输送偏大年的次年夏季,中国西北东部处于蒙古气旋底部和副高外围,北方冷空气与南方暖湿空气在此地交汇,容易形成降水。在欧亚中高纬冬季大气向地表感热输送值偏小年（图 6.21d）,乌拉尔山以东、鄂霍次克海以西为显著的负距平,乌拉尔山脊减弱,而贝加尔湖、蒙古一带的高度场为显著正距平,使得蒙古低压减弱,不利于双阻塞形势的发展和冷空气的南下,西太平洋副热带高压偏弱偏东,不利于南方水汽输送到中国内陆地区,因此中国西北东部夏季降水偏少。

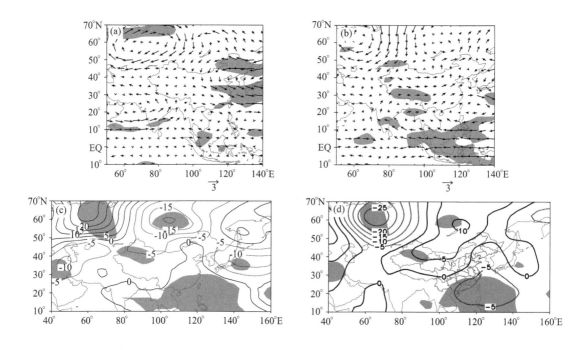

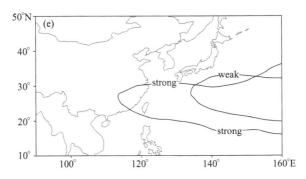

图 6.21　春(a)、夏季(b)500 hPa 距平风合成差值场(单位:m·s⁻¹);大气向地
表输送感热值偏大(c)、小(d)年夏季 500 hPa 高度距平合成场(单位:gpm);副高位置
(e)(以 500 hPa 上 5880 gpm 等值线表示)(阴影区表示通过 95%置信检验)

(2)冬季感热异常对夏季高层环流的影响

有研究表明(方晓洁等,2009),当东亚夏季 200 hPa 西风急流偏北时,中国西北地区东部降水偏多,长江流域降水偏少;当急流偏南时,中国西北地区东部降水偏少,长江流域降水偏多。那么欧亚中高纬冬季感热异常是否会通过影响西风急流的位置,而影响中国西北地区东部的降水?结果表明,欧亚中高纬冬季大气向地表感热输送偏大年,沿急流轴北侧 40°~45°N 纬度带西风异常偏强,南侧 20°~35°N 纬度带西风异常偏弱,在中国东北地区上空的急流出口区,急流轴北侧纬向西风增强导致急流轴东段向东北方向倾斜,表明沿急流轴西风异常偏强,急流位置偏北,从而使得中国西北地区东部降水偏多(图 6.22a)。同时后期盛夏南亚高压中心位于尼泊尔、西藏上空,呈明显的东部型,且其脊线位置在 28°N 附近(图 6.22b),较感热输送偏小年(图 6.22c)脊线位置偏南,而当南压高压脊线偏南时,中国西北地区东部上空对流层中高层往往盛行西风带长波槽活动,因而中国西北地区东部多雨;欧亚中高纬冬季大气向地表感热输送偏小年,次年盛夏 100 hPa 位势高度场上,南亚高压中心位置偏西,为明显的西部型,且其脊线位于 32°N 附近,位置偏北(图 6.22c)。从以上分析可知,欧亚大陆中高纬冬季感热异常能引起南压高压位置的异常,从而影响中国西北地区东部降水,这与张琼等(1997)关于南亚高压的分析结果基本一致。

(3)冬季感热异常对夏季垂直环流和水汽输送的影响

在欧亚中高纬冬季大气向地表感热输送偏大年,夏季高空西风急流在 40°N 附近增强,位置偏北,中国西北地区东部位于急流出口区的南侧,急流变化引起的次级环流异常有利于这里的上升运动增强,而垂直上升运动也是直接影响降水的因子之一。在冬季大气向地表感热输送偏大、偏小年垂直速度差值最大达−1.5×10⁻² Pa·s⁻¹,中国西北地区东部(100°~111°E)对流层上升运动显著(图 6.23a)。结合前文对流层中、低层风场异常变化可知,来自西北方向侵入的冷空气与南方的暖湿空气在中国西北地区东部交绥,有利于在该地区形成降水。

同时,在欧亚中高纬冬季大气向地表感热输送偏大年,中国西北东部夏季来源于孟加拉湾、南海及热带西太平洋的西南水汽通量异常增强,且在该地区有水汽辐合,有利于中国西北地区东部降水产生(图 6.23b);在欧亚中高纬冬季大气向地表感热输送偏小年,孟加拉湾和西太平洋水汽通量较弱,且输送不到中国西北地区东部,该地区有水汽辐散,不利于该地区夏季降水产生(图 6.23c)。

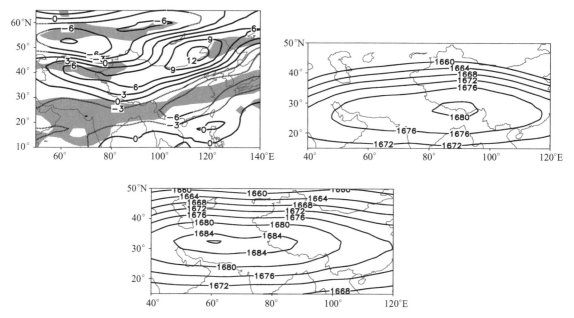

图 6.22 盛夏 200 hPa 纬向风差值场(a)(单位:m·s^{-1})及大气向地表感热输送值偏大
(b)、偏小年(c)100 hPa 位势高度合成场(单位:dagpm)(阴影区表示通过 95% 置信检验)

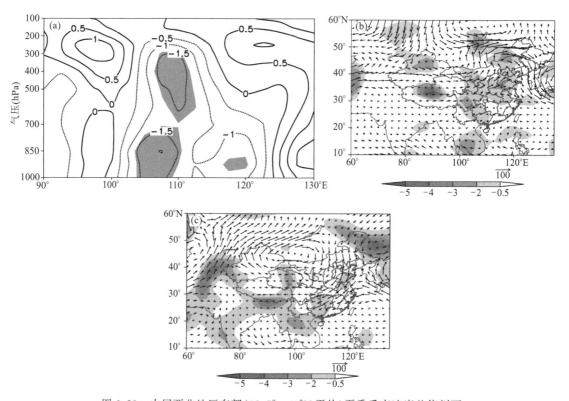

图 6.23 中国西北地区东部(32.5°~40°N 平均)夏季垂直速度差值剖面
(a)(单位:10^{-2} Pa·s^{-1})及感热输送偏大(b)、偏小年(c)整层
水汽通量散度场(单位:kg·m^{-1}·s^{-1})(阴影区表示通过 95% 置信检验)

（4）可能的影响机制

由以上分析可知,欧亚中高纬冬季冷源异常引起了夏季大气环流的异常,从而影响中国西北地区东部的夏季降水,但冬季感热是如何通过春季进而对夏季大气环流产生影响的呢? 以下对其可能的影响机制进行分析。

庞雪琪等(2017)分析表明,西北东部夏季降水与欧亚中高纬前冬感热为负相关,而与同期夏季感热则为正相关,相关系数的符号在 4 月发生改变(图 6.24a),即欧亚中高纬冬季大气向地表感热输送偏大(小)、夏季地表向大气感热输送偏大(小)时,中国西北地区东部夏季降水偏多(少)。那么,欧亚中高纬感热的持续性如何? 其冬季感热强弱与夏季感热强弱之间是否有联系? 分析欧亚中高纬感热逐月之间的相关 (图 6.24b,横坐标 1～2 表示欧亚中高纬 1 月与 2 月感热相关,依次类推),结果表明,欧亚中高纬感热 3 月与 4 月感热相关为负,其余各月之间均为正相关,感热的持续性在春季 4 月发生了变化,1 月感热与 2 月、3 月感热为正相关,而与 4—8 月感热为负相关,说明冬季大气向地表的感热传输值越大(小),4 月以后地面向大气的感热传输就越大(小)。综合以上分析可知,当欧亚中高纬冬季大气向地表感热传输偏大(小)时,春、夏季地表向大气感热输送偏大(小),而感热异常引起了乌山脊、蒙古低压、急流、南亚高压等有(不)利于中国西北地区东部夏季降水的环流异常,使中国西北地区东部夏季降水偏多(少)。

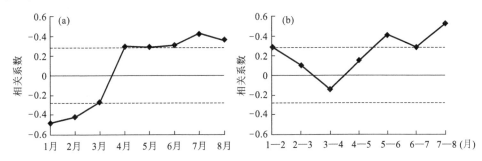

图 6.24　中国西北地区东部夏季降水与欧亚中高纬 1—8 月感热相关
(a)及欧亚中高纬感热逐月相关(b)(虚线表示 90% 置信度,图 b 中
横坐标表示求相关的月,如 1—2 表示 1 月感热与 2 月感热相关)

6.3.2　亚洲中高纬春季地表感热异常对高纬环流系统和夏季雨日的影响

由 6.2.2 节的环流分析可知,夏季乌拉尔山高压和蒙古气旋是影响西北东部降水日数的中高纬关键环流系统,它们是北方干冷空气的载体,这些西风带波列在传播和维持过程中会受到局地热力强迫的影响。吴国雄等(2000)在阐述大气动力过程对热力外强迫的适应原理时指出,大气运动在定常外源作用下,系统的垂直结构完全由热源分布决定,且对于大尺度运动,流场向气压场适应。加热场变化必然导致温度场、高度场的响应,从而引起风场的改变。亚欧大陆高纬地区常年受干冷空气控制,感热通量是地—气热量交换的重要途径。气候平均场上,冬季感热通量为负,地表为冷源,春、夏季感热通量为正,地表为热源。

根据 6.2.1 节中乌拉尔山地区春季感热通量的年际变化(图 6.15),我们进一步给出春季感热偏强年和偏弱年的夏季环流合成场的差值,从 500 hPa 位势高度场上可以看到(图 6.25a),当春季乌拉尔山地区感热热源偏强时,夏季蒙古和中国北方地区气压偏低、气旋性环流增强,表明蒙古高压有所增强。众所周知,夏季蒙古气旋和副热带高压如同耦合的齿轮一般，一边将来自西南方向的暖湿气流向北输送，一边将来自北方西伯利亚的冷空气向南输送，冷、暖气流的交绥有利于降水的形成。从 700 hPa 温度平流和风场上可以看到(图 6.25b)，感热热源偏强时，自蒙古西部南下冷空气增强，同时中国东部北上暖空气增强，二者交绥的区域正好位于河套地区，有利于西北东部降水日数偏多。可见春季乌拉尔山地表感热通量的异常可能会通过加强夏季亚洲中高纬地区的环流系统进而对降水产生影响。

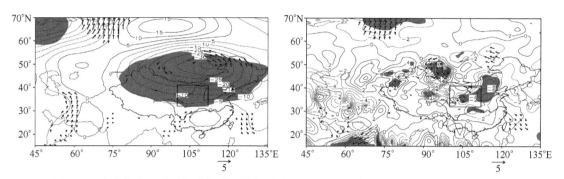

图 6.25　乌拉尔山地区平均感热强—弱年夏季 500 hPa 位势高度及风场(a)和 700 hPa 温度
平流及风场(b)的合成差值(阴影表示通过 $\alpha = 0.05$ 的显著性检验)

感热通量是由地气温差产生的地表与大气之间的热量交换。当地表温度大于大气温度时，热量由地表向大气输送，感热为正；当地表温度小于大气温度时，热量由大气向地表输送，感热为负。而当感热通量由地表向大气持续输送的同时，大气温度升高，当大气温度超过地表温度时，就会出现反方向的热量输送，这可能是感热通量距平的位相会发生月—季尺度反转的原因。感热异常的季节性位相改变则会进一步对大气温、压场产生影响，继而产生跨月—季尺度的环流异常。本章给出春季乌拉尔山感热通量与 4—8 月地面 2 m 气温和 500 hPa 位势高度的相关系数分布(图 6.26)，可以看到，春季乌拉尔山地表感热通量与同期 2 m 气温和 500 hPa 位势高度呈负相关，这反映了环流和地—气温差对感热的影响，即春季气压偏低、气温偏低时，地—气温差增大，感热热源作用增强。而春季乌拉尔山地区的感热通量与夏季各月的气温和位势高度的负相关逐渐转变为正相关，在贝加尔湖附近则出现负相关，这表明春季地表感热通量向大气的输送偏强会使夏季该地区气温升高、气柱增大，并通过下游效应使蒙古地区气压减小，夏季蒙古气旋增强。

6.3.3　中国西北区地面感热输送对其东部夏季降水影响的可能途径

中国西北地区陆面过程主要通过陆气相互作用影响着中国夏季降水的异常，其春季地面热力输送异常可以持续的影响并引起周围大气环流的异常和调整。中国西北地区初春地表感热变化与其东部盛夏降水关系异常密切，为了分析其联系机理，根据两者 SVD 分析第一主模态时间系数，选取西北地区初春地表感热通量与其东部盛夏降水同时异常的年份进行了大气环流背景场的合成分析。其中西北地区初春地表感热异常偏强，同时西北地区东部降水北少南多的年份有：1981 年、1982 年、2005 年、2007 年和 2010 年；西北地区初春地表感热异常偏弱，同时西北地区东部降水北多南少的年份有：1967 年、1968 年、1977 年、1994 年和 1997 年。图 6.27 给出了西北地区初春地表感热通量异常年合成的东部盛夏 500 hPa 高度距平场分布。从图 6.27a 可以看出，西北地区初春地表感热通量异常偏强时，在乌拉尔山地区南部存在负距

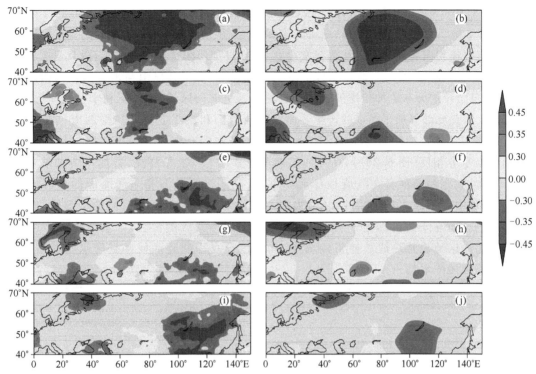

图 6.26 春季乌拉尔山感热通量与 4—8 月地面 2 m 气温((a)、(c)、(e)、(g)、(i))和 500 hPa 位势高度
((b)、(d)、(f)、(h)、(j))的相关系数分布(阴影表示通过 $\alpha=0.05$ 的显著性检验)(附彩图)

平中心,而贝加尔湖地区附近上空存在正距平中心,西太平洋副热带高压强度偏强。孟加拉湾
高度场的正偏差表明南支槽偏弱、西南气流偏弱,南方洋面的水汽受到西太平洋副高抑制,只
能输送到中国西北地区东南部至淮河流域,无法深入到中国西北地区的偏北区域,导致西北地
区东部盛夏降水的南多北少。中国西北地区初春地表感热通量异常偏弱年情况大致相反(图
6.27b),贝加尔湖地区转变为负距平中心,在我国东海海面也存在负距平中心,巴尔喀什湖西
南部与朝鲜半岛西北部为正距平中心,在纬向方向上呈"- + -"分布,孟加拉湾高度场为负
偏差,表明南支槽偏强、西南气流偏强。西太平洋副热带高压强度偏弱,有利于东亚夏季风向
北输送水汽,使西北东部地区盛夏降水位置偏北。

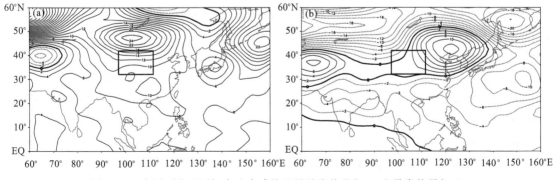

图 6.27 中国西北地区初春地表感热通量异常偏强年(a)和异常偏弱年(b)
合成的盛夏 7—8 月 500 hPa 位势高度距平场(单位:gpm)

　　图 6.28 为中国西北地区初春地表感热通量异常年合成的盛夏 7—8 月 850 hPa 风场距平。由图 6.28a 可以看出,地表感热通量异常偏强时,在乌拉尔山东部、日本及其东部以及山东半岛上空有较为明显的气旋性环流异常存在,而在贝加尔湖及其以南地区,以及东海有明显的反气旋环流异常,中国西北地区东部上空为东北风异常,在其以南与来自南方的西南风相遇,使得来自阿拉伯海和孟加拉湾的水汽不能输送到更北的区域,所以不利于宁夏平原、阿拉善高原以及河套北部等地区降水的产生。而在陕西南部和长江上游地区受西南风控制有来自东南沿海和孟加拉湾的暖湿气流,有利于该地区降水的产生。地表感热通量偏弱年的情况与偏强年基本相反(图 6.28b),在贝加尔湖西南方向为气旋型环流,贝加尔湖以东为反气旋环流异常,在东海海面存在气旋性环流异常,有利于来自黄海和东海海面的水汽输送到更北的区域,宁夏平原等地区受此影响,为西北干冷空气与东南暖湿气流的交汇区,有利于降水的产生。而在陕西南部为平直的东风气流,没有冷空气的汇合,不利于降水产生。故在中国西北地区地表感热通量异常偏弱年,其东部宁夏平原等区域盛夏降水明显增加,而陕西南部等区域降水偏少。

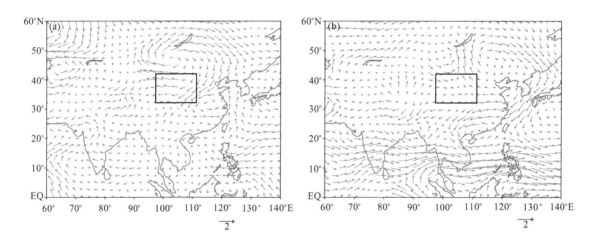

图 6.28　中国西北区初春地表感热通量异常偏强年(a)和异常偏弱年
(b)合成的盛夏 7—8 月 850 hPa 风场距平(单位:m・s^{-1})

　　图 6.29 给出了西北地区初春地表感热通量异常年合成的盛夏 7—8 月整层水汽通量和散度距平场。由图 6.29a 可以看出,在西北地区初春地表感热通量异常偏强年,仅在青海湖西部、柴达木盆地东部以及西北地区东南区域有水汽的辐合,中国东南部有反气旋性环流异常掠过中国西北地区东南部边缘,在陕西南部和长江上游地区受西南风控制有来自东南沿海和孟加拉湾的暖湿气流,有利于该地区的降水,宁夏平原以及河套北部没有充足的水汽供应,不利于降水产生;而在西北地区地表感热通量弱年(图 6.29b),在贝加尔湖东南部有反气旋环流,中国西北地区东部偏北地区以及宁夏平原等地有来自渤海海面的水汽向西输送,给宁夏平原等地带来了充足的水汽,宁夏平原以及河套北部等地有水汽的辐合,有利于该地区降水的发生,而陕西南部没有充足的水汽输送,不利于降水产生。

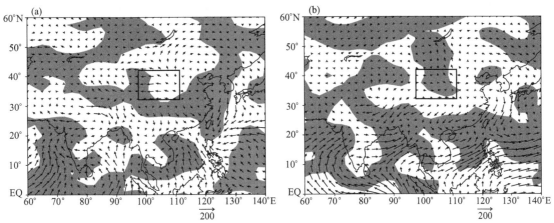

图 6.29　中国西北区初春地表感热通量异常偏强年(a)和异常偏弱年(b)合成的盛夏 7—8 月
整层水汽通量距平和散度距平场(阴影区表示有水汽的辐合)(kg·(m·s)$^{-1}$)

6.4　感热对中国西北地区东部汛期降水异常的预测指标和概念模型

6.4.1　欧亚中高纬感热影响中国西北地区东部降水量的预测指标和概念模型

（1）预测指标

将中国西北地区东部夏季面积加权平均降水量与欧亚大陆中高纬冬季 1 月地表感热通量
的高相关区作为欧亚中高纬感热异常关键区,关键区范围为(53°～68°E,61°～67°N),定义该
范围区域平均的 1 月地表感热通量作为预测指标,由于 1 月感热通量通常为负值(大气向地表
输送热量),预测指标值越大表示大气向地面输送感热通量越小,预测指标值越小表示大气向
地面输送感热越大。

（2）概念模型

前冬欧亚大陆中高纬大气向地表输送感热值偏大时,夏季乌拉尔山阻高增强,蒙古低压加
深,副高强度偏强、位置偏西,中国西北东部位于蒙古高压底部和副高外围,西风急流位置偏
北,南压高压呈东部型,且脊线位置偏南,中国西北东部受辐合上升气流控制,来自西南方向水
汽输送条件好,西北东部夏季降水偏多(图 6.30)。

图 6.30　欧亚中高纬前冬地面感热影响中国西北地区东部夏季降水的预测模型

6.4.2　北亚洲春季感热对中国西北东部夏季降水日数的预测指标和概念模型

（1）预测指标

根据中国西北地区东部夏季降水日数与欧亚高纬地表感热通量的关系,将乌拉尔山地区

(50°～80°E,50°～65°N)作为春季感热通量关键区,计算关键区区域平均春季感热通量作为夏季降水日数的预测指标,由于春季感热通量通常为正值(地表向大气输送热量),预测指标值越大表示春季地表向大气输送的感热通量越大,预测指标值越小表示春季地表向大气输送的感热通量越小。

（2）概念模型

乌拉尔山感热冬季(1月)偏弱、春季偏强时,乌拉尔山西部大气温度5月开始升高,6—7月气温继续升高、位势高度增大,随着西风带的推移,下游蒙古地区气温下降、位势高度减小,夏季蒙古气旋增强、低层冷空气增强影响西北东部,有利于小雨日数增多,若同时南部暖空气增强,则有利于发生局地强降水(图6.31)。

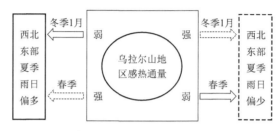

图6.31　北亚洲感热影响中国西北地区东部雨日的预测模型

春季乌拉尔山感热加热异常强,夏季大气温度升高,在Ⅰ区形成高压脊,在Ⅱ区形成低压槽。Ⅱ区蒙古气旋增强,导致来自西北方向的冷平流增强。北方冷空气系统是中国西北东部降水(主要是小雨)日数多寡的必要条件,南方暖湿气流是否能深入中国西北地区是中雨和大雨、暴雨产生的必要条件(图6.32)。

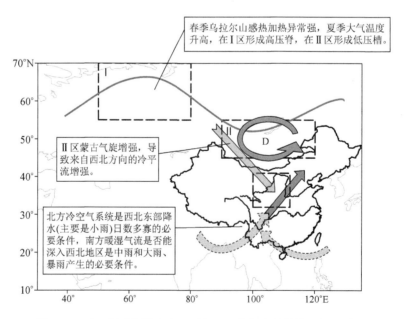

图6.32　北亚洲感热影响中国西北地区东部降水的物理概念模型

6.4.3　中国西北地区地面感热输送对其东部夏季降水的预测指标和概念模型

(1)预测指标

通过以上分析可知,西北地区初春(3－4月)地表感热异常与其东部盛夏(7－8月)降水具有较好的关系,根据西北地区初春感热与其东部盛夏降水 SVD 分析场(图 6.20a),选取载荷量大值区的三个站作为代表站,分别是甘肃的敦煌站和新疆的库米什、且末站。根据三站地面感热通量 3 月和 4 月 的平均距平建立西北干旱区地面加热场强度距平指数作为预测指标。

$$H_月 = A \cdot \frac{P}{Ta} V_{10} Ch(Ts-Ta) \tag{6.1}$$

$$I_{H34} = \frac{1}{3}(H_{库米什站3、4月平均} + H_{且末站3、4月平均} + H_{敦煌站3、4月平均}) - \overline{M} \tag{6.2}$$

方程(6.1)中,A 为系数,取值为 3.5;P 为本站气压(Pa);Ts 为地面 0cm 土壤温度(K);Ta 为气象站百叶箱温度(K);V_{10} 为气象站 10 m 处风速;Ch 为热力拖曳系数,库米什且末站和敦煌站 Ch 取值为 $3.4×10^{-3}$,表 6.8 为 1961－2015 年 I_{H34} 值。$\overline{M}$ 为三站地面感热通量的气候平均值 $25.6\mathrm{W} \cdot \mathrm{m}^{-2}$。

表 6.8　1982－2012 年 I_{H34} 值

年份	I_{H34} 值	年份	I_{H34} 值	年份	I_{H34} 值	年份	I_{H34} 值	年份	I_{H34} 值
1961	－3.6	1972	－0.2	1983	2.1	1994	－3.3	2005	6.2
1962	－3.4	1973	－3.8	1984	2.5	1995	－2.0	2006	6.0
1963	－3.8	1974	－2.8	1985	2.7	1996	－2.3	2007	6.1
1964	－3.1	1975	2.1	1986	2.3	1997	－5.3	2008	4.3
1965	－4.2	1976	－0.6	1987	2.4	1998	－3.0	2009	4.1
1966	－0.1	1977	－0.2	1988	3.8	1999	－5.9	2010	10.8
1967	－6.4	1978	－4.7	1989	－1.5	2000	－4.7	2011	3.3
1968	－5.0	1979	0.4	1990	3.4	2001	－2.3	2012	1.1
1969	－1.8	1980	6.9	1991	－2.9	2002	－0.4	2013	－2.7
1970	3.9	1981	7.5	1992	－7.0	2003	－0.7	2014	2.0
1971	－1.2	1982	4.7	1993	－3.6	2004	0.1	2015	4.1

(2)概念模型

中国西北干旱区地面热力输送异常与其东部夏季降水具有较好的相关关系,且这种关系的持续性较好。前期冬季(12－2月)西北干旱区地面热力输送偏强(弱)时,对应西北东部地区夏季降水偏少(多)。前期春季(3－4月)西北干旱区地面热力输送偏强(弱)时,对应陕西南部降水异常偏多(少),而甘肃中部、宁夏和陕西北部大部地区降水异常偏少(多)(图 6.33)。

图 6.33　中国西北区地面加热场强度影响西北地区东部降水的概念模型

6.5　本章小结

（1）中国西北地区东部绝大部分区域盛夏 7—8 月降水量均呈现显著减少趋势。小雨和中雨日数占西北东部夏季雨日的 90% 以上，降水量占夏季雨量的 70% 左右。甘肃西南部和青海东部是雨日和雨量大值中心所在。近 32 年夏季小雨和中雨的日数和降水量大体上呈减少的趋势，21 世纪初的减少速率慢于 20 世纪 80—90 年代。小雨主要受北方冷气团控制，冷、暖气团的交绥界线位置偏南，水汽输送较常年略有增多但仍很微弱；中雨、大雨和暴雨主要受到副高西伸和南方暖湿空气的影响，冷、暖气团的交绥界线位置偏北，水汽沿西太副高的西侧北上影响西北东部，南边界的水汽通量越大，水汽辐合和上升运动越强，降水强度越大。乌拉尔山感热春季偏强时，5 月其西部大气温度开始升高，6—7 月气温继续升高、位势高度增大，随着西风带的推移，下游蒙古地区气温下降、位势高度减小，夏季蒙古气旋增强、低层冷空气增强影响西北东部，有利于小雨日数增多，若同时南部暖空气增强，则有利于发生局地强降水。

（2）冬季欧亚大陆中高纬地表感热通量为负值，其与中国西北东部夏季降水存在显著负相关，即当冬季欧亚大陆中高纬大气向地表感热输送偏大（小）时，后期尤其盛夏中国西北东部降水偏多（少）。且两者的相关在 20 世纪 90 年代初到 21 世纪 00 年代后期最为显著。冬季欧亚大陆中高纬大气向地表输送感热值偏大，引起了春、夏季地表向大气输送感热值偏大，使得夏季 500 hPa 乌拉尔山阻塞高压加强，蒙古低压加深，西北太平洋副热带高压强度偏强，位置偏西，西北东部位于副高外围和蒙古低压底部；西风急流位置偏北，南压高压呈东部型；对流层中低层表现为异常上升气流，同时有水汽辐合，导致中国西北地区东部夏季降水偏多。当欧亚大陆中高纬冬季大气向地表感热输送偏小时，春、夏季地表向大气感热输送偏小，引起的夏季大气环流异常大致相反，使得中国西北地区东部夏季降水偏少。

（3）中国西北地区地面感热输送异常与西北地区东部夏季降水具有较好的相关关系，且这种相关性的持续性较好。当中国西北地区西部前期春季（3—4 月）地面感热输送偏强（弱）时，后期盛夏（7—8 月）甘肃中、北部和宁夏等地区降水异常偏少（多），陕西南部等地区降水异常偏多（少）。前期中国西北地区地面感热输送偏强时，贝加尔湖以南、中国北方地区上空高度场异常偏高，西太平洋副热带高压强度偏强，南方的水汽难以到达西北地区的偏北区域，在陕西南部和长江上游地区受西南风控制有来自东南沿海和孟加拉湾的暖湿气流，使得西北地区东部降水出现南多北少。西北地区初春地表感热通量异常偏弱年情况大致相反。巴尔喀什湖西南部与朝鲜半岛上空高度场异常偏高，副热带高压偏西偏北，宁夏平原等地区受贝加尔湖东南部的反气旋环流异常影响，有来自黄海和东海海面的水汽输送，有利于降水的产生，而陕西南部等地区没有充足的水汽输送，不利于降水的产生。

第7章　青藏高原热状况与中国西北地区东部汛期降水周期耦合关系

　　青藏高原作为世界上海拔最高的高原,它以感热、潜热和辐射加热的形式成为一个高耸进入对流层中上部大气的热源(吴国雄等,1997)。其巨大的动力和热力作用,不仅在高原上形成了相对独立的气候,还对东亚乃至全球的大气环流和气候产生重要的影响(王同美等,2008;李栋梁等,2003;李栋梁等,2007)。高原热力强迫包括高原积雪、大气热源、地表感热和高原季风等,它们之间相互联系,共同调制着亚洲夏季风活动和中国区域的降水分布。受地形、下垫面气候特征的影响,高原积雪空间分布极不均匀,积雪分布的3个中心分别位于喜马拉雅山脉北麓、唐古拉山和念青唐古拉山东段山区、阿尼玛卿山和巴颜喀拉山地区(韦志刚等,2002)。高原四周积雪深度大于腹地,高原东部是积雪年际变化最显著区域且存在3年左右的准周期(柯长青和李培基,1998;覃郑婕等,2017)。对高原积雪的很多研究均证实,高原冬春积雪正(负)异常使得春、夏高原的地面热源偏弱(强),造成春夏高原上升运动偏弱(强),我国东部地区气温偏低(高)、陆海温差偏低(高),在一定程度上减弱(增强)了东亚夏季风的强度,因而西太平洋副高偏南(北),造成夏季中国长江流域降水偏多(少),华南、华北降水偏少(多)(陈烈庭,1998;韦志刚,1998;吴统文和钱正安,2000;陈乾金等,2000;张顺利和陶诗言,2000;高荣等,2011)。同时由于融雪增湿效应,高原春、夏潜热明显增强(减弱)。李栋梁等(2008)也认为高原东部凝结潜热具有一定持续影响力,当其潜热增强时,可引起北半球同纬度带的位势高度场偏低,特别是西太平洋副热带高压偏弱,位置偏南,进而使我国长江流域汛期降水偏多,中国西北地区东部、华北、东北区南部及华南降水偏少。

　　Duan等(2008,2011,2012a,2012b)研究表明,近30多年来春季青藏高原地表感热持续减弱,导致夏季青藏高原上空大气热源的减弱,使得亚洲夏季风系统减弱,对中国的降水有重要影响。多人的研究也证实了高原春季热源异常加强会导致长江中下游和西南地区东部夏季降水异常偏多,华南地区降水异常偏少(Zhao和Chen,2001;柏晶瑜等,2003;周秀骥等,2009;王跃男等,2009;李永华等,2011;戴逸飞等,2016;张长灿等,2017)。李栋梁和章基嘉(1997)发现当初夏6月青藏高原下垫面感热异常偏强时,有利于同期中国西北地区大部地区降水偏多,而使7—8月中国西北地区西部、北部降水偏少;东部、南部降水偏多。赵庆云等(2006)的研究表明,冬季高原感热与中国西北地区东部春季降水基本呈正相关,而与夏季降水基本呈反相关,冬季高原感热与滞后一个季度的夏季降水的相关较春季的相关更好。赵勇等(2013)指出,5月青藏高原主体及其东、西部地表感热与北疆夏季降水关系有所不同,以东部最优。

　　在年际变化方面,李栋梁和章基嘉(1997)、李栋梁等(2003)的研究表明,夏季高原主体及东部平均地面感热通量表现出明显的准3年周期变化。对于中国西北地区降水量的研究,徐国昌和董安祥(1982)最早指出,中国西北地区地区(100°E以西)70个站降水量表现出显著的准 3 年周期振荡,特别在春季和夏季,在 20 世纪 30—70 年代准 3 年周期比较稳定。李栋梁等(2000)利用甘肃中东部长序列观测资料分析指出,其准 3 年周期主要反映在 20 世纪 50—70 年代,80 年代初开始其 3 年周期不再显著了;王澄海和崔洋(2006)利用 1951—1999 年降水资料也发现中国西北地区降水普遍存在准 3 年左右的周期,但在 20 世纪 70—80 年代显著性有所下降。既然青藏高原积雪和地面感热均对中国西北地区东部汛期降水有显著的影响,且均存在一致的准 3 年周期,那么它们在准 3 年周期上是否存在一定联系?与之配合的大气环流背景如何?本章旨在研究青藏高原冬季积雪以及春季地面感热通量与中国西北地区东部汛期降水在准 3 年周期循环的联系,并通过分析大气环流背景场,初步探讨其影响的物理机制。

7.1 青藏高原冬季积雪的时空异常特征

7.1.1 青藏高原积雪气候态特征

冰冻圈是气候系统五大圈层之一,在天气气候的研究中具有重要地位。冰雪覆盖大大减少了下垫面接受的太阳短波辐射,同时阻碍了下垫面与大气之间的热量交换,并且冰雪融水引起的水文效应也会改变下垫面的状况。冰雪的这些作用会引起气温下降,冰雪多时气候偏冷;冰雪少时气候偏暖。由于青藏高原平均海拔在 4000 m 左右,常年气温比同纬度低,导致积雪的消融期较晚,因此青藏高原积雪对气候的影响不同于其他地区。大气环流模式的数值模拟研究指出,与欧亚中、高纬度地区的积雪相比,青藏高原积雪异常对北半球大气环流和东亚季风有更大影响。

青藏高原积雪季节变化有两大特点,一是积雪季节长,最大值出现得早,结束却迟 2~3 个月;二是积雪建立迅速,消退缓慢。柯长青和李培基(1998)认为高原东部是高原积雪年际变化最显著的地区,它主导了整个高原积雪的年际变化,并且与西部多雪区年际波动呈反位相关系。王叶堂等(2007)的研究也得到了相似的结论:青藏高原四周山区多雪,腹地少雪;高原积雪期主要集中在 10 月到翌年 5 月,冬季高原积雪日数较春秋季明显偏多。高原积雪日数较多的主要有两个区域(图 7.1a),分别位于巴颜喀拉山、唐古拉山与念青唐古拉山地区,表明这两个地区是积雪日数(积雪)的集中区。1971—2016 年高原平均最大积雪日数出现在青海省清水河站,达 146 d/a,周边的石渠、达日、玛多等站点的平均积雪日数 >100 d/a;在西藏中部的嘉黎站是另一个大值区的中心,最大积雪日数达到 118 d/a,附近区域的索县、那曲、丁青等站点的平均积雪日数 >50 d/a。高原积雪日数大值区的分布,呈现西南—东北走向,这与西南水汽输送通道、中国西北地区寒潮入侵方向及高原山脉的走向一致。这些分布特征与李培基(1993)、韦志刚(2002)等学者的研究结论一致。年平均积雪日数最少的是四川的巴塘站,年平均积雪日数只有 0.2d,年内基本没有积雪;其次是西藏的日喀则站和青海的循化站,年平均积雪日数分别为 2 d 和 3 d。年平均积雪日数低于 60 d、40 d、30 d、20 d、10 d 的分别有 64、47、35、27、16 个站,分别占研究台站总数的 79%、58%、43.2%、33.3%、19.8%。从积雪日数的标准差(图 7.1b)来看,高原积雪日数的年际变率最大的区域与积雪日数的气候大值区分布一致,高原东南部、中国西北地区的积雪日数年际变率则相对较小。

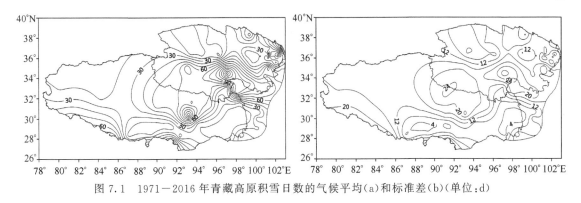

图 7.1　1971—2016 年青藏高原积雪日数的气候平均(a)和标准差(b)(单位:d)

7.1.2　青藏高原积雪的时空异常特征

李培基(1993)指出,青藏高原积雪集中在高山地区,盆地谷地积雪极为贫乏,具有外围多雪、腹地少雪的分布特征。柯长青等(1998)认为青藏高原东西两侧多雪与腹地少雪形成鲜明对比,高原东部是高原积雪年际变化最显著的地区,它主导了整个高原积雪的年际变化。从图7.2 中可以看出,1971—2016 年青藏高原积雪日数 EOF 分析第一模态(方差贡献 33.2%)表现为全区一致的变化特征。

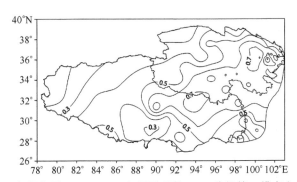

图 7.2　青藏高原 1971—2016 年积雪日数 EOF 分析第一模态空间分布

从图7.3 中可以看出,青藏高原冬季积雪日数 REOF 分析第一模态方差贡献率12.6%,第二模态方差贡献率11%。高原冬季积雪变化有两个敏感区,一个是巴颜喀拉山、阿尼玛卿山地区,另一个是唐古拉山地区。后面的研究也体现了这两个地区确实是高原积雪变化的大值区,两区之间的变化也存在差异。

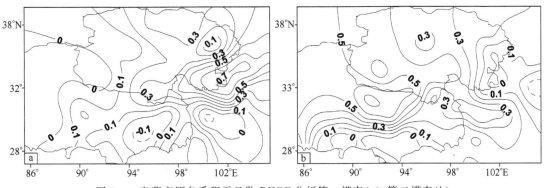

图 7.3　青藏高原冬季积雪日数 REOF 分析第一模态(a)、第二模态(b)

7.1.3　青藏高原冬季积雪的趋势变化

随着全球变暖,南北半球的积雪平均面积已呈现退缩趋势,李培基(1996)的研究表明1957—1992 年高原积雪变化呈普遍增加趋势,并且与北半球冬季气温呈正相关。高原积雪的增加与北半球温带低地春季积雪面积自 20 世纪 80 年代后期的减少形成了鲜明的对比。可以看出青藏高原积雪有明显的年际和年代际变化特征,从 20 世纪 70—90 年代中期高原积雪有增加的趋势,20 世纪 90 年代中期后积雪日数有逐年减少的趋势(图 7.4)。

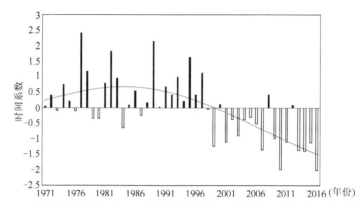

图 7.4　青藏高原 1971—2016 年积雪日数 EOF 分析第一模态对应的时间系数

除多等(2015)的研究也表明,1981—2010 年高原冬季积雪日数呈现为显著减少趋势,通过了 $P<0.05$ 的显著性检验,幅度为 2.4 d·$(10a)^{-1}$。变化特点主要体现在,20 世纪 80 年代初积雪日数较多,中期积雪日数少,1987—1997 年是高原冬季积雪较多的时期,绝大多数年份出现了正距平,其中 1992 年、1994 年积雪日数最多,均为 24 d,其次是 1997 年,为 23 d。1997 年之后高原冬季积雪日数出现了显著减少,至 2010 年除了 2007 年略高于 30 年平均值之外,基本上都为负距平,且最少值出现在 2005 年,为 8 d,其次是 2009 年、2008 年和 2010 年,均为 10 d。这些较多或较少的年份都未达到积雪异常的水平,属于相对正常的年际波动,然而积雪日数较少的年份多数出现在最近的 10 年内,滑动 t 检验分析表明,高原冬季积雪日数由多到少的突变发生在 1995 年和 1997 年,其中 1997 年突变尤为明显。由此得出,30 年间,高原冬季积雪日数呈显著减少趋势,减少幅度达到 2.4 d·$(10a)^{-1}$,其中 1997 年发生了积雪日数由多到少的明显突变(图 7.5)。

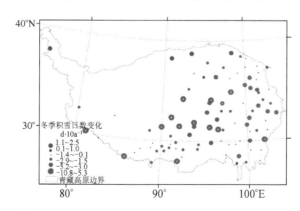

图 7.5　1981—2010 年青藏高原冬季积雪日数变化趋势(除多等,2015)(附彩图)

7.1.4　青藏高原冬季积雪的周期特征

使用 MTM-SVD 方法,对青藏高原冬季积雪日数资料空间场进行周期分析,由图 7.6 可以看到,高原积雪日数年际变化存在两个主要周期带,其中 2.5～2.7 年达到了 95% 的置信度,2.9～3.1 年达到了 90% 的置信度。这与柯长青和李培基(1998)、马丽娟(2008)等的研究基本一致。

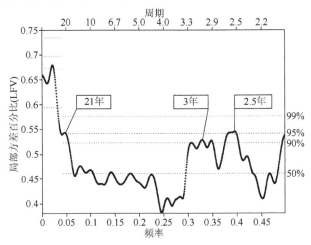

图 7.6　高原 1959－2008 年冬季积雪日数 LFV 谱分析

粗点线:LFV 谱值;虚线:蒙特卡洛置信度(99%、95%、90%、50%)

青藏高原冬季积雪日数准 3 年周期循环的典型演变过程。距平值是相对于 1959－2008 年的平均值而言。在 0°位相(第 1 年)时(图 7.7a),冬季积雪在藏北高原,唐古拉山及其以南地区有一正异常大值中心,即高原西南积雪偏多型;120°位相(第 2 年)时(图 7.7b),高原积雪在巴颜喀拉山地区有一正异常大值中心,即高原中东部积雪偏多型;240°位相(第 3 年)时(图 7.7c),高原积雪在巴颜喀拉山和唐古拉山地区都是负异常,即高原整体积雪偏少型时;360°与 0°位相完全相同。这三类积雪异常型与 Wu and Qian(2003)对高原冬季积雪深度异常类型的研究较为一致。

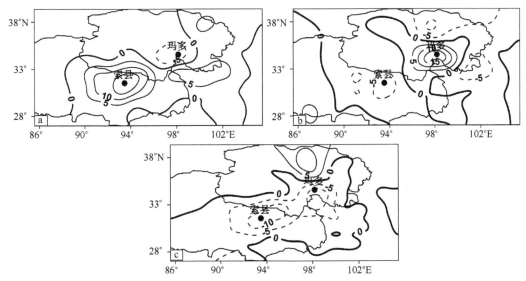

图 7.7　高原冬季积雪日数距平在准 3 年周期的典型循环重建

(a) 0°位相(第 1 年);(b) 120°位相(第 2 年);(c) 240°位相(第 3 年)

选取图 7.7 中大值中心的 2 个站点(3 年周期更明显、具有代表性)进行 3 年周期的时间重建(图 7.8),分析近 50 年来高原冬季积雪日数准 3 年周期在不同时期的特征。从图中可以看到,无论是索县站还是玛多站,高原冬季积雪日数在 1959－1983 年都表现出明显的准 3 年周期,在 1983－1993 年呈现一个调整状态,之后准 3 年周期又开始显著,但是振幅相对 1983 年以前明显变小。

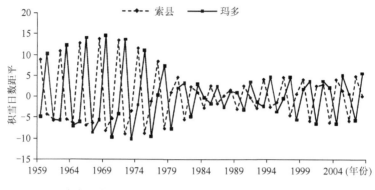

图 7.8 代表站高原冬季积雪日数距平在准 3 年周期上的时间重建

7.2 青藏高原春季地面感热的时空异常特征

7.2.1 高原春季地面感热气候态特征

由青藏高原 3 月、4 月、5 月和春季的地面感热空间分布(图 7.9)可得,高原感热 3 月、4 月、5 月和春季均表现为"西强东弱"的分布型,从感热数值上看,都为正值,说明地面通过湍流热交换向大气输送热量,3－5 月感热数值逐渐递增。3 月的感热最弱,感热数值最小的区域位于念青唐古拉山东侧,数值大约为 15 W·m^{-2},5 月感热最强,大值区位于柴达木盆地西部,数值大约为 90 W·m^{-2}。春季感热整体分布与 4 月最接近,低值区位于高原东南部,数值约为 20 W·m^{-2},最大值约为 50 W·m^{-2},分别位于柴达木盆地和日喀则地区。

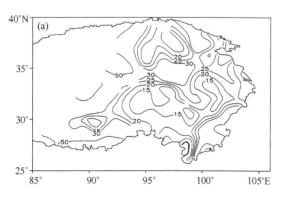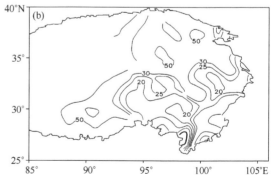

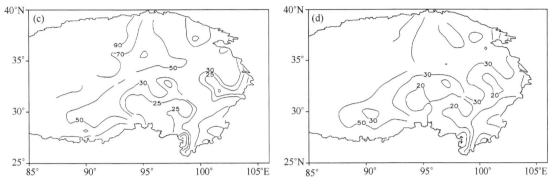

图 7.9　青藏高原 3 月(a)、4 月(b)、5 月(c)和春季(d)的地面感热空间分布(单位:W·m^{-2})

7.2.2　青藏高原春季地面感热的时空异常特征

对 1982—2012 年青藏高原 70 站春季感热标准化后进行经验正交函数(EOF)分解,其载荷向量(LV)场能较好地反映春季地表感热的空间分布特征。根据前 10 个载荷向量场的方差贡献可以发现(表略),感热强度的收敛速度不是很快,也仅有前 2 个模态通过 North 检验,累计方差贡献为 36.5%,这是由于感热计算涉及地气温差,地表风速和 CH 指数等要素,每个要素的变化都会对其造成影响,所以收敛较慢。下面讨论前 2 个模态空间分布和时间演变的异常特征。

图 7.10 分别给出了高原春季标准化感热的 EOF 第一、第二模态载荷向量场(LV1 和 LV2)及时间系数(PC1 和 PC2)。第一模态空间场 LV1 的方差贡献为 20.12%,除青海北部的柴达木盆地和海东河谷地带外,大部为一致的正值区(图 7.10a)。正值显著区为柴达木盆地南部,其最大值中心在格尔木(94.9°E,36.42°N),川西高原,其最大值中心位于四川石渠(98.1°E,32.98°N)及藏南的大部分地区。从时间系数上看(图 7.10b),1992 年之前,时间系数正值,反映出高原平均感热处于偏强年,1992 年之后处于负值,则表明高原感热在这一时期偏弱。感热在 1982—2002 年处于下降期,2003 之后处于上升期。从 EOF 第二模态空间场可得,载荷向量为东西反向型(图 7.10c)。三个显著正值区代表站分别为青海诺木洪(94.9°E,36.43°N)、西藏安多(91.1°E,32.35°N)和西藏隆子(92.47°E,28.42°N),高原中东部的大部分地区都为显著负值区,负值最小的站为甘肃玛曲(102.9°E,34°N)和甘肃合作(102.9°E,35°N)。从时间系数可得(图 7.10d),2003 年之前高原感热距平呈现"西正东负"特征,2003 年之后发生反转,呈现"东正西负"的特征。这与李栋梁等研究结果:高原地区地表感热通量年际异常的主要空间型,第一是南北差异,第二为东西差异一致。

由以上分析可知,春季高原地区标准化地面感热的 LV1 为南北反向型,LV2 为东西反向型,东、西部存在显著差异。

7.2.3　青藏高原春季地面感热的趋势变化

青藏高原感热在近 10 年存在新的变化特征。图 7.11a 为高原 3 月、4 月、5 月和春季地表感热的年际变化。由图可见,高原 3 月感热最小,大致为 30 W·m^{-2},4 月次之,5 月最大,数值约为 45~50 W·m^{-2},春季整体感热和 4 月数值相当。从感热年际变化看,3 月、4 月年际

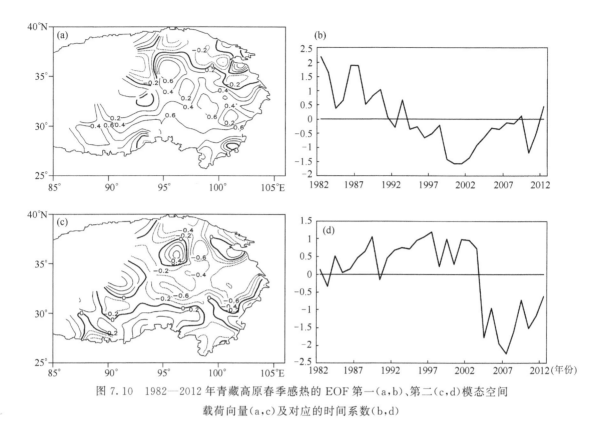

图 7.10　1982—2012 年青藏高原春季感热的 EOF 第一(a,b)、第二(c,d)模态空间
载荷向量(a,c)及对应的时间系数(b,d)

变化比较小,5 月年际变化最大。高原春季感热在 2003 年之前处于下降趋势,2003 年之后处于上升趋势。王美蓉等(2012)的分析表明,高原春季感热呈下降趋势,但是近 5 年来(2003—2008 年)存在上升趋势,这一结论与本节的结论吻合。图 7.11b 为高原春季感热的标准化距平年变化和 M-K 检验,从图中可得,UF 和 UB 线第三个交点在 1988 年,代表高原感热从 1988 年开始突变。UF 先从 1988 年之后基本都为负值,表明高原感热从 1988 年之后呈减弱趋势,1997 年之后减弱趋势显著,2003 年之后 UB 线围绕着"0"线振动,表明感热的减弱趋势不明显,有上升趋势。

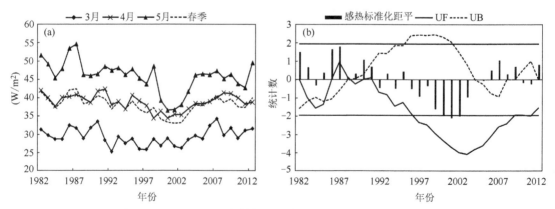

图 7.11　1982—2012 青藏高原春季及各月平均的感热时间序列
(a)(单位:W·m⁻²)及春季感热的标准化距平和 M-K 统计曲线(b)
((b)中直方图为春季感热标准化距平,两条水平直线为 0.05 信度检验临界值)

7.2.4　青藏高原春季地面感热的周期特征

利用空气动力学公式计算青藏高原 70 站平均的春季地表感热通量,对其进行小波分析(图 7.12)可见,20 世纪 80 年代呈现显著的 5 年周期,90 年代转变为 2~3 年的短周期变化。1995 年后无显著的周期变化。这可能与 2003 年前后高原感热年代际变化趋势转变有关,感热变化情况更加复杂,不稳定。

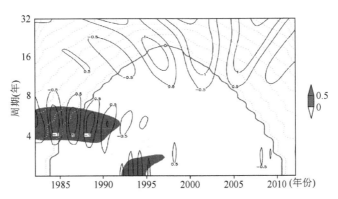

图 7.12　1982—2012 年青藏高原春季感热的小波分析(阴影通过 95% 显著性水平)(附彩图)

采用 NCEP/NCAR 月平均地表感热通量再分析资料,对 1960—2010 年青藏高原东部春季感热进行 LFV 谱分析(图 7.13)。可以看出,在年际尺度上,高原东部春季感热存在两个主要的频率带,0.323~0.329 及 0.403~0.443 均通过了 99% 的蒙特卡洛置信度,即高原东部春季感热存在明显的准 3 年周期;在年代际尺度上,0.039~0.046 的频率带也通过了 99% 的置信度,即高原东部春季感热存在 21.7~25.6 年的年代际周期。

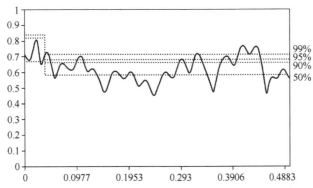

图 7.13　1960—2010 年青藏高原东部春季感热的 LFV 谱分析
(虚线:蒙特卡洛置信度;横坐标为频率;纵坐标为振幅,标准化无量纲量)

图 7.14 为青藏高原东部春季感热距平在准 3 年周期的典型循环重建,分别表示 0°位相、120°位相、240°位相上的演变过程,360°位相的空间分布型与初始模态的 0°位相相同,各位相的时间间隔为 1 年。可以看出,在 0°位相时(图 7.14a),高原东部春季感热距平在高原主体上为正异常分布,其中正值中心位于青海、四川、西藏的交界处(图 7.14a 中 A 点,97.5°E,32.5°N)。在 120°位相时(图 7.14b),高原东部春季感热距平在高原主体上为负异常。在 240°位相时(图 7.14c),高原主体上感热表现为正常偏弱。360°位相与 0°位相相

同,构成一个循环周期。

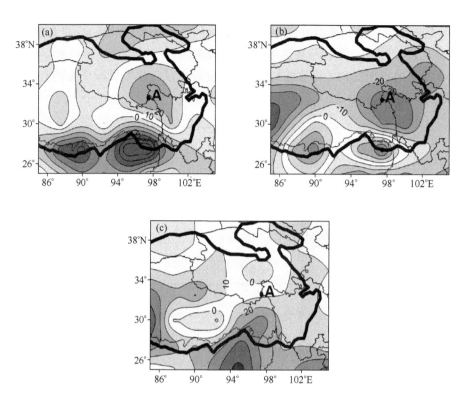

图 7.14　青藏高原东部春季感热距平(单位:W·m^{-2})在准 3 年周期的典型循环重建
(a)0°位相(第 1 年);(b)120°位相(第 2 年);(c)240°位相(第 3 年)
(实心圆为选取的时间重建站点)(附彩图)

　　将图 7.14 中的大值中心区 A 区进行 3 年周期的时间重建。图 7.15 为 1960—2010 年感热代表区在 3 年周期上的时间重建,可以看出高原东部春季感热在 20 世纪 60—80 年代初 3 年周期振幅较大,80—90 年代初为调整阶段,90 年代之后 3 年周期振幅又逐渐明显,但仍小于 80 年代初之前。

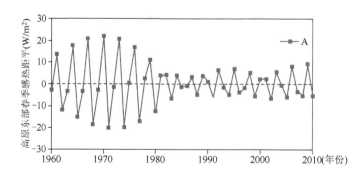

图 7.15　1960—2010 年感热代表区在 3 年周期上的时间重建

7.3　青藏高原积雪与中国西北地区东部降水的周期耦合及循环机理

7.3.1　青藏高原冬季积雪日数与中国西北地区东部汛期降水在准 3 年周期上的对应关系

由图 7.16 可以看到,青藏高原冬季积雪日数年际变化存在两个主要周期带,其中 2.5～2.7 年达到了 95％的置信度,2.9～3.1 年达到了 90％的置信度。这与柯长青和李培基(1998)、马丽娟(2008)等的研究基本一致。

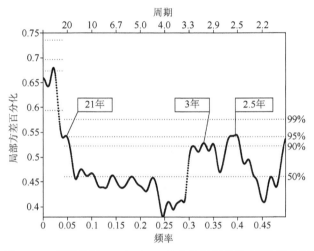

图 7.16　青藏高原 1959－2008 年冬季积雪日数 LFV 谱分析
粗点线:LFV 谱值;虚线:蒙特卡洛置信度(99％、95％、90％、50％)

图 7.17 给出了中国西北地区东部夏季降水的 LFV 谱分析,可以看出中国西北地区东部夏季降水的最主要的周期是准 3 年周期,通过 99％的置信度;另外准 2 年周期也通过了 95％的置信度;其他年代际周期没有通过较高的置信度。

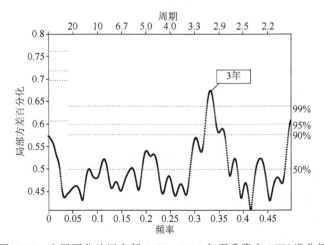

图 7.17　中国西北地区东部 1959－2008 年夏季降水 LFV 谱分析
粗点线:LFV 谱值;虚线:蒙特卡洛置信度(99％、95％、90％、50％)

　　既然中国西北地区东部夏季降水和高原冬季积雪日数都存在准 3 年周期,那么两者的协同变化是怎样的呢? 从中国西北地区东部夏季降水与前冬高原积雪日数的耦合场 LFV 谱分析(图 7.18)可知,3.3 年的周期达到了 95％的置信度,3 年周期也达到了 90％的置信度。说明二者在准 3 年周期上的协同变化是明显的。使用 MTM-SVD 方法对中国西北地区东部夏季降水和前冬高原积雪日数耦合场进行空间和时间重建。这里选择 3 年周期在 0°、120°和 240°(间隔大约 1 年)3 个位相进行重建(360°位相与 0°相同)。研究在准 3 年周期循环上,中国西北地区东部夏季降水和前冬高原积雪日数的空间、时间演变过程。

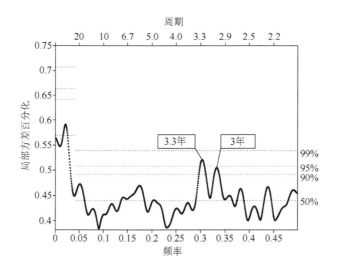

图 7.18　青藏高原积雪日数和中国西北地区东部夏季降水耦合场(1959—2008)LFV 谱分析
(粗点线:LFV 谱值;虚线:蒙特卡洛置信度(99％、95％、90％、50％))

　　图 7.19 给出青藏高原冬季积雪日数与中国西北地区东部夏季降水在准 3 年周期循环的典型演变过程。距平值是相对于 1959—2008 年的平均值而言。在 0°位相(第 1 年)时(图 7.19 a1,b1),冬季积雪日数在藏北高原、唐古拉山及其以南地区有一正异常大值中心,即高原西南积雪偏多型,对应中国西北地区东部夏季降水在鄂尔多斯高原东部、陕北高原和黄河源区出现大的负异常,降水偏少 4～6 成,只有在渭河平原及其以东的黄河下游部分地区出现弱的正异常。120°位相(第二年)时(图 7.19 a2,b2),高原积雪在巴颜喀拉山地区有一正异常大值中心,即高原中东部积雪偏多型,对应除黄河源区正异常外,几乎整个中国西北地区东部夏季降水都表现为负异常,甘肃中部、陕西渭河平原、宁夏偏少 4～6 成以上;240°位相(第三年)时(图 7.19 a3,b3),高原积雪在巴颜喀拉山和唐古拉山地区都是负异常,即高原整体积雪偏少型时,中国西北地区东部夏季降水表现出全流域的正异常,多雨中心出现在鄂尔多斯高原和陇中高原,偏多 6 成以上;360°与 0°位相完全相同。这三类积雪异常型与 Wu 和 Qian(2003)对高原冬季积雪深度异常类型的研究较为一致。

　　本节选取图 7.19 中大值中心的 5 个站点(3 年周期更明显、具有代表性)进行 3 年周期的时间重建(图 7.20),分析近 50 年来,高原冬季积雪日数与中国西北地区东部夏季降水的这种协同演变规律在不同时期的特征。

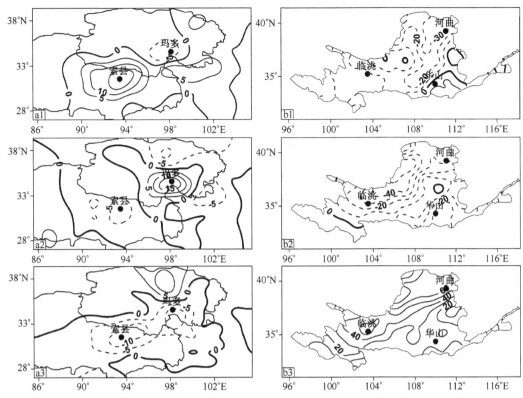

图 7.19　青藏高原冬季积雪日数距平(左)与中国西北地区东部夏季降水距平百分率
(右)在准 3 年周期的典型循环重建(分别重建 0°、120°和 240°位相,
360°与 0°相同,实心黑点为选取的 5 个时间重建站点)

从图 7.20 中,可以看到无论是高原冬季积雪日数还是中国西北地区东部夏季降水,在
1959—1983 年都表现出明显的准 3 年周期,在 1983—1993 年呈现一个调整状态,之后准 3 年
周期又开始显著,但是振幅相对 1983 年以前明显变小。对比分析表明:1983 年之前,当索县
站和玛多站积雪日数同时异常偏少时,临洮、河曲和华山站夏季降水都异常偏多(240°位相),
当两地区异常一正一负时,通常是正异常振幅更大,对应中国西北地区东部夏季降水偏少;在
1993 年之后,则是当索县和玛多积雪日数异常偏多时,中国西北地区东部夏季降水异常偏少
型更为明显,但是这个类型并没有在之前的典型循环过程中体现出来,这可能是由于这个类型
的变化振幅相对 1983 年之前的振幅较小的原因。

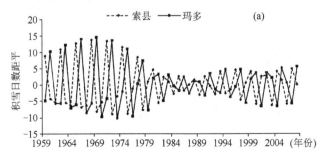

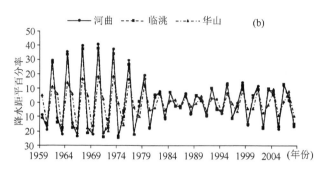

图 7.20 青藏高原代表站与中国西北地区东部代表站在准 3 年周期上的时间重建
(a)高原积雪日数距平(d),(b)中国西北地区东部夏季降水距平百分率(%)

7.3.2 高原冬季积雪日数异常对大气环流的影响

　　大气环流的变化是联系高原积雪与中国西北地区东部降水的唯一途径,所以对其大气环流背景的分析是十分必要的。本节首先探讨影响高原冬季积雪准 3 年周期的大气环流特点。图 7.21 给出了高原冬季积雪准 3 年循环对应的背景环流场,与图 7.19(左)对应。第一年,当高原冬季积雪表现为唐古拉山地区以及高原东侧偏多,昆仑山阿尼玛卿山及其以北地区偏少时,600 hPa 高度场上乌拉尔山以东的西伯利亚地区正异常,地中海地区也为正异常,鄂霍次克海以东负异常,我国在 20°～40°N 之间为弱的负异常。第二年,当高原冬季积雪表现为巴颜喀拉山地区偏多为主,四周弱的偏少时,600 hPa 高度场上从地中海地区到欧洲东部、西伯利亚、鄂霍次克海及其以东地区表现出负－正－负－正的分布状况,南欧的正异常区往东南经过西亚向青藏高原地区伸出一正距平舌区。第三年,当青藏高原唐古拉山和巴颜喀拉山地区同时负异常时,600 hPa 高度场上从欧洲东部到西伯利亚、鄂霍次克海及其以东地区都表现为负异常,日本东部地区为弱的正异常。

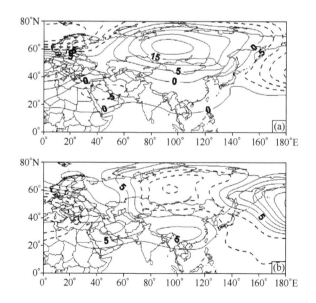

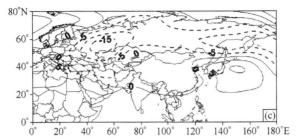

图 7.21　高原冬季积雪日数与冬季 600 hPa 高度场联合重建
(a)第一年；(b)第二年；(c)第三年

从图 7.22 中可以看出,第一年时,从我国东部到青藏高原东南、孟加拉湾地区有一经向风负异常带,异常强的西伯利亚高压导致高原积雪偏多。第二年时,孟加拉湾地区有一经向风正异常中心,将南方的暖湿气流带到高原,来自南方的暖湿气流遇到高原山脉的阻挡有利于降雪,导致高原东部积雪偏多。第三年时,贝加尔湖地区、西亚新疆和青藏高原东部出现经向风负异常,我国东部沿海经向风正异常,东亚冬季风偏弱,冷空气从高原西北绕过,高原东部积雪偏少。

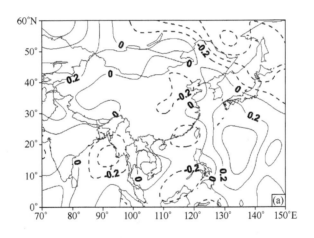

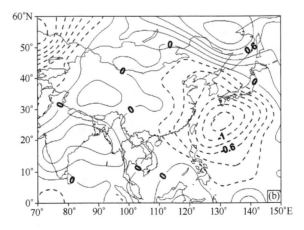

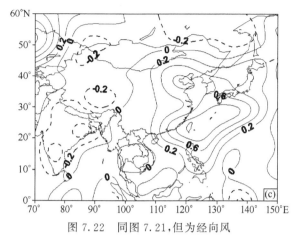

图 7.22　同图 7.21,但为经向风

中国西北地区东部夏季降水的准 3 年周期大尺度背景分析(图 7.23、图 7.24)表明,第一年,中国西北地区东部夏季降水偏少时,600 hPa 高度场上贝加尔湖及其东部地区正异常,中国南海附近正异常,黄河下游日本岛一线为负异常。中国西北地区东部北风异常,华南沿海地区南风异常,说明副高偏强偏南,我国降水南多北少。第二年,中国西北地区东部夏季降水偏少,600 hPa 高度场上中西伯利亚到巴尔喀什湖一线为负异常,日本及其以东部分正异常,中国南海附近负异常。日本岛至我国东部沿海附近南风异常,东南沿海北风异常,说明副高偏弱偏东。第三年,中国西北地区东部夏季降水偏多,600 hPa 高度场上日本东部弱的负异常,从鄂霍次克海向贝加尔湖东南部以及中国大部分地区正异常。我国中东部都处在南风异常区,副高偏强偏北,我国降水南少北多。

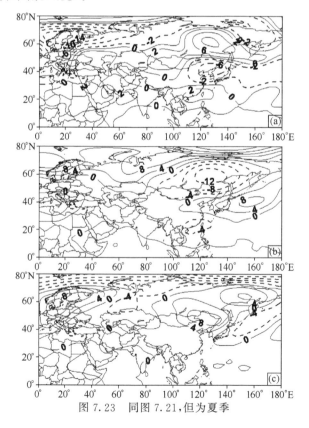

图 7.23　同图 7.21,但为夏季

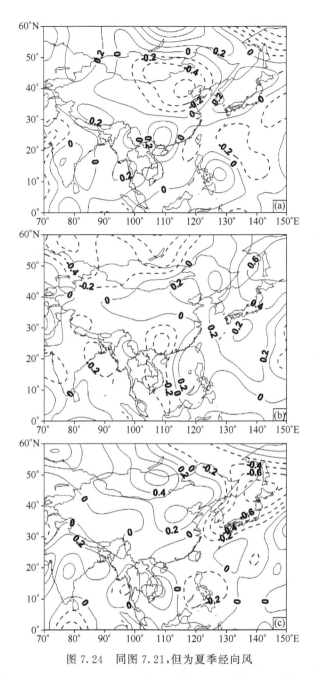

图 7.24　同图 7.21,但为夏季经向风

在准 3 年周期尺度上,中国西北地区东部夏季降水对高原冬季积雪日数有很好的响应。高原积雪的多寡可以通过积雪反照率效应、积雪水文效应等影响到高原加热场,进而影响大气环流。600 hPa 是高原的近地层,也是高原季风最明显的高度,大气可以直接受到下垫面的影响,所以其对高原积雪异常的反映最为敏感。与之前的方法相同,应用 MTM-SVD 方法对高原冬季积雪日数与夏季东亚 600 hPa 高度场,以及 1000～300 hPa 水汽输送通量分别在 3 年周期上进行联合重建,与之对应的高度和水汽输送通量异常如图 7.25 所示 。

图 7.25a 中,在南海北部有反气旋式水汽通量距平矢量分布,在日本中国西北地区有气旋

式水汽通量距平矢量分布;南海上空 600 hPa 高度场有正异常中心。即当青藏高原冬季积雪日数为西南偏多型时,夏季在长江中下游到中国西北地区东部南侧有较强水汽辐合,造成中国西北地区东部南侧降水偏多;而中国西北地区东部弱的水汽辐散则对应降水偏少,这可能与副高偏南偏强有关。

图 7.25b 中,在华南到南海地区有气旋式水汽通量距平矢量分布,600 hPa 高度场负距平中心也出现在这里;在日本东部有反气旋式水汽通量距平矢量分布,600 hPa 高度场正距平中心也在这里。即当青藏高原冬季积雪日数为中东部偏多型时,中国西北地区东部大部分有弱的水汽辐散,降水偏少。这可能与副高的偏弱偏西有关。

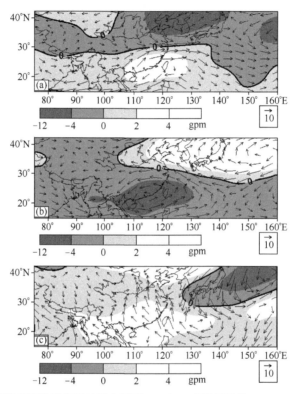

图 7.25　青藏高原冬季积雪日数与夏季 600 hPa 高度场以及 1000~300 hPa 水汽
输送通量联合重建(阴影代表 600 hPa 高度距平场、黑实线代表 0 线(gpm),
矢量代表水汽通量距平矢量场,准 3 年周期典型循环)

图 7.25c 中,在日本西南部有反气旋式水汽通量距平矢量分布,在中国西北地区东部有弱气旋式水汽通量距平矢量分布,西太平洋到东亚 600 hPa 高度场都表现正异常。即当青藏高原冬季积雪日数为整体偏少型时,夏季整个中国西北地区东部都有气旋式水汽辐合,导致降水偏多。

当青藏高原前冬积雪日数偏多时,接下来的夏季高原上升运动弱,副高偏南或偏东,中国西北地区东部水汽输送通量以辐散为主,降水较少;当高原前冬积雪日数偏少时,接下来的夏季高原上升运动强,副高偏强,位置偏西偏北,中国西北地区东部以水汽输送通量辐合为主,降水较多。

7.4　青藏高原感热与中国西北地区东部降水的周期耦合及循环机理

7.4.1　青藏高原东部春季感热与中国西北地区东部汛期降水在准 3 年周期上的对应关系

将中国西北地区东部汛期降水和青藏高原东部春季感热耦合场进行 LFV 谱分析（图 7.26），可以看出耦合场有一个主要的频率带为 0.3～0.36，通过了 99% 的置信度并在 0.33 处达到峰值，即高原东部春季感热与中国西北地区东部汛期降水在准 3 年周期上的协同变化是很明显的。利用 MTM-SVD 方法将高原东部春季感热与中国西北地区东部汛期降水耦合场进行空间与时间的重建，进而研究在准 3 年周期的循环上高原东部春季感热与中国西北地区东部汛期降水的空间与时间演变过程。

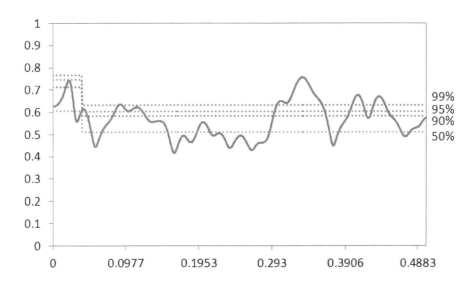

图 7.26　青藏高原东部春季感热与中国西北地区东部汛期降水耦合场（1960—2010 年）
的 LFV 谱分析（横坐标为频率，纵坐标为振幅，标准化无量纲量）

图 7.27 为青藏高原东部春季感热距平和中国西北地区东部汛期降水距平百分率在准 3 年周期的典型循环重建，分别表示 0°位相、120°位相、240°位相上的演变过程，360°位相的空间分布型与初始模态的 0°位相相同，各位相的时间间隔为 1 年。可以看出，在 0°位相时（图 7.27a1、b1），高原东部春季感热距平在高原主体上为正异常分布，其中正值中心位于青海、四川、西藏的交界处（图 7.27a1 中 A 点，97.5°E，32.5°N），对应的中国西北地区东部汛期降水距平百分率为全区一致的正异常，其大值中心位于内蒙古的鄂托克旗（107.59°E，39.06°N），超过 70%，即高原主体春季感热的异常偏强对应中国西北地区东部汛期整体降水的异常偏多。在 120°位相时（图 7.27a2、b2），高原东部春季感热距平在高原主体上为负异常，对应中国西北地区东部汛期降水距平百分率为全区一致的负异常，负值中心位于山西河曲（111.09°E，39.23°N），低于 −60%，即高原春季感热异常偏弱对应中国西北地区东部汛期降水的异常偏少。在 240°位相时（图 7.27a3、b3），高原主体上感热表现为正常偏弱，对应的中国西北地区东

部汛期降水距平百分率值也较小,正、负相间。正值最大中心位于陕西横山(109.1°E,37.55° N),略大于30%,最小负值中心位于宁夏中宁(105.4°E,37.29°N),超过－40%。同时在鄂托克旗附近也存在一个小于－30%的负值中心,总体而言,感热正常偏弱对应降水的正常偏少。360°位相与0°位相相同,构成一个循环周期。

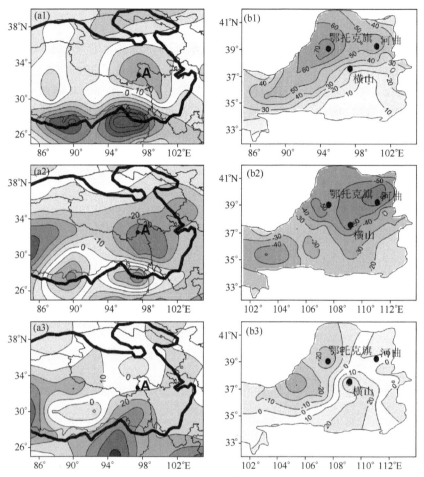

图7.27　青藏高原东部春季感热距平(a)(单位:W/m²)和中国西北地区东部汛期降水距平百分率
(b)在准3年周期的典型循环重建:(a1、b1)0°位相(第1年);(a2、b2)120°位相(第2年);
(a3、b3)240°位相(第3年);实心圆为选取的时间重建站点

为了分析青藏高原东部春季感热和中国西北地区东部汛期降水耦合场准3年周期协同变化随时间的演变特征,将图7.27中的大值中心区进行3年周期的时间重建。其中,高原东部春季感热代表区选取为高原主体上的A区,中国西北地区东部汛期降水代表区选鄂托克旗站、河曲站及横山站。图7.28为1960—2010年感热代表区与降水代表站在3年周期上的时间重建,可以看出高原东部春季感热和中国西北地区东部汛期降水在20世纪60—80年代初3年周期振幅较大,80—90年代初为调整阶段,90年代之后3年周期振幅又逐渐明显,但仍小于80年代初之前,结合李潇等(2015)的分析发现中国西北地区东部汛期降水3年周期显著时段为1960—1982年,而20世纪90年代至今的3年周期谐波振幅未通过0.05显著性检验。结合图7.28可以看出,当A区感热异常偏强,对应3个降水代表站的降水一致偏多;当A区

感热异常偏弱时,对应三个降水代表站的降水一致偏少;当 A 区感热为正常偏弱时,对应横山站降水偏多、鄂托克旗站及河曲站降水偏少,区域总体降水正常偏少。这与图 7.27 的对应情况一致,这种对应关系在 3 年周期显著时期尤为明显。

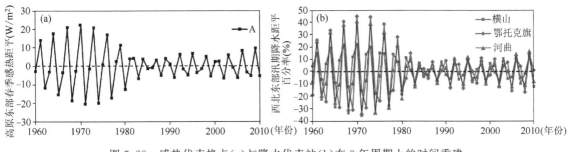

图 7.28 感热代表格点(a)与降水代表站(b)在 3 年周期上的时间重建

7.4.2 青藏高原东部春季感热异常对大气环流的影响

应用 MTM-SVD 方法对青藏高原东部春季感热与汛期 500 hPa 高度场、汛期整层水汽通量(1000～300 hPa)分别在准 3 年周期上进行空间重建。其中高原东部春季感热准 3 年周期循环与图 7.27a 相同,在各位相上对应的汛期 500 hPa 高度及整层水汽通量异常场如图 7.29。

在 0°位相时,对应环流场如图 7.29a,在 500 hPa 高度距平场上表现为高原西部上空的正距平(高原脊偏西),蒙古上空的负距平(蒙古气旋加深),以及我国华北—日本海地区上空的正距平(西太平洋副高偏北偏西),中国西北地区东部位于距平场"两脊"之间的"槽"前,既有利于冷空气向中国西北地区东部的输送,同时副高的偏西偏北有利于西太平洋的水汽输送至中国西北地区东部。整层水汽通量距平场上高原地区为水汽的辐散区域,由孟加拉湾而来的水汽经南海地区与西太平洋的水汽汇合流向中国西北地区东部。这样的环流形势使得水汽在中国西北地区东部辐合,造成该地区降水偏多。在 120°位相时,对应环流场如图 7.29b,500 hPa 高度场蒙古气旋减弱填塞,西太平洋副高异常偏南冷空气路径偏东,同时副高的偏南不利于西太平洋的水汽输送至中国西北地区东部。从整层水汽通量距平场上可以看出高原地区为水汽的辐合区域,而中国西北地区东部为水汽的辐散,造成该地区降水偏少。在 240°位相时,对应环流场如图 7.29c,在 500 hPa 高度场上,中国西北地区东部上空由非常弱的正距平控制,西太平洋副高异常偏东,不利于水汽输送至中国西北地区东部,造成该地区降水正常偏少。

前面的分析表明,青藏高原春季感热与中国西北地区东部汛期降水存在着一定的联系,那么春季感热对大气的持续加热过程是如何影响到汛期降水的? 利用图 7.27 中高原东部春季感热的大值中心区域(95°～100°E,30°～37.5°N)内 12 个格点平均的 3 年周期时间重建序列,与同期春季平均以及 6 月、7 月、8 月、9 月的 500 hPa 高度场、850 hPa 水平风场、500 hPa 垂直速度场分别计算相关(图 7.30),以分析当感热异常时同期以及滞后月的环流形势的变化,进而研究对中国西北地区东部汛期降水的影响。

可以看到,春季(图 7.30a1、b1)500 hPa 高度场在我国东北呈现显著的正相关,高原地区为弱负相关(未通过 0.05 的显著性检验);850 hPa 水平风场的相关表现出中国西北地区东部上空有气旋性环流控制的南风分量;500 hPa 垂直速度的相关场可以看到中国西北地区东部呈现负相关。说明当高原东部春季感热出现图 7.27a1 的异常分布型,即主体感热偏强时,我

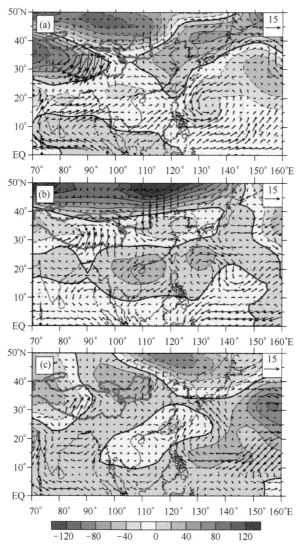

图 7.29　高原东部春季感热与汛期 500 hPa 高度场及整层水汽通量在准 3 年周期上的联合重建：
(a)0°位相（第 1 年）；(b)120°位相（第 2 年）；(c)240°位相（第 3 年）阴影：500 hPa
高度距平场(单位:gpm)；黑实线:零线；矢量:水汽通量距平(单位:kg·(m·s)$^{-1}$)(附彩图)

国东北地区高度场偏高,高原地区高度场偏低,中国西北地区东部位于高空"西低东高"的异常
环流型,有来自西太平洋经南海与孟加拉湾而来的气流汇合向中国西北地区东部输送、辐合并
伴随上升运动,有利于该地区的降水。

　　我国东北地区的 500 hPa 高度场正相关区域从春季到 9 月几乎一直存在,其南侧的东
风分量将海洋上的水汽吹向中国西北地区东部,相对于春季而言,6 月(图 7.30a2、b2)范围
有所缩小,7 月(图 7.30a3、b3)面积扩大,中心位于日本并有所东移,8 月(图 7.30a4、b4)相
对 7 月继续扩大且中心西移至黄海上空,9 月(图 7.30a5、7.30b5)向经向扩展且强度减弱;
贝加尔湖地区 6 至 8 月为负相关,尤其是 8 月通过了 0.05 显著性检验。说明当春季高原主
体感热偏强时,贝加尔湖地区的槽加深,有异常的冷空气向中国西北地区东部输送。850
hPa 水平风场相关场表现为在中国西北地区东部由春季到 9 月有着持续的来自西太平洋以

及孟加拉湾的气流;500 hPa 垂直速度的相关场在中国西北地区东部一直为负相关区域,8月表现最为明显,说明当春季高原主体感热偏强时,由春季到 9 月中国西北地区东部都表现为异常的上升气流,且在 8 月达到最盛。分析高原东部春季感热与中国西北地区东部春季到 9 月的大气环流的持续相关,可以发现其具有与同期相关相似的分布特征,说明感热作用有很好的延续性与指示意义。当高原东部主体春季感热偏强时,由春季到 9 月在中国西北地区东部有持续的异常冷空气输送,水汽辐合及上升运动,形成该地区降水的持续偏多,且高原东部春季感热对 8 月的降水影响最大。

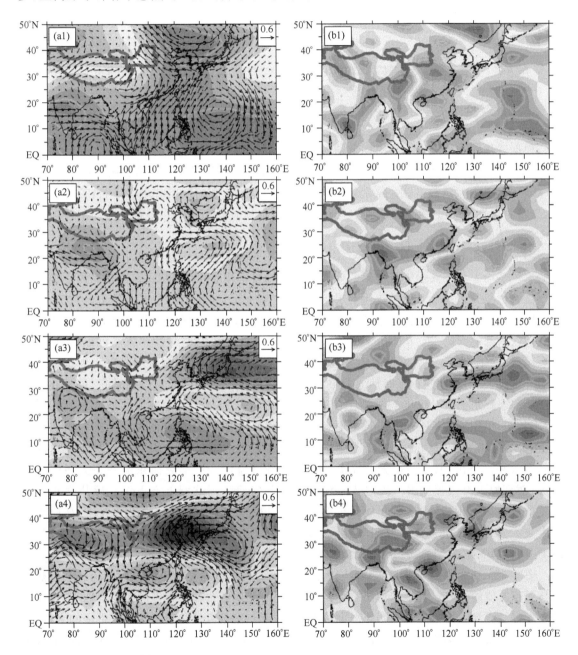

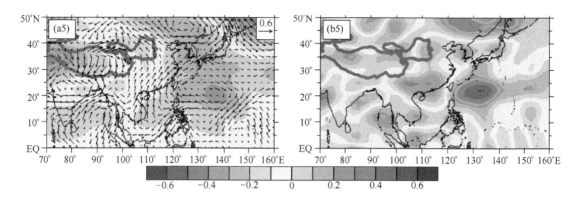

图 7.30　高原东部春季感热的大值中心区域平均的 3 年周期时间重建序列与同期春季平均(1)
以及 6 月(2)、7 月(3)、8 月(4)、9 月(5)的 500 hPa 高度场及 850 hPa 水平风场(a)、
500 hPa 垂直速度场(b)的相关系数,绿色线表示通过 0.05 显著性检验(附彩图)

　　根据感热代表格点在 3 年周期上的时间重建序列(图 7.28a),可以看出 1960—1982 年感热绝对值较大,选取 3 年周期显著时段(即 1960—1982 年)第一位相年(感热强年)与第二位相年(感热弱年)作为异常年份。异常强年选取 1961 年、1964 年、1967 年、1970 年、1973 年、1976 年,异常弱年选取 1962 年、1965 年、1968 年、1971 年、1974 年、1977 年,将强年与弱年的大气环流进行合成。

　　图 7.31a 和 b 分别为 30°~35°N(高原东部的感热大值区的纬度范围)的春季纬向垂直环流的气候平均态和感热强年与弱年的差值合成。气候平均态可以看出,春季在高原西侧的西风气流通过爬升作用上升到对流层上层,在东太平洋下沉;高原东侧也有弱的上升气流,并在对流层低层形成一个顺时针垂直环流圈,其下沉支在长江下游及西太平洋上空,中心位于中国西北地区东部的南侧 110°E 附近上空 800 hPa 处。感热强年与弱年的差值场可以看出,在高原东部(97.5°E 附近)上空为异常的下沉气流,作为补偿气流,其东侧我国东部沿海地区有异常上升气流,说明当感热偏强时地气温差加大,有从大气向高原的异常气流输送,同时在其东侧产生利于降水的上升气流。图 7.31c 和 d 分别为 32.5°~40°N(中国西北地区东部纬度范围)平均汛期纬向垂直环流的气候平均态和感热强年与弱年的差值合成。气候平均态可以看出,高原东北部上升气流的一支与中国西北地区东部弱的上升气流汇合在对流层里向东流到东太平洋下沉,其中一部分与北美的较弱上升气流汇合后继续向东流并在大西洋东部下沉;而高原上升气流的另一支进入平流层低层并向西流到欧洲上空下沉。感热强年与弱年差值场可以看出,在中国西北地区东部(102°~112°E 范围)为异常的上升气流,高原东北部上空为异常的下沉气流。说明当春季感热偏强(弱)时,汛期中国西北地区东部利于降水的上升气流增强(减弱)。

　　图 7.32a 和 b 分别为汛期 850 hPa 水汽输送通量与水汽通量散度的气候平均态和感热强年与弱年差值的合成。气候平均态可以看出,中国西北地区东部水汽来源主要有四支:第一支是越赤道气流经孟加拉湾和中印半岛而来的水汽;第二支是流经我国南海地区带来的水汽;第三支是沿西太平洋副热带高压西南侧的东南季风所带来的水汽;第四支是中纬度西风带气流带来的水汽。与前三支水汽输送相比,第四支水汽输送通量要小得多,中国西北地区东部主要体现为由南向北的水汽输送。在中国西北地区东部,陕西地区为散度的正值区域,表现为水汽

的辐散,而甘肃与宁夏地区为散度的负值区域,表现为水汽的辐合。感热强年与弱年的差值场可以看出,不论是越赤道气流经孟加拉湾和中印半岛带来的水汽、流经我国南海地区带来的水汽,还是沿西太平洋副热带高压西南侧的东南季风所带来的水汽均表现为正异常。中国西北地区东部表现为异常的南风分量,表明当高原东部春季感热偏强(弱)时,中国西北地区东部的水汽输送偏多(少)。中国西北地区东部大部分地区由负异常控制,有异常的水汽辐合。说明高原东部春季感热偏强(弱)时,有(不)利于中国西北地区东部汛期降水的水汽辐合(辐散)。

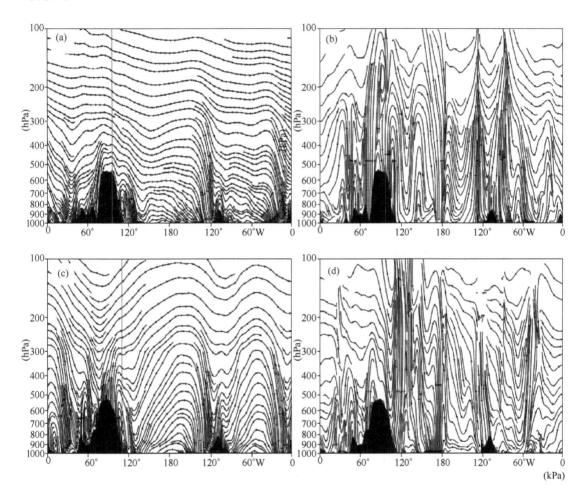

图 7.31　30°~35°N 平均春季(a 和 b)(红线表示高原东部经度)、32.5°~40°N 平均汛期(c 和 d)(红线表示中国西北地区东部经度)纬向垂直环流;(a)、(c)为气候平均态(1960—2010 年);(b)、(d)为感热强年与弱年的差值合成(附彩图)

　　总体而言,当高原东部春季感热偏强(弱)时,汛期中国西北地区东部利于降水的上升气流增强(减弱);水汽输送通量场表现为异常的南风分量,水汽输送偏多(少),并伴随(不)利于中国西北地区东部汛期降水的水汽辐合(辐散),降水偏多(少)。

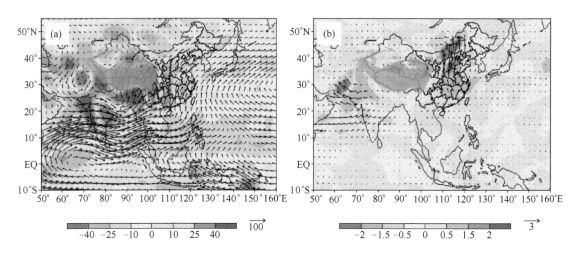

图 7.32　汛期 850 hPa 水汽输送通量(单位:kg・(m・s)$^{-1}$)与水汽通量散度
(单位:10^{-6}g・(s・m^2・hPa)$^{-1}$)(a)为气候平均态(1960—2010 年);(b)为感热强年与弱年的差值合成(附彩图)

7.5　青藏高原热状况对中国西北地区东部汛期降水的预测指标和概念模型

7.5.1　冬季青藏高原积雪(准 3 年周期)

(1)冬季青藏高原积雪(准 3 年周期)影响中国西北地区东部降水的预测模型

在准 3 年周期上中国西北地区东部夏季降水对前冬青藏高原东部积雪日数有很好的响应,当前冬高原积雪日数以正(负)异常为主时,接下来的夏季中国西北地区东部降水偏少(多)。这种响应存在年代际变化,在 1983 年之前最为明显,1983—1993 年是个调整时期,1993 年以后又开始明显(图 7.33)。

图 7.33　冬季青藏高原积雪(准 3 年周期)影响中国西北地区东部降水的预测模型

(2)青藏高原积雪影响中国西北地区东部降水的物理概念模型

当青藏高原前冬积雪日数偏多时,夏季第一年,在南海北部有反气旋式水汽通量距平矢量分布,在日本西北有气旋式水汽通量距平矢量分布,南海上空 600 hPa 高度场有正异常中心。第二年,在华南到南海地区有气旋式水汽通量距平矢量分布,600 hPa 高度场负距平中心也出现在这里;在日本东部有反气旋式水汽通量距平矢量分布,600 hPa 高度场正距平中心也在这里。第三年,在日本西南部有反气旋式水汽通量距平矢量分布,在中国西北地区东部有弱气旋式水汽通量距平矢量分布,西太平洋到东亚 600 hPa 高度场都表现正异常。

当高原前冬积雪日数偏多时,接下来的夏季高原上升运动弱,副高偏南或偏东,中国西北地区东部水汽输送通量以辐散为主,降水较少;当高原前冬积雪日数偏少时,接下来的夏季高原上升运动强,副高偏强,位置偏西偏北,中国西北地区东部以水汽输送通量辐合为主,降水较多。基于此物理过程,图 7.34 给出冬季高原积雪(准 3 年周期)影响中国西北地区东部降水物理概念模型。

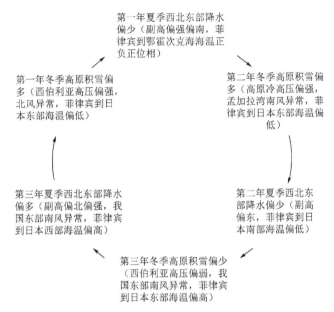

图 7.34　冬季高原积雪(准 3 年周期)影响中国西北地区东部降水的物理概念模型

(3)青藏高原积雪日数的预测指标

站点选取:高原积雪准 3 年周期大值中心站,索县站和玛多站(图 7.35);监测要素:积雪日。

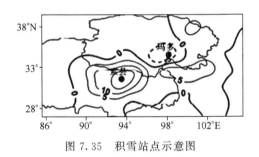

图 7.35　积雪站点示意图

监测时段:前冬(12 月、1 月、2 月);指标计算:积雪日数距平＝(索县＋玛多)/2;预测范围:中国西北地区东部;预测时段:当年夏季。

当前冬高原积雪日数偏多时,夏季中国西北地区东部降水偏少;当前冬高原积雪日数偏少时,夏季中国西北地区东部降水偏多。预测可信度受高原积雪日数准 3 年周期循环显著性影响,当预测时段高原积雪准 3 年周期明显时,可信度高;反之可信度低。

20 世纪 60—70 年代,前冬高原积雪日数异常多为"偏多、偏少、偏少",对应中国西北地区东部夏季降水为"偏少、偏多、偏多";2000 年以来,前冬高原积雪日数异常多为"偏多、偏少、偏少",对应中国西北地区东部夏季降水为"偏少、偏多、偏多",利用该方法预测时,需密切关注当前高原积雪日数准3年周期循环的显著性问题。

7.5.2　高原东部春季感热(准3年周期)

(1)高原东部春季感热影响中国西北地区东部降水的预测模型

高原东部春季感热与中国西北地区东部汛期降水均存在显著的准3年周期,其耦合场在准3年周期表现也最为明显。当高原东部春季感热在高原主体上偏强(弱)时,对应中国西北东部汛期降水的异常偏多(少)。该准3年周期循环上的协同关系在1960—1982年表现最为显著,1983—1990年为调整阶段,90年代之后又逐渐明显(图7.36)。

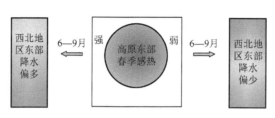

图7.36　高原东部春季感热(准3年周期)影响
中国西北地区东部降水的预测模型

(2)高原东部春季感热影响中国西北地区东部降水物理概念模型

高原东部春季感热通过对大气环流的持续加热过程影响着中国西北地区东部汛期降水,主要表现在当高原东部春季感热偏强时,春季至9月我国东北地区500 hPa高度场偏高,高原地区高度场偏低,中国西北地区东部位于高空异常的"槽前脊后",有持续的来自西太平洋经南海与孟加拉湾而来的气流汇合向中国西北地区东部辐合并伴随上升运动,这种影响在8月尤为显著。总体来看,当高原东部春季感热偏强(弱)时,汛期中国西北地区东部利于降水的上升气流增强(减弱);水汽输送通量场表现为异常的南风分量,水汽输送偏多(少),并伴随(不)利于中国西北地区东部汛期降水的水汽辐合(辐散),降水偏多(少)。基于预测模型和此机理,图7.37给出高原东部春季感热(准3年周期)影响中国西北地区东部降水概念模型。

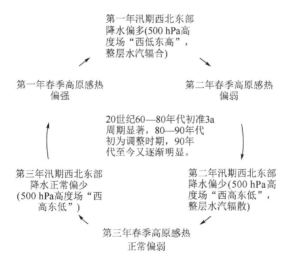

图7.37　高原东部春季感热(准3年周期)影响中国西北地区东部降水的物理概念模型

（3）青藏高原春季感热的范围及预测指数

定义区域内关键点 A(32.5°N,97.5°E)春季感热距平(图 7.38)。

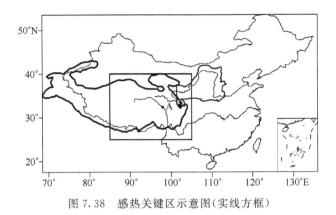

图 7.38　感热关键区示意图(实线方框)

根据 MTM-SVD 分析青藏高原春季感热与中国西北地区东部汛期(6—9 月)降水在准 3 年周期上的对应关系,选取青藏高原关键点(32.5°N,97.5°E)的春季感热作为预测指标。1960 年以来,春季高原感热与中国西北地区东部汛期降水在准 3 年周期上的关系最好(图 7.39)。

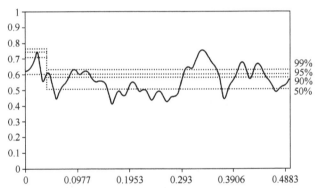

图 7.39　高原东部春季感热与中国西北地区东部汛期降水耦合场(1960—2010 年)
的 LFV 谱分析 (横坐标为频率,纵坐标为振幅,标准化无量纲量)

选取 1960 年以来春季高原感热代表站的 3 年周期重建序列(图 7.40)作为中国西北地区东部汛期(6—9 月)降水的预测因子。

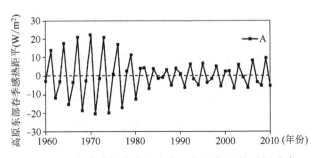

图 7.40　春季感热代表格点在 3 年周期上的时间重建

7.6　本章小结

（1）青藏高原积雪期主要集中在 10 月到翌年 5 月，冬季高原积雪日数较春秋季明显偏多。高原积雪日数的年际变率最大的区域与积雪日数的气候大值区分布一致，高原东南部、西北部的积雪日数的年际变率则相对较小。1971—2016 年青藏高原积雪日数 EOF 分析第一模态表现为全区一致的变化特征。高原冬季积雪变化有两个敏感区，一个是巴颜喀拉山、阿尼玛卿山地区，另一个是唐古拉山地区。青藏高原积雪有明显的年际和年代际变化特征，20 世纪 80 年代到 90 年代中期高原积雪有增加的趋势，90 年代中期后积雪日数有逐年减少的趋势。高原积雪日数年际变化存在两个主要周期带，其中 2.5～2.7 年达到了 95% 的置信度，2.9～3.1 年达到了 90% 的置信度。

（2）青藏高原感热 3 月、4 月、5 月均表现为"西强东弱"的分布型，地面通过湍流热交换向大气输送热量，3—5 月感热逐月增强，5 月感热最强且年际波动最大。春季感热距平场在 1982—2003 年为"西正东负"，1988—2003 年感热呈减小趋势；2003 年之后呈上升趋势，且感热距平场空间分布变为"东正西负"。根据台站和卫星遥感资料计算的感热序列在 20 世纪 80 年代呈现显著的 5 年周期，90 年代转变为 2～3 年的短周期变化。1995 年后无显著的周期变化。而 NCEP/NCAR1960—2010 年感热通量则存在显著的准 3 年周期，且在 20 世纪 60—80 年代初 3 年周期振幅较大，80—90 年代初为调整阶段，90 年代之后 3 年周期振幅又逐渐明显，但仍小于 80 年代之前。

（3）中国西北地区东部夏季降水和青藏高原前冬积雪日数存在准 3 年周期循环，并且两者有很好的协同变化关系。高原前冬积雪日数与中国西北地区东部夏季降水在 3 年尺度上的协同变化在不同的时期也有差异，1983 年以前是二者 3 年周期协同变化最显著的阶段，1983—1993 年是一个调整时期，随后又逐渐明显。高原前冬积雪日数为西南偏多型时，中国西北地区东部夏季降水为大部分偏少分布型；当高原前冬积雪日数为中东部偏多型时，中国西北地区东部夏季降水表现为河套地区偏多，其余地区偏少；当高原整体前冬积雪日数为偏少型时，中国西北地区东部夏季降水呈现全流域一致偏多。同时，可以注意到在准 3 年尺度上中国西北地区东部夏季降水对前冬高原积雪日数的异常偏少更为敏感。从大气环流角度看，当高原前冬积雪日数偏多时，接下来的夏季高原上升运动弱，副高偏南或偏东，中国西北地区东部水汽输送通量以辐散为主，降水较少；当高原前冬积雪日数偏少时，接下来的夏季高原上升运动强，副高偏强，位置偏西偏北，中国西北地区东部以水汽输送通量辐合为主，降水较多。

（4）青藏高原东部春季感热与中国西北地区东部汛期降水均存在显著的准 3 年周期，其耦合场在准 3 年周期上表现也最为明显。当高原东部春季感热异常偏强（弱）时，对应中国西北地区东部汛期降水的整体异常偏多（少）；当高原东部春季感热正常偏弱时，对应中国西北地区东部汛期降水的正常偏少。3 年周期循环的协同关系在 1960—1982 年表现尤为显著，1983—1990 年为调整阶段，20 世纪 90 年代以来 3 年周期又逐渐明显，但仍达不到 1982 年之前。高原东部春季感热通过对大气环流的持续加热过程影响着中国西北地区东部汛期降水，主要表现在当高原东部春季感热偏强时，春季至 9 月我国东北地区 500 hPa 高度场偏高，高原地区高度场偏低，中国西北地区东部位于高空异常的"槽前脊后",有持续的来自西太平洋经南海与孟加拉湾而来的气流汇合向中国西北地区东部辐合并伴随上升运动,这种影响在 8 月尤为显著。总体来看,当高原东部春季感热偏强(弱)时,汛期中国西北地区东部利于降水的上升气流增强(减弱);水汽输送通量场表现为异常的南风分量,水汽输送偏多(少),并伴随(不)利于中国西北地区东部汛期降水的水汽辐合(辐散),降水偏多(少)。

第8章 北极海冰对中国西北地区东部降水的影响与机理

北冰洋是世界最小、最浅以及最冷的大洋,其面积仅为 $1.5 \times 10^7 km^2$,不到太平洋的 10%,深度为 1097 m,最深为 5527 m。它位于地球的最北端,大致以北极圈为中心,被亚欧大陆和北美大陆环抱着。北冰洋通过格陵兰海和许多海峡与大西洋相连,有狭窄的白令海峡与太平洋相通。格陵兰岛位于北美洲的东北部,在北冰洋和大西洋之间,全岛面积为 $2.2 \times 10^6 km^2$,海岸线全长 $3.5 \times 10^4 km$,是世界上最大的岛屿,也是大部分面积(约 81.7%)被冰雪覆盖的岛屿。格陵兰岛大陆冰川(或称冰盖)的面积达 $1.8 \times 10^6 km^2$,其冰层平均厚度达到 2300 m,与南极大陆冰盖的平均厚度差不多。格陵兰岛所含有的冰雪总量为 $3.0 \times 10^6 km^3$,占全球淡水总量的 5.4%。如果格陵兰岛的冰雪全部消融,全球海平面将上升 7.5m。

北极的冰盖大部分为海冰,小部分为陆冰。虽然北极海冰只覆盖了全球海洋面积的一小部分,却在地球气候系统中扮演重要的角色。海冰具有很高的反照率,海冰反照率的反馈在全球气候系统的能量平衡过程中具有重要作用;同时海冰的热导率很低,能够很好地阻隔覆盖海冰区域海洋与大气热量和水汽交换,进而影响到大气环流系统、天气状况,甚至可导致大尺度的极端天气事件(Manabe 和 Stouffer,1980;李崇银,2000)。卫星观测到 1979 年以来,北极的海冰和陆冰都在减少。过去 10 多年全球变暖速度呈放缓趋势,但北极气温却持续增长,其速度是其他地区的两倍,这被气候学家称为"北极放大效应"(Serreze et al,2009;Screenand Simmonds,2010)。因此,研究北极海冰减少和北半球大气环流之间的相互作用,对于揭示北极海冰在气候变化中的作用,及北极海冰变化对中国区域气候变化的影响过程与机制,都是十分重要和非常必要的。

本章研究所使用的海冰数据资料取自英国大气数据中心(即 Hadley 中心)的 HadISST ICE 月平均数据资料。数据水平分辨率为 $1° \times 1°$。数据中每个格点对应一个表示海冰密集度的数值,数值范围 0~100,0 和 100 分别表示当月该格点平均无海冰覆盖和 100% 海冰覆盖。位势高度场资料取自美国国家环境预报中心(NCEP),水平分辨率为 $2.5° \times 2.5°$。数据选取时间范围为 1961 年 1 月至 2016 年 12 月共 56 年。

8.1 中国西北地区东部夏季降水异常与北极海冰变化的关系

中国西北地区东部夏季降水总体上具有较为一致性的变化(图 2.8),即各站降水量以同时偏少或偏多为主要特征。因此,可以用中国西北地区东部区域范围内所有测站降水量的平均值表征区域降水变化特征。

中国西北地区东部夏季降水与北极海冰的变化有一定的相关性。以中国西北地区东部 6 月降水为例,用当年 6 月的降水回归上一年 9 月到当年 5 月的海冰密集度(图 8.1),结果显示中国西北东部地区 6 月降水与格陵兰海－巴伦支海冬季的海冰变化存在负相关关系，并且这种负相关关系可以持续到春季。

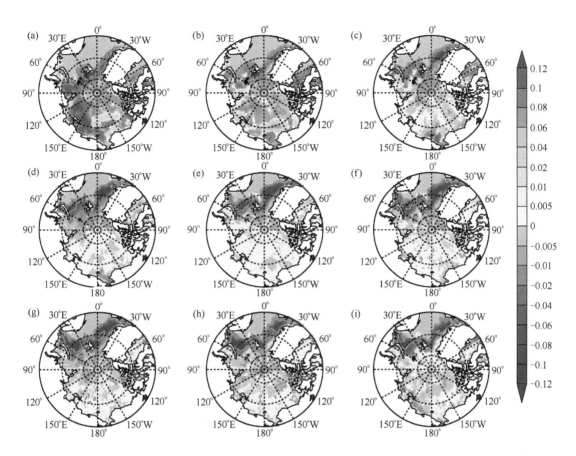

图 8.1　中国西北地区东部 6 月降水与前一年 9 月到当年 5 月(a～i)的北极海冰密集度回归系数
（绿色线内是通过 $\alpha=0.05$ 显著性水平检验的区域）（附彩图）

中国西北地区东部降水具有区域一致变化的特点，可以用逐月降水量的 EOF 分解的第一模态(以 6 月为例)进一步描述，其时间系数(PC1)代表了区域降水的时变特征。观测表明，北极海冰具有显著的长期趋势变化和年代际变化特征(黄菲等，2014)。因此，计算中国西北地区东部 6 月降水 EOF 第一模态时间系数序列(PC1)与超前 0—12 月格陵兰海—巴伦支海海冰指数的 21 年滑动相关时，考虑了对海冰进行去线性趋势和未去趋势两种情况，并且对结果进行了比较分析。这里将区域($55°\sim85°$N，$45°$W$\sim15°$E)平均的海冰密集度定义为格陵兰海—巴伦支海海冰指数。

研究发现，无论是未去趋势(表 8.1)还是去趋势(表 8.2)的格陵兰海—巴伦支海海冰指数都与中国西北地区东部 6 月降水存在负相关关系，即格陵兰海—巴伦支海海冰的异常对中国西北地区东部 6 月降水可能存在显著影响。其中，前期冬季(以 1 月为代表)的海冰与 6 月降水异常的负相关最为显著，而且这种关系在 2—5 月有很好的持续性。也就是说，冬、春季格陵兰海—巴伦支海海冰异常偏少时，中国西北东部夏季降水可能偏多。

表 8.1　中国西北地区东部 6 月降水 EOF 第一模态时间系数序列(PC1)与
超前 0—12 月的格陵兰海—巴伦支海海冰指数的 21 年滑动相关

前期海冰月	6	5	4	3	2	1	12	11	10	9	8	7	6
1962—1982	−0.327	−0.358	−0.354	−0.269	−0.193	−0.218	−0.286	−0.272	−0.266	−0.168	−0.286	−0.241	−0.153
1963—1983	−0.439	−0.489	−0.500	−0.423	−0.421	−0.503	−0.478	−0.468	−0.433	−0.187	−0.404	−0.376	−0.319
1964—1984	−0.524	−0.576	−0.600	−0.529	−0.579	−0.621	−0.537	−0.512	−0.505	−0.285	−0.489	−0.518	−0.463
1965—1985	−0.534	−0.583	−0.607	−0.539	−0.587	−0.616	−0.544	−0.524	−0.512	−0.307	−0.496	−0.531	−0.474
1966—1986	−0.578	−0.602	−0.589	−0.554	−0.590	−0.621	−0.567	−0.567	−0.566	−0.428	−0.584	−0.608	−0.524
1967—1987	−0.594	−0.618	−0.598	−0.525	−0.579	−0.662	−0.615	−0.592	−0.588	−0.479	−0.598	−0.616	−0.526
1968—1988	−0.603	−0.608	−0.619	−0.547	−0.583	−0.661	−0.611	−0.597	−0.599	−0.489	−0.588	−0.592	−0.509
1969—1989	−0.566	−0.571	−0.584	−0.507	−0.545	−0.626	−0.560	−0.557	−0.560	−0.448	−0.555	−0.558	−0.475
1970—1990	−0.468	−0.475	−0.488	−0.386	−0.452	−0.559	−0.457	−0.460	−0.477	−0.357	−0.469	−0.478	−0.380
1971—1991	−0.485	−0.489	−0.507	−0.417	−0.479	−0.597	−0.506	−0.500	−0.493	−0.385	−0.489	−0.518	−0.428
1972—1992	−0.610	−0.588	−0.597	−0.532	−0.601	−0.714	−0.593	−0.599	−0.621	−0.527	−0.638	−0.676	−0.538
1973—1993	−0.601	−0.578	−0.581	−0.522	−0.606	−0.732	−0.600	−0.631	−0.676	−0.518	−0.631	−0.674	−0.534
1974—1994	−0.615	−0.599	−0.619	−0.564	−0.642	−0.754	−0.632	−0.645	−0.617	−0.468	−0.597	−0.633	−0.516
1975—1995	−0.537	−0.542	−0.530	−0.459	−0.552	−0.624	−0.530	−0.677	−0.624	−0.433	−0.525	−0.525	−0.385
1976—1996	−0.497	−0.475	−0.484	−0.427	−0.519	−0.602	−0.500	−0.631	−0.611	−0.364	−0.454	−0.489	−0.340
1977—1997	−0.504	−0.459	−0.429	−0.437	−0.542	−0.632	−0.475	−0.437	−0.391	−0.156	−0.256	−0.347	−0.218
1978—1998	−0.532	−0.355	−0.317	−0.338	−0.501	−0.618	−0.435	−0.439	−0.328	−0.105	−0.221	−0.339	−0.225
1979—1999	−0.606	−0.443	−0.346	−0.359	−0.523	−0.626	−0.422	−0.441	−0.345	−0.076	−0.215	−0.373	−0.257
1980—2000	−0.398	−0.281	−0.266	−0.358	−0.526	−0.635	−0.406	−0.441	−0.280	−0.005	−0.135	−0.367	−0.248
1981—2001	−0.424	−0.321	−0.304	−0.385	−0.539	−0.648	−0.410	−0.460	−0.289	−0.009	−0.151	−0.387	−0.288
1982—2002	−0.360	−0.185	−0.254	−0.283	−0.479	−0.590	−0.414	−0.412	−0.377	−0.080	−0.159	−0.389	−0.182
1983—2003	−0.372	−0.221	−0.254	−0.297	−0.391	−0.522	−0.326	−0.392	−0.212	−0.080	0.058	−0.251	−0.128
1984—2004	−0.331	−0.175	−0.211	−0.299	−0.398	−0.507	−0.322	−0.353	−0.198	−0.076	−0.034	−0.283	−0.127
1985—2005	−0.308	−0.097	−0.112	−0.247	−0.304	−0.429	−0.306	−0.328	−0.144	−0.090	−0.026	−0.221	−0.022
1986—2006	−0.319	−0.066	−0.100	−0.248	−0.289	−0.410	−0.320	−0.373	−0.198	−0.137	−0.065	−0.238	−0.069
1987—2007	−0.284	−0.083	−0.190	−0.316	−0.385	−0.464	−0.346	−0.335	−0.151	−0.063	0.054	−0.147	−0.033
1988—2008	−0.242	−0.042	−0.160	−0.405	−0.479	−0.455	−0.296	−0.263	−0.098	0.002	0.095	−0.106	−0.011
1989—2009	−0.299	−0.052	−0.106	−0.360	−0.454	−0.414	−0.237	−0.220	−0.035	0.072	0.117	−0.131	−0.058
1990—2010	−0.325	−0.104	−0.155	−0.397	−0.488	−0.490	−0.365	−0.272	−0.073	0.029	0.066	−0.174	−0.072
1991—2011	−0.364	−0.141	−0.197	−0.421	−0.508	−0.510	−0.516	−0.306	−0.092	0.003	0.043	−0.224	−0.130
1992—2012	−0.319	−0.110	−0.175	−0.401	−0.490	−0.498	−0.490	−0.286	−0.078	0.065	0.060	−0.189	−0.103

＊ 显著水平为 α＝0.05 的相关系数临界值为 0.433。

表 8.2　中国西北地区东部 6 月降水 EOF 第一模态时间系数序列(PC1)与超前 0—12 月的去线性趋势后的格陵兰海—巴伦支海海冰指数的 21 年滑动相关系数

前期海冰月	6	5	4	3	2	1	12	11	10	9	8	7	6
1962—1982	−0.341	−0.361	−0.361	−0.262	−0.160	−0.177	−0.258	−0.257	−0.252	−0.137	−0.278	−0.229	−0.122
1963—1983	−0.462	−0.509	−0.533	−0.444	−0.447	−0.516	−0.473	−0.482	−0.451	−0.133	−0.410	−0.388	−0.309
1964—1984	−0.531	−0.583	−0.619	−0.541	−0.604	−0.622	−0.512	−0.506	−0.496	−0.200	−0.469	−0.526	−0.449
1965—1985	−0.542	−0.593	−0.626	−0.550	−0.610	−0.621	−0.533	−0.525	−0.509	−0.230	−0.476	−0.536	−0.463
1966—1986	−0.567	−0.589	−0.571	−0.536	−0.575	−0.610	−0.545	−0.555	−0.551	−0.370	−0.571	−0.610	−0.503
1967—1987	−0.579	−0.603	−0.572	−0.480	−0.544	−0.662	−0.604	−0.580	−0.570	−0.428	−0.577	−0.606	−0.491
1968—1988	−0.589	−0.594	−0.590	−0.501	−0.549	−0.662	−0.601	−0.584	−0.581	−0.438	−0.570	−0.582	−0.475
1969—1989	−0.545	−0.556	−0.554	−0.456	−0.507	−0.612	−0.529	−0.536	−0.531	−0.399	−0.542	−0.552	−0.448
1970—1990	−0.432	−0.448	−0.440	−0.307	−0.404	−0.541	−0.406	−0.425	−0.433	−0.293	−0.438	−0.459	−0.336
1971—1991	−0.439	−0.457	−0.447	−0.320	−0.419	−0.574	−0.435	−0.448	−0.441	−0.326	−0.450	−0.489	−0.371
1972—1992	−0.510	−0.516	−0.481	−0.378	−0.497	−0.654	−0.483	−0.503	−0.534	−0.445	−0.578	−0.626	−0.449
1973—1993	−0.492	−0.502	−0.472	−0.355	−0.488	−0.665	−0.475	−0.508	−0.555	−0.410	−0.543	−0.593	−0.427
1974—1994	−0.480	−0.493	−0.482	−0.362	−0.509	−0.687	−0.509	−0.507	−0.444	−0.328	−0.474	−0.497	−0.362
1975—1995	−0.455	−0.480	−0.450	−0.350	−0.515	−0.606	−0.437	−0.540	−0.480	−0.341	−0.442	−0.444	−0.291
1976—1996	−0.368	−0.361	−0.366	−0.290	−0.447	−0.562	−0.387	−0.446	−0.459	−0.254	−0.338	−0.379	−0.219
1977—1997	−0.470	−0.425	−0.407	−0.425	−0.551	−0.633	−0.434	−0.364	−0.339	−0.113	−0.209	−0.315	−0.175
1978—1998	−0.481	−0.357	−0.350	−0.385	−0.553	−0.645	−0.446	−0.403	−0.336	−0.125	−0.247	−0.381	−0.268
1979—1999	−0.485	−0.367	−0.359	−0.397	−0.566	−0.648	−0.445	−0.402	−0.337	−0.115	−0.246	−0.387	−0.290
1980—2000	−0.308	−0.220	−0.250	−0.351	−0.500	−0.619	−0.399	−0.381	−0.245	−0.030	−0.142	−0.311	−0.211
1981—2001	−0.349	−0.274	−0.295	−0.373	−0.520	−0.642	−0.435	−0.431	−0.285	−0.051	−0.176	−0.350	−0.259
1982—2002	−0.250	−0.135	−0.212	−0.236	−0.414	−0.539	−0.400	−0.341	−0.335	−0.084	−0.143	−0.306	−0.141
1983—2003	−0.355	−0.256	−0.313	−0.354	−0.436	−0.526	−0.400	−0.430	−0.307	−0.155	−0.149	−0.308	−0.197
1984—2004	−0.355	−0.247	−0.305	−0.366	−0.406	−0.507	−0.406	−0.428	−0.307	−0.158	−0.140	−0.319	−0.206
1985—2005	−0.321	−0.184	−0.224	−0.317	−0.383	−0.476	−0.382	−0.399	−0.246	−0.159	−0.117	−0.277	−0.129
1986—2006	−0.373	−0.215	−0.257	−0.373	−0.434	−0.526	−0.469	−0.477	−0.326	−0.225	−0.187	−0.333	−0.201
1987—2007	−0.276	−0.148	−0.240	−0.345	−0.416	−0.507	−0.433	−0.387	−0.222	−0.120	−0.041	−0.214	−0.110
1988—2008	−0.185	−0.050	−0.144	−0.327	−0.392	−0.442	−0.333	−0.262	−0.113	−0.013	0.062	−0.103	−0.028
1989—2009	−0.321	−0.149	−0.184	−0.364	−0.456	−0.474	−0.357	−0.304	−0.126	−0.011	−0.011	−0.235	−0.154
1990—2010	−0.348	−0.201	−0.233	−0.388	−0.475	−0.509	−0.452	−0.336	−0.173	−0.067	−0.075	−0.284	−0.198
1991—2011	−0.387	−0.241	−0.273	−0.420	−0.515	−0.530	−0.504	−0.368	−0.200	−0.101	−0.111	−0.323	−0.243
1992—2012	−0.339	−0.197	−0.240	−0.393	−0.485	−0.519	−0.465	−0.332	−0.175	−0.046	−0.078	−0.262	−0.199

* 显著水平为 $\alpha=0.05$ 的相关系数临界值为 0.433。

中国西北地区东部 6 月降水 EOF 分解后的第一模态时间系数序列(PC1)与格陵兰海—巴伦支海海冰指数 21 年滑动相关系数表明两者存在显著负相关关系,但是这种相关关系在 20 世纪 80 年代后,有一定程度的减弱。另外,与未去趋势的格陵兰海—巴伦支海海冰指数相比较,去掉线性趋势的海冰指数与中国西北地区东部降水联系更为密切(图 8.2)。

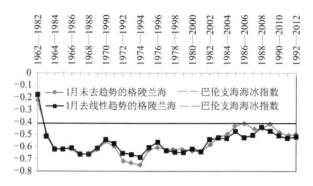

图 8.2　中国西北地区东部 6 月降水 EOF 第一模态时间系数序列(PC1)与前期 1 月的未去趋势(灰色实线)和去线性趋势(黑色实线)的格陵兰海—巴伦支海海冰指数的 21 年滑动相关系数
黑色粗实线为 $\alpha = 0.05$ 的显著水平临界相关系数

8.2　格陵兰海—巴伦支海海冰影响中国西北地区东部 6 月降水异常的过程

8.2.1　中国西北地区东部降水异常与渤黄海关键区环流异常的关系

渤海、黄海及周围地区上空位势高度异常是影响中国西北地区东部降水多少的关键因素之一,即与中国西北地区东部降水异常偏多、偏少年相对应的"西低东高"或"西高东低"环流异常中东部关键区域(简称"渤黄海关键区")的位势高度异常显著关联。当渤黄海关键区上空 500 hPa 图上出现异常气旋式环流时,易造成中国西北地区东部持续性干旱事件的发生;反之,渤黄海关键区上空出现正的位势高度异常时,中国西北地区东部容易出现降水偏多的现象(第 2 章)。

相关分析表明,1961—2016 年中国西北地区东部区域平均月降水时间序列与渤黄海关键区上空 500 hPa 位势高度为显著正相关关系(图 8.3)。1—12 月两者相关系数均通过 0.05 显著水平检验。这种正相关关系存在季节变化,相关系数在春季较大;其中 5 月相关系数最大达到 0.78,7—9 月关系减弱。因此可知,渤黄海关键区位势高度场的变化是影响中国西北地区东部降水异常的重要因子。

8.2.2　渤黄海关键区环流异常与格陵兰海—巴伦支海海冰异常的关系

根据中国西北地区东部 6 月降水回归前冬、春季的海冰密集度的结果(图 8.1),海冰与中国西北地区东部降水存在显著相关关系,揭示出北半球高纬度海洋热状况可能是影响中国西北地区东部降水的关键因素之一,而其中的可能过程即是格陵兰海—巴伦支海海冰通过遥相关影响渤黄海关键区上空的位势高度异常而影响中国西北地区东部降水变化。

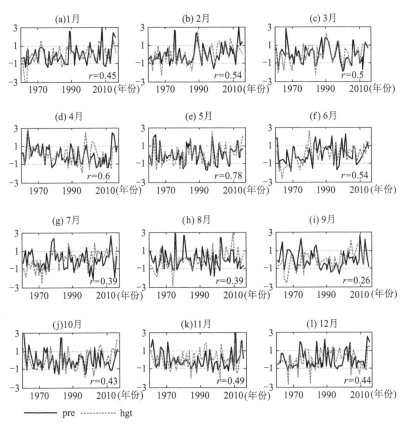

图 8.3　中国西北地区东部区域平均的 1—12 月降水与渤黄海区域平均的 500 hPa 位势高度
（6—9 月为 25°～35°N，115°～125°E，其余月为 30°～40°N，120°～130°E）时间序列

　　用 1961—2016 年 1—9 月的渤黄海关键区上空的 500 hPa 位势高度时间序列与 1 月的海冰密集度进行相关分析（图 8.4）。结果显示，6—7 月渤黄海关键区上空的位势高度变化与 1 月格陵兰海—巴伦支海海冰为显著的负相关关系（图 8.4f～g）。这说明，当 1 月上述海区海冰偏少（多）时，6—7 月渤黄海上空可能出现位势高度正（负）异常，有利于中国西北地区东部降水偏多（少）。

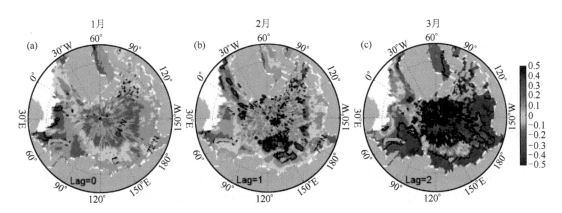

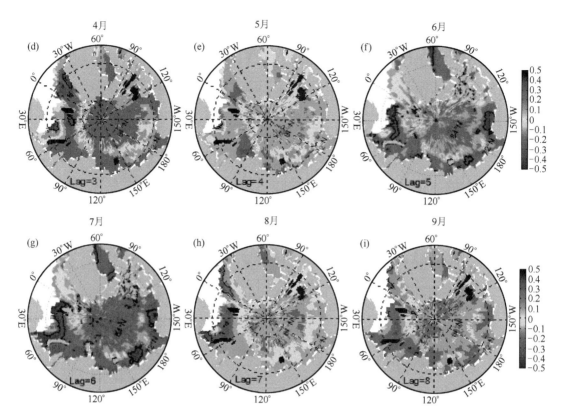

图 8.4　1—9 月渤黄海区域平均的 500 hPa 位势高度与 1 月北极海冰密集度的
相关系数（Lag 表示位势高度落后海冰变化的月数。色标为相关数值，
黑色实线内为通过 $\alpha=0.05$ 显著水平检验的区域）（附彩图）

8.2.3　格陵兰海—巴伦支海海冰影响中国西北地区东部降水异常的遥相关过程

为了揭示格陵兰海—巴伦支海海冰通过大气环流异常影响中国西北东部降水的过程，进一步分析了 1 月去线性趋势的海冰指数和 6 月的位势高度场、风场的相关系数分布（图 8.5）。结果表明，当 1 月格陵兰海—巴伦支海海冰异常偏多时，6 月在欧亚大陆上空 850～200 hPa 高度场上容易存在一明显正负相间波列，其中格陵兰海域及欧洲东部上空为位势高度的正异常，新地岛以南乌拉尔山上空为位势高度负异常，蒙古高原上空、巴尔喀什湖与贝加尔湖上空为位势高度正异常，渤黄海区域上空为位势高度负异常（图 8.5a～e）。即 1 月格陵兰海—巴伦支海海区海冰异常可能导致 6 月欧洲东部位势高度的异常，海冰变化通过激发遥相关波列，使得渤黄海区域上空位势高度异常。

1 月去线性趋势的海冰指数与 6 月中国西北地区东部 500 hPa 大气的上升运动、大气可降水量、850 hPa 相对湿度和水汽含量存在显著的负相关关系（图 8.5f～i）。当 1 月格陵兰海—巴伦支海海冰异常偏多时，6 月中国西北地区东部 500 hPa 易出现下沉运动异常，大气可降水量减小，低层 850 hPa 的水汽含量出现负异常，从而最终导致中国西北地区东部降水出现负异常。

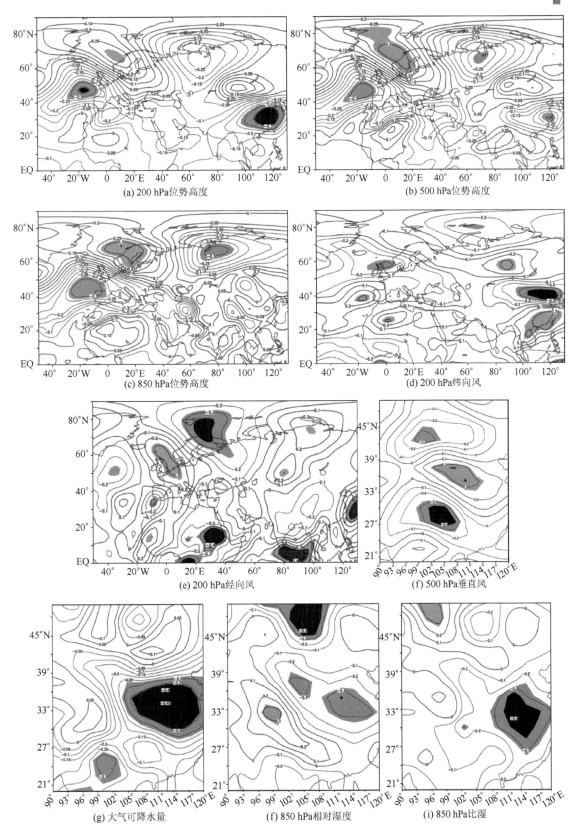

(a) 200 hPa位势高度

(b) 500 hPa位势高度

(c) 850 hPa位势高度

(d) 200 hPa纬向风

(e) 200 hPa经向风

(f) 500 hPa垂直风

(g) 大气可降水量

(f) 850 hPa相对湿度

(i) 850 hPa比湿

图 8.5　1 月去线性趋势的格陵兰海－巴伦支海海冰指数与 6 月位势高度、纬向风、经向风、垂直风、大气可降水量、相对湿度、比湿的相关系数(浅色区域通过 $\alpha=0.05$ 的显著水平检验,深色区域通过 $\alpha=0.01$ 的显著水平检验)

为进一步揭示渤黄海上空环流场异常与中国西北地区东部降水异常的联系,分析中国西北地区东部降水 EOF 第一模态时间系数序列(PC1)与位势高度、纬向风、经向风、垂直风、大气可降水量、相对湿度、比湿的相关系数分布(图 8.6)。当中国西北地区东部降水偏多时,在渤黄海上空存在位势高度正异常,在中国西北地区东部上空有南风异常且 500 hPa上升气流显著增强,大气可降水量、850 hPa 相对湿度和比湿都显著增大。对比降水 PC1 的相关系数分布(图 8.5)和海冰指数的相关系数分布(图 8.6),发现其异常中心的空间分布基本一致,进一步表明格陵兰海—巴伦支海海冰的异常变化对中国西北地区降水有显著影响。

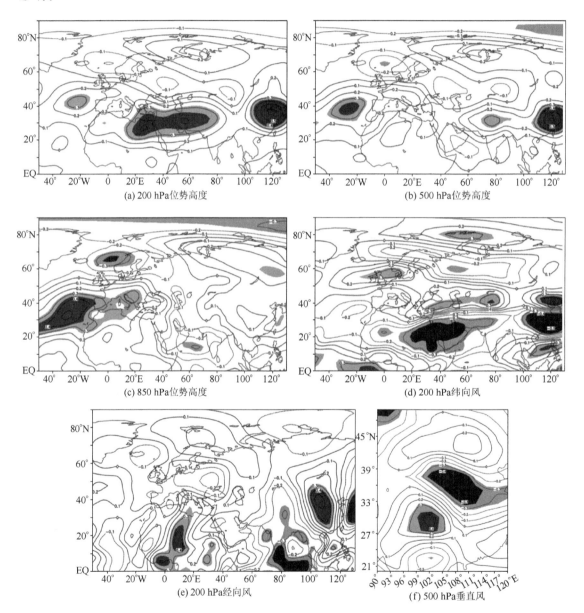

(a) 200 hPa位势高度   (b) 500 hPa位势高度

(c) 850 hPa位势高度   (d) 200 hPa纬向风

(e) 200 hPa经向风   (f) 500 hPa垂直风

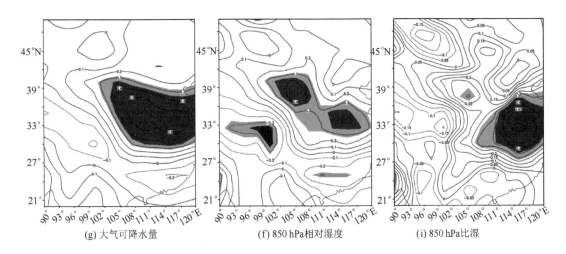

图 8.6　中国西北地区东部降水 EOF 第一模态时间系数（PC1）与位势高度、纬向风、

经向风、垂直风、大气可降水量、相对湿度、比湿的相关系数分布

（浅色区域通过 $\alpha=0.05$ 的显著水平检验，深色区域通过 $\alpha=0.01$ 的显著水平检验）

　　挑选海冰偏多、偏少年（表 8.3）和中国西北地区东部 6 月降水偏多、偏少年（表 8.4）进行合成分析，以揭示格陵兰海—巴伦支海海冰异常与中国西北地区东部降水异常的关系，并作偏多、偏少年的差值。结果显示，合成分析结论与前述相关分析结论基本一致，即当 1 月格陵兰海—巴伦支海海冰异常偏多（少）时，会在其上空形成位势高度正（负）异常，并通过激发欧亚大范围正负相间的遥相关波列，导致 6 月渤黄海区域上空位势高度负（正）异常（图 8.7）；而 6 月渤黄海上空的位势高度负（正）异常使得中国西北地区东部 500 hPa 出现异常下沉（上升）运动，大气可降水量减少（增加），850 hPa 相对湿度和比湿显著减小（增大），从而使得中国西北地区东部降水偏多（少）（图 8.7 和图 8.8）。

表 8.3　格陵兰海—巴伦支海海冰偏多、偏少年

由去线性趋势的 1 月格陵兰海—巴伦支海海冰指数资料确定的							
海冰偏多年	1968	1969	1970	1971	1972	1997	2011	
海偏少年	1961	1962	1980	1983	1984	1985	1991	1994

表 8.4　中国西北地区东部 6 月降水偏多、偏少年

由中国西北地区东部 6 月降水 EOF1 资料确定的										
降水偏多年	1961	1983	1984	1986	1987	1992	1994	1996	2000	2002	2007
降水偏少年	1962	1966	1968	1969	1982	1995	1997	1998	2009	

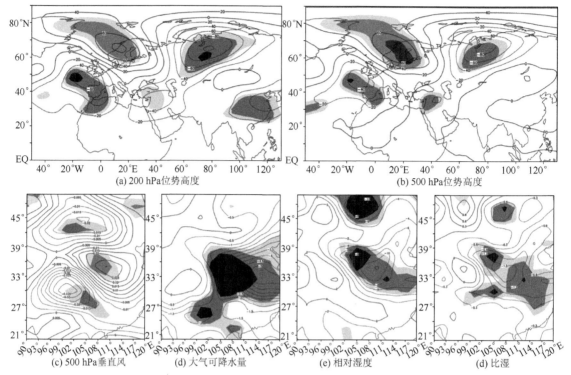

图 8.7　1 月格陵兰海－巴伦支海海冰异常对应的 6 月位势高度、垂直风、大气可降水量、相对湿度、比湿的合成差值（颜色由浅至深分别表示通过 $\alpha=0.1$，$\alpha=0.05$，$\alpha=0.01$ 的显著水平检验）

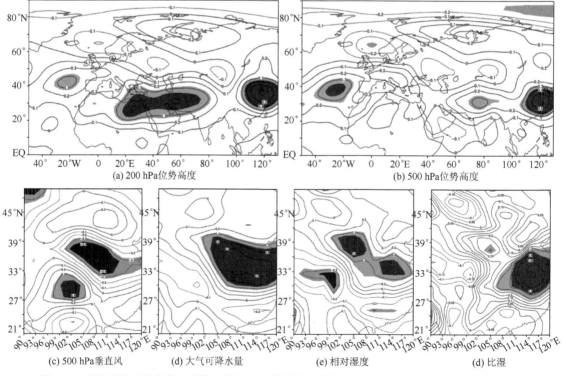

图 8.8　中国西北地区东部 6 月降水异常对应的同期位势高度、垂直风、大气可降水量、相对湿度、比湿的合成差值图（颜色由浅至深分别表示通过 $\alpha=0.1$，$\alpha=0.05$，$\alpha=0.01$ 显著水平检验）

8.3　格陵兰海-巴伦支海海冰异常影响中国西北地区东部降水数值模拟

8.3.1　大气模式 IAP-9L 简介

利用 IAP-9L 大气模式研究格陵兰海-巴伦支海海冰异常对中国西北地区东部降水异常影响的过程与机理。IAP9L-AGCM 是中国科学院大气物理研究所开发的全球大气环流格点模式(Zeng 等,1987),水平分辨率为 5°×4°,模式顶为 10 hPa。垂直方向上采用不等距的 σ 坐标分层(0≤σ≤1),预报量放在整数层上,而诊断量放在半数层上。水平变量配置采用 Arakawa-C 网格(张铭等,2007)。

IAP-9LAGCM 被广泛应用到气候模拟和预测中,且具有较好的气候模拟能力。IAP-9L 可以较好地模拟实际大气的平均状态,具有合理的动力框架和物理过程参数化方案(毕训强,1993)。不仅对大气环流的年代际变化有很好的模拟能力,而且很清楚地给出了主要的遥相关型及其年代际变化,且与观测资料非常相近;主要的大气环流系统(包括东亚大槽、北美大槽、大气环流指数等)的年代际变化特征与观测基本相一致(李崇银等,2000)。模式的水平分辨率能够满足研究大尺度环流变化的需要,且运算速度快。因此,利用 IAP-9L 模拟格陵兰海—巴伦支海海表面温度的变化对中国西北地区东部降水的影响过程与机理,并通过设计多次试验进行集合以消除模式随机误差的影响。

8.3.2　巴伦支海海温异常的持续性

对巴伦支海海表面温度异常(SSTA)的自相关分析表明,该海区 SSTA 的持续性非常好(图 8.9)。10 月的 SSTA 与 11 月的 SSTA 呈现显著的正相关性,相关系数基本上在整个海域都通过 0.01 显著水平检验,最大相关系数区域在 70°~76°N,20°~45°E,大部分格点的相关系数超过了 0.7。10 月的 SSTA 在整个海域范围上可以持续到 11 月(图 8.9a)。12 月受冬季海冰范围的影响,相关系数在巴伦支海偏北区域参考性不大,通过显著性检验区域向西向南缩小,仍旧呈现显著正相关。最大相关系数区域位于巴伦支海的中部和南部海域。10 月巴伦支海中、南部海域 SSTA 仍旧具有较好的持续性(图 8.9b)。

10 月和次年 1 月 SSTA 的相关系数呈现显著正相关,巴伦支海中部海温到次年 1 月持续性较好(图 8.9c)。次年 2 月、3 月,初秋的 SSTA 仍旧在巴伦支海中部和西部持续,3 月的相关系数减小,但仍通过显著性检验(图 8.9d、8.9e)。10 月 SSTA 与 4 月、5 月的 SSTA 也存在显著正相关,集中在芬兰和挪威以北的巴伦支海南部和西部海域(70°~75°N,20°~40°E)。可见,巴伦支海海表面温度的变化具有较好的持续性,而这种持续性变化的信号对东亚冬、春季乃至夏季的气候变化都有重要的影响。

冬季北极海冰与海温有非常好的相关关系,相关系数绝对值可达到 0.6 以上(武炳义,2000;徐栋,2014),即关键海区水温偏高时,对应海冰量少,而海温偏低时对应海冰偏多。因此,本书模式敏感性试验中,采用海温异常表征海洋热状况的异常,定性验证冬、春季格陵兰海—巴伦支海海冰对中国西北地区东部降水异常的影响。

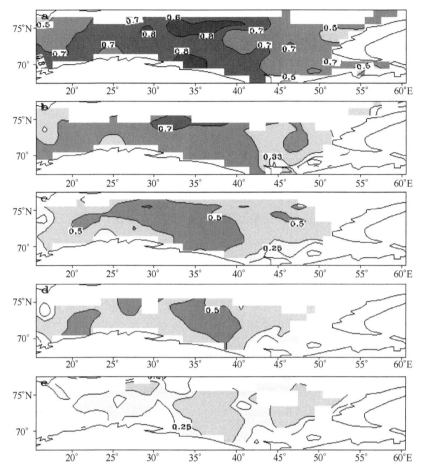

图 8.9 巴伦支海海域 10 月海表面温度异常(SSTA)与(a)11 月、(b) 12 月、(c)次年 1 月、
(d)次年 2 月、(e)次年 3 月 SSTA 的滞后相关系数(阴影区域通过 0.05 显著水平检验)

8.3.3 格陵兰海—巴伦支海海冰异常影响中国西北地区东部降水的数值模拟

相关分析表明,中国西北地区东部夏季降水异常与格陵兰海—巴伦支海冬、春季海冰异常相关显著,而尤以巴伦支海海区相关系数为最大。冬、春季巴伦支海区域性海表面温度异常与区域性海冰异常的相关系数明显呈负相关,超过 0.01 显著水平。因此,以巴伦支海的海温变化代表高纬度海洋热状况的变化,通过数值模拟揭示代表区域的海温变化影响中国西北东部夏季降水异常的机制。

利用 IAP-9L 在新地岛以西海域(主要包含巴伦支海和挪威海部分)加入海温异常(图 8.10),分析上述海域冬、春季海温变化对中国西北地区东部夏季降水的影响。具体试验设计如表 8.5 所示。IAP-9L 模式运行 11 年,取第 11 年模拟结果为控制试验;以模式运行 10 年后的结果作为敏感性试验的初始场,试验中在 1—5 月在关键海区加入−5 ℃海温异常,分别从模式年第 11 年 1 月 1—10 日开始积分,模式运行 1 年,然后进行集合分析,揭示中国西北地区东部夏季(6—8 月)平均的降水异常和位势高度异常特征。

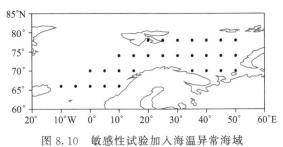

图 8.10　敏感性试验加入海温异常海域

（图中实心原点为模式中加入海温异常的格点）

表 8.5　试验方案设计一

控制试验	敏感性试验（以 IAP-9L 模式运行 10 年后的结果作为敏感性试验的初始场）			
	试验	SSTA	模式运行时间	模拟开始时间
IAP-9L 模式运行 11 年，第 11 年模拟结果为控制试验（Ctrl）	试验 1（Sen1）	−5 ℃	1 年	1 月 1 日
	试验 2（Sen2）	−5 ℃	1 年	1 月 2 日
	试验 3（Sen3）	−5 ℃	1 年	1 月 3 日
	试验 4（Sen4）	−5 ℃	1 年	1 月 4 日
	试验 5（Sen5）	−5 ℃	1 年	1 月 5 日
	试验 6（Sen6）	−5 ℃	1 年	1 月 6 日
	试验 7（Sen7）	−5 ℃	1 年	1 月 7 日
	试验 8（Sen8）	−5 ℃	1 年	1 月 8 日
	试验 9（Sen9）	−5 ℃	1 年	1 月 9 日
	试验 10（Sen10）	−5 ℃	1 年	1 月 10 日

控制试验中 IAP-9L 模式可以模拟出中国夏季平均的降水量自东南向西北减少的空间变化特征（图 8.11a）。在关键海区加入负的海温异常的敏感性试验与控制试验相比（图 8.11c，敏感性试验减去控制试验），华南地区和华北地区降水偏多，江南地区和黄淮到西北东部地区一带降水偏少。结果表明，当冬、春季关键海区海温偏低时，中国西北地区东部夏季降水出现负异常。

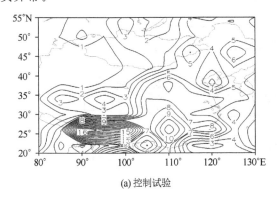

(a) 控制试验

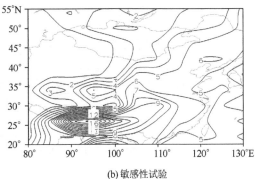

(b) 敏感性试验

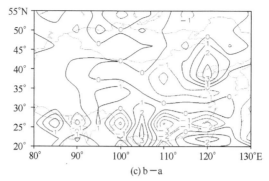

(c) b－a

图 8.11　夏季(6－8 月)平均的控制试验降水场
(a)和敏感性试验的降水场(b)及其差异(c)

控制试验中(图 8.12a),模式 IAP-9L 较好地模拟了夏季平均的 500 hPa 位势高度场。敏感性试验中(敏感性试验减去控制试验的结果,图 8.12c),在格陵兰海域及欧洲东部上空出现位势高度的正异常,在新地岛以南乌拉尔山上空出现位势高度负异常,蒙古高原上空、巴尔喀什湖与贝加尔湖上空出现位势高度正异常,在中国东部渤黄海区域上空出现位势高度负异常。即冬、春季格陵兰以东海区海表面温度的持续性变化引起欧洲东部位势高度的异常,激发遥相关波列,导致中国东部环渤海区域上空位势高度异常,从而引起中国西北地区东部夏季降水异常。也就是冬、春季格陵兰海－巴伦支海海域海温偏低(高)即海冰偏多(少)时,持续的下垫面热力异常会导致其上空位势高度出现正(负)异常,通过遥相关波列形成渤黄海区域上空位势高度负(正)异常,从而使得中国西北地区东部夏季降水偏少(多)。

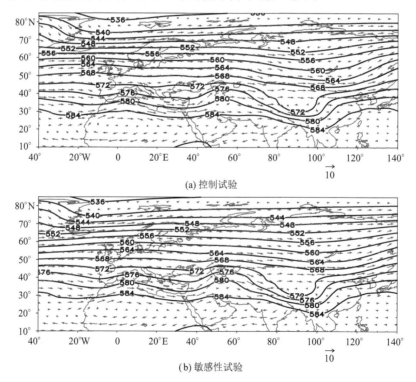

(a) 控制试验

(b) 敏感性试验

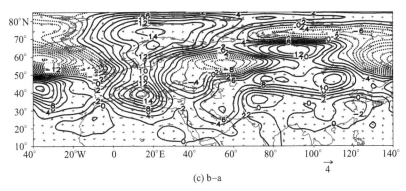

(c) b-a

图 8.12　控制试验(a)500 hPa 夏季平均(6—8 月)的高度场(等值线,单位:10gpm)、温度场
(阴影图,单位:℃)、风场(灰色箭头,单位:m/s)和敏感性试验(b)及其差异(c)

为了验证大气环流对关键海区海表面温度异常响应的稳定性设计第二组试验,如表 8.6 所示。利用 IAP-9L 模式,通过在关键海区加入不同幅度的海温异常,分析海温变化对中国西北地区东部降水的影响。仍取第 11 模式年模拟的结果为控制试验;以模式运行 10 年后的结果作为敏感性试验的初始场,1—5 月在相应海区加入海温异常,模式运行 1 年,分析中国西北地区东部夏季(6—8 月)平均的降水异常情况。

以敏感性试验 Sen14~17 的结果为例,当冬、春季巴伦支海海域海温偏低时,中国西北地区东部夏季降水偏少(图 8.13a~b);而巴伦支海海域海温高时,中国西北地区东部降水偏多(图 8.13c~d)。尽管数值模拟的结果与再分析资料诊断分析的结果具有一定的一致性,揭示了冬、春季格陵兰海—巴伦支海海冰变化可能通过影响大气环流而导致中国西北地区东部降水异常,但是大气环流变化除了受到下垫面影响之外,也受到大气内部过程的作用,降水异常是诸多因素综合作用的结果。因此,在实际的气候预测业务工作中,需要结合已有研究结果和多个例分析进行综合实践。

表 8.6　试验方案设计二

控制试验	敏感性试验(以 IAP-9L 模式运行 10 年后的结果作为敏感性试验的初始场)		
	试验	海温异常	模式运行时间
IAP-9L 模式运行 11 年,第 11 年模拟结果为控制试验(ctrl)	试验 11(Sen11)	−5 ℃	1 年
	试验 12(Sen12)	−4 ℃	1 年
	试验 13(Sen13)	−3 ℃	1 年
	试验 14(Sen14)	−2 ℃	1 年
	试验 15(Sen15)	−1 ℃	1 年
	试验 16(Sen16)	+1 ℃	1 年
	试验 17(Sen17)	+2 ℃	1 年
	试验 18(Sen18)	+3 ℃	1 年
	试验 19(Sen19)	+4 ℃	1 年
	试验 20(Sen20)	+5 ℃	1 年

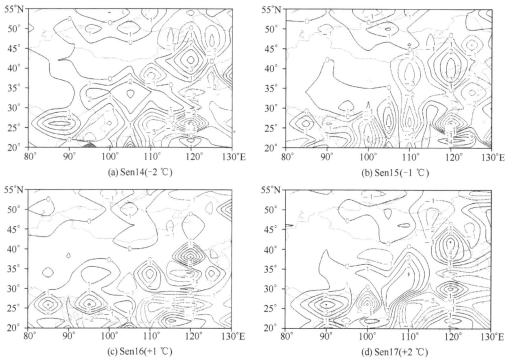

(a) Sen14(−2 ℃)　　　　　　　(b) Sen15(−1 ℃)

(c) Sen16(+1 ℃)　　　　　　　(d) Sen17(+2 ℃)

图 8.13　敏感性试验中的东亚区域的夏季降水异常场

8.4　格陵兰海－巴伦支海海冰影响中国西北地区东部降水预测指标和概念模型

8.4.1　预测指标

格陵兰海－巴伦支海海冰异常关键区如图 8.14 所示(55°～85°N,45°W～15°E),将该区域海冰密集度平均作为格陵兰海－巴伦支海海冰指数。

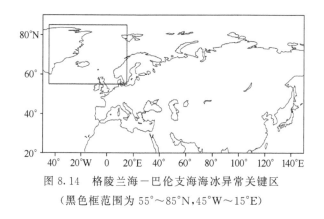

图 8.14　格陵兰海－巴伦支海海冰异常关键区

(黑色框范围为 55°～85°N,45°W～15°E)

将格陵兰海－巴伦支海海冰指数进行去线性化处理,用去线性趋势后的海冰指数,1963年以来,前期冬季 12—2 月格陵兰海－巴伦支海海冰与后期 6 月中国西北地区东部降水关系持续显著(图 5.15),其中 1 月关系最好,因此选取前期冬季 12—2 月格陵兰海—巴伦支海海冰作为中国西北地区东部初夏 6 月降水的预测指标。

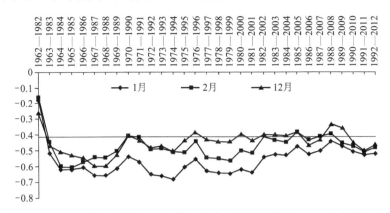

图 8.15　中国西北地区东部 6 月降水 EOF 第一模态时间系数序列(PC1)与前期冬季(12—2 月)去线性趋势的格陵兰海—巴伦支海海冰指数的 21 年滑动相关(黑色粗实线为 $\alpha=0.05$ 的显著水平)

8.4.2　概念模型

在诊断分析的基础上,结合数值模拟,揭示了冬季格陵兰海—巴伦支海海冰变化及其持续性与中国西北地区东部夏季降水异常之间的联系,建立了北半球高纬度海洋热状况影响中国西北东部夏季降水的物理过程的预测概念模型(图 8.16)和物理概念模型(图 8.17)。当北半球冬季 12—2 月,尤其是 1 月格陵兰海—巴伦支海海域海冰偏多(少)时,通过其异常在春季的持续性,影响到中国西北地区东部 6 月降水可能偏少(多)(图 8.16)。冬、春季海冰的持续性异常信号通过激发欧亚遥相关波列影响中国东部环渤海区域上空位势高度场的异常,这种异常在 200 hPa、500 hPa、700 hPa 和 850 hPa 图上有着近似正压变化的结构,并在对流层低层比湿、相对湿度和大气可降水量等要素上也有显著的表现,从而影响中国西北地区东部夏季降水的异常(图 8.17)。

图 8.16　格陵兰海—巴伦支海海冰影响中国西北地区东部降水的预测概念模型

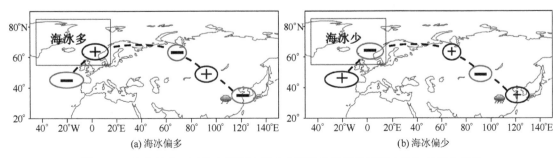

(a) 海冰偏多　　　　　　　　　　　　　(b) 海冰偏少

图 8.17　格陵兰海—巴伦支海海冰影响中国西北地区东部降水的物理概念模型

8.5 本章小结

中国西北地区东部降水具有区域一致性变化的特征,影响该区域降水异常偏多或偏少的关键系统之一即是中国东部渤海、黄海及周围地区上空的异常环流系统。渤黄海关键区上空出现异常反气旋式(气旋式)环流时,易造成中国西北地区东部降水偏多(少)。而冬、春季格陵兰海一巴伦支海海冰持续性异常可能通过激发欧亚遥相关波列,影响渤黄海关键区上空的位势高度异常而影响中国西北地区东部降水。

(1)渤黄海关键区上空出现的异常环流系统是影响中国西北地区东部降水异常的关键系统之一。渤黄海关键区 500 hPa 位势高度与中国西北地区东部区域平均的 1—12 月降水存在显著正相关关系。当渤黄海上空为位势高度正异常时,中国西北地区东部上空有偏南风异常,对流层大气上升运动增强,大气可降水量、对流层低层大气相对湿度和比湿都显著增大,中国西北地区东部降水异常偏多。

(2)冬、春季格陵兰海一巴伦支海海冰变化对中国西北地区东部 6 月降水异常存在持续性影响。中国西北地区东部 6 月降水与冬、春季北极关键海区海冰存在显著的负相关,其中 1 月的负相关关系最显著,并且这种关系在 2—5 月也有很好的持续性。即冬、春季关键海域海冰偏多(少)时,中国西北地区东部 6 月降水可能偏少(多)。

(3)冬、春季格陵兰海一巴伦支海海冰异常通过遥相关波列影响渤黄海关键区上空的位势高度异常而影响中国西北地区东部夏季降水异常。冬、春季格陵兰海一巴伦支海海冰异常偏多时,夏季在欧亚大陆上空 850~200 hPa 高度场上存在一明显正负相间波列,其中格陵兰海域及欧洲东部上空为位势高度的正异常,新地岛以南乌拉尔山上空为位势高度负异常,蒙古高原上空、巴尔喀什湖与贝加尔湖上空为位势高度正异常,渤黄海区域上空为位势高度负异常,中国西北地区东部夏季降水偏少。关键海域海冰异常偏少时,与之相反。需要注意的是,冬、春季高纬度海冰异常对中国西北地区东部夏季降水的影响近年来有所减弱。

第9章 中国西北地区东部降水客观化预测方法和模型

9.1 基于有物理意义的外强迫因子的客观化预测模型

9.1.1 客观化预测模型

在本项目研究基础上,结合对前人研究成果及日常业务总结出的月尺度降水预测指标的梳理,归纳出三类影响中国西北地区东部月尺度降水异常的因子,第一类为中国气象局下发的外强迫因子指数,主要包括赤道中东太平洋海温、热带印度洋海温、西风漂流区海温、大西洋海温等;第二类为中国气象局下发的大气环流指数,主要包括北极涛动指数、南极涛动指数、北大西洋涛动指数(NAO)、南方涛动指数、太平洋—北美遥相关型指数(PNA)等;第三类为根据在研究过程中发现对中国西北地区东部降水有显著影响的、不属于上述两类因子的自建指数(表9.1)。进一步分析确定其对中国西北地区东部降水的关键影响时段,以1981—2012年32年作为建模时段,采用多元线性回归方法,建立了152个气象站(国家级)逐月降水客观预测模型(表9.2)。

表 9.1 不同月外强迫因子及其影响时段

预测月	外强迫因子	外强迫因子时段
1	热带北大西洋海温指数	上年1—6月
	南极涛动	上年6—7月
	北极涛动	上年2月
	Nino3	上年11—12月
2	南方涛动	上年9—11月
	北极涛动	上年9—11月
	PNA(太平洋—北美遥相关型指数)	上年5月
	北大西洋涛动	当年1月
3	南方涛动	上年11—12月
	PNA(太平洋—北美遥相关型指数)	上年3月
	Nino3.4	上年9—11月
	西风漂流区	上年9—11月
	南印度洋三极子	当年1—2月
4	Nino3.4	上年5—6月
	黑潮区	上年9—11月
	南极涛动	上年2月
	Nino1+2	上年4—9月
	南极涛动	上年11月

续表

预测月	外强迫因子	外强迫因子时段
5	Nino3	上年7月—当年2月
	Nino1+2	当年1—3月
	印度洋海盆模	当年1—3月
	北极涛动	当年3月
6	Nino3	上年12月—当年2月
	印度洋海盆模	当年3—4月
	大西洋三极子	当年3—4月
	NAO(北大西洋涛动)	上年12月—当年4月
	春季高原感热	当年3—5月
	格林兰海冰密集度	当年1月
7	印度洋偶极子	当年5月
	大西洋三极子	当年3—5月
	Nino3	当年3—5月
	印度洋海盆模	上年12月—当年5月
	PDO(太平洋年代际振荡)	当年1—3月
	欧亚中高纬感热通量	当年1月
	春季高原感热	当年3—5月
8	北大西洋	上年8—12月
	北极涛动	当年3月
	Nino1+2	当年5—7月
	Nino3	当年5—7月
	Nino3.4	当年5—7月
	欧亚中高纬地表感热	当年1月
	春季高原感热	当年3—5月
9	南方涛动	当年4月
	副热带南印度洋偶极子(SIOD)	当年7月
	南极涛动	当年7月
10	Nino1+2	当年7—9月
	Nino3	当年9月
	南方涛动	当年8月
	北大西洋涛动	当年2月
11	PNA(太平洋—北美遥相关型指数)	当年3—4月
	Nino1+2	上年12月—当年3月
	Nino3	上年12月—当年3月
	Nino3.4	上年12月—当年3月
	南极涛动	当年5月
	印度洋海盆模	当年9月
	NAO(北大西洋涛动)	当年9月
12	南方涛动	当年4月
	PNA(太平洋—北美遥相关型指数)	当年8月
	南极涛动	当年8月

表 9.2　代表站夏季降水客观化预测模型

地区	月	预测模型	相关系数	预报因子说明
兰州	6 月	$Y=51.1+3.707X_1-19.343X_2+13.511X_3-21.569X_4-0.143X_5$	0.254	
	7 月	$Y=3.5-0.785X_1+0.083X_2-6.307X_3-0.738X_4-0.506X_5+0.598X_6$	0.389	
	8 月	$Y=8.0-36.780X_1+0.617X_2+14.195X_3-29.575X_4+12.765X_5-1.254X_6-0.409X_7$	0.598	
左旗	6 月	$Y=31.1+4.625X_1-4.753X_2-4.489X_3+39.165X_4-0.178X_5$	0.388	
	7 月	$Y=-40.4-5.331X_1+0.893X_2-10.211X_3+9.466X_4-1.397X_5+0.257X_6$	0.523	X_1、X_2、X_3、X_4、
	8 月	$Y=6.1-30.587X_1+0.074X_2+5.225X_3-26.652X_4+22.998X_5+0.665X_6-0.015X_7$	0.533	X_5、X_6、
宝鸡	6 月	$Y=86.0+4.069X_1-11.493X_2+18.188X_3+10.074X_4-0.223X_5$	0.354	X_7 分别
	7 月	$Y=5.8-18.263X_1-3.127X_2-9.302X_3+72.151X_4-1.774X_5+0.154X_6$	0.426	依次对
	8 月	$Y=-14.3+20.0284X_1-0.938X_2-32.817X_3+135.745X_4+132.314X_5-2.016X_6+0.737X_7$	0.401	应表 9.1
银川	6 月	$Y=24.9+1.550X_1+34.578X_2+0.703X_3+16.375X_4-0.029X_5$	0.306	中 的 因
	7 月	$Y=10.3-19.305X_1-0.541X_2+4.995X_3-30.617X_4-0.827X_5-0.474X_6$	0.354	子
	8 月	$Y=35.2-20.949X_1+0.447X_2+6.925X_3-29.218X_4+29.646X_5-0.124X_6+0.015X_7$	0.589	
西宁	6 月	$Y=79.7+7.185X_1-1.982X_2+13.451X_3-29.350X_4-0.418X_5$	0.134	
	7 月	$Y=46.2+2.994X_1+5.278X_2-12.053X_3+38.463X_4-0.308X_5+0.520X_6$	0.398	
	8 月	$Y=15.8+39.734X_1+0.167X_2+2.214X_3+8.976X_4-22.299X_5-0.93265X_6+0.338X_7$	0.529	

9.1.2　模型效果检验方法

采用相关系数和气候业务上常用的评分检验法对模型拟合效果进行检验。

相关系数计算公式如下：

$$r=\frac{\mathrm{Cov}(X,Y)}{\sqrt{\mathrm{Var}[X]\mathrm{Var}[Y]}} \tag{9.1}$$

式中：r 为相关系数；X 为预测值；Y 为实况值；$\mathrm{Cov}(X,Y)$ 为 X 与 Y 的协方差；$\mathrm{Var}[X]$ 为 X 的方差；$\mathrm{Var}[Y]$ 为 Y 的方差。

采用符号一致率（Pc）对中国西北地区东部单站各月 1981—2012 年拟合降水量的趋势以及气候业务上应用的 PS 评分法对中国西北地区东部逐年各月拟合降水量的趋势进行评估。降水量距平百分率小于零为负趋势、大于和等于零为正趋势（表 9.3）。

符号一致率主要是以预测和实况的距平百分率符号是否一致为判断依据。当预测和实况距平百分率符号一致时认为预测正确（表 9.3）。评分步骤如下：

(1)判定预测是否正确。假定 A 为预测，B 为实况，

①当 $AB>0$ 时，判定预测正确；

②当 $AB=0$ 时，若 $A=0$ 且 $B>0$ 时，判定预测正确；

若 $B=0$ 且 $A>0$ 时，判定预测正确；

若 $A=B=0$ 时，判定预测正确；

若 $A=0$ 且 $B<0$ 时，判定预测错误；

若 $B=0$ 且 $A<0$ 时，判定预测错误；

③当 $AB<0$ 时，判定预测错误。

(2)统计预测正确年数 N。

(3)计算得出一致率评分：$Pc=100 \cdot N/32$。

表 9.3　降水预测的一致率评分标准

预测	实况					
	$B \geqslant 50\%$	$50\% > B \geqslant 20\%$	$20\% > B \geqslant 0$	$0 > B > -20\%$	$-20\% \geqslant B > -50\%$	$B \leqslant -50\%$
$A \geqslant 50\%$	√	√	√	×	×	×
$50\% > A \geqslant 20\%$	√	√	√	×	×	×
$20\% > A \geqslant 0$	√	√	√	×	×	×
$0 > A > -20\%$	×	×	×	√	√	√
$-20\% \geqslant A > -50\%$	×	×	×	√	√	√
$A \leqslant -50\%$	×	×	×	√	√	√

Ps 检验方法的计算公式:

$$Ps = \frac{a \cdot N_0 + b \cdot N_1 + c \cdot N_2}{(N - N_0) + a \cdot N_0 + b \cdot N_1 + c \cdot N_2 + M} \times 100 \qquad (9.2)$$

式中:N 为总站数;N_0 为气候趋势正确的站数,即为预测的降水距平百分率正负符号的预测。当预测的降水距平百分率与实况的符号相同(0代表正)时,表示趋势正确。N_1 为一级异常预测正确的站数;N_2 为二级异常预测正确的站数;M 为没有预测二级异常而实况出现降水距平百分率 $\geqslant 100\%$ 或等于 -100% 的站数;a、b 和 c 分别为气候趋势项、一级异常项和二级异常项的权重系数,本办法分别取 $a = 2, b = 2, c = 4$。降水距平百分率异常分级标准如表 9.4。

表 9.4　降水距平百分率异常分级

异常分级	二级异常	一级异常	正常级	正常级	一级异常	二级异常
降水距平百分率(ΔR)	$\Delta R \leqslant -50$	$-50 < \Delta R \leqslant -20$	$-20 < \Delta R < 0$	$0 \leqslant \Delta R < 20$	$20 \leqslant \Delta R < 50$	$\Delta R \geqslant 50$
趋势	负趋势	负趋势	负趋势	正趋势	正趋势	正趋势

9.1.3　模型拟合效果检验

通过对拟合的降水距平百分率和实况降水距平百分率之间的相关系数检验结果表明:通过 0.05 的显著性检验的站全年平均占 78%,通过 0.01 的为 55%。除 12 月仅有 14% 的站点通过 0.05 的显著性检验,其他月有 64% 以上,尤其 1 月、3—5 月、7—8 月和 11 月达到 82% 以上,各月平均相关系数达到 0.379 以上,超过 0.01 的显著性水平;其中夏季 6—8 月有 63%～84% 的站点通过 0.05 显著性检验;除 12 月外,其他月有 29% 以上站点通过 0.01 的显著性检验,其中 1 月、3—5 月、7—8 月在 60% 以上(表 9.5)。

表 9.5　相关系数通过 0.05 和 0.01 显著性水平检验的站数百分比(%)

	1月	2月	3月	4月	5月	6月	7月	8月	9月	10月	11月	12月	平均
$\alpha = 0.01$	80	37	85	79	63	30	60	60	47	56	57	1	55
$\alpha = 0.05$	93	70	99	95	88	63	84	84	74	76	94	14	78

从区域看,总体上,甘肃和宁夏通过 0.05 显著性水平的站全年平均占 81%～84%,青海和陕西在 75%～76%,内蒙古最少,为 68%。汛期 6 月通过 0.05 显著性水平的站较少,除甘肃 89%,其他各地在 50%～67%,7—8 月较好,尤其 8 月各地都在 80% 以上;1 月、3 月、5 月

通过 0.05 显著性水平的站都在 78％以上；4 月和 11 月内蒙古较低，为 56％和 67％，其他各地在 80％以上；2 月和 10 月内蒙古和陕西较低，内蒙古分别为 44％和 11％，陕西分别为 57％和 64％，其他各地都在 80％以上；9 月各地在 64％～83％；12 月各地都在 45％以内（表 9.6）。

表 9.6　各省各月拟合与实况相关系数通过 α 为 0.05 显著性水平检验的站数百分比（％）

地区	1 月	2 月	3 月	4 月	5 月	6 月	7 月	8 月	9 月	10 月	11 月	12 月	平均
甘肃	87	82	100	98	78	89	77	88	64	93	100	13	81
内蒙古	100	44	100	56	89	67	67	89	78	11	67	44	68
宁夏	100	90	100	100	95	55	85	95	65	95	95	30	84
青海	80	80	90	80	80	50	80	90	70	100	90	10	75
陕西	94	57	97	99	93	51	91	80	83	64	93	6	76

以拟合的降水距平百分率作为预测值，对中国西北地区东部进行 Pc 和 Ps 评分检验。结果表明，从符号一致率看，总体上，2 月和 12 月平均符号一致率低于 60％，分别为 51％和 59％，其他月都在 60％以上，其中 1 月最高为 70％（表 9.7），最高的站甘肃庆城、镇原、宁夏银川、陕西旬邑、陇县、礼泉、渭南、山阳等地均为 84％；其次为 4 月，平均 70％，最高 84％（图 9.1）；汛期 3 个月在 62％～64％之间。从各月符号一致率在 60％以上的站数比看，2 月最低，仅为 13％，其次为 12 月，为 45％，其他月在 54％～89％，尤其 1 月、3—4 月高达 83％以上。

从 Ps 评分看，除 2 月和 12 月低于 70％，分别为 67％和 64％，其他月都在 70％以上，其中 3 月最高，达 80％（表 9.8），汛期 3 个月在 74％～78％之间。

表 9.7　各月拟合降水距平百分率的 Pc 检验（％）

	1 月	2 月	3 月	4 月	5 月	6 月	7 月	8 月	9 月	10 月	11 月	12 月
平均	70	51	69	70	64	62	62	64	62	65	62	59
60％以上的站数比	89	13	88	83	63	54	59	67	61	67	59	45

表 9.8　各月拟合降水距平百分率的 Ps 检验（％）

	1 月	2 月	3 月	4 月	5 月	6 月	7 月	8 月	9 月	10 月	11 月	12 月
Ps	80	67	80	82	76	74	75	78	75	77	74	64

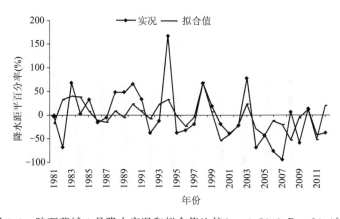

图 9.1　陕西蒲城 4 月降水实况和拟合值比较（r＝0.5349，Pc＝84.4％）

9.1.4　模型预测效果检验评估

选取 2014—2016 年作为独立样本，采用 Pc 和 Ps 方法对模型预测效果进行检验。

总体来看，中国西北地区东部降水的模型预测效果 3 年年平均 Ps 评分为 64%，其中 2015 年最高，为 69%。模型在 1—12 月的 Ps 评分中，8 月、7 月、3 月分别达到 85%、79%、75%，9 月、2 月、1 月、5 月的 Ps 评分也都高于 60%（图 9.2）。36 个月中，有 25 个月（占 69.4%）Ps 评分高于 60%，其中有 7 个月高于 80%（表 9.9），从高到低依次为 2015 年 8 月、2016 年 8 月、2016 年 1 月、2016 年 9 月、2014 年 6 月、2014 年 7 月、2015 年 7 月（图 9.3）。

从符号一致率（Pc）看，大部分月及年平均都比相对应的 Ps 低，近 3 年平均 52%，各年平均在 47%～59% 之间，2015 年最高；各月平均在 38%～72% 之间，12 月最低，8 月最高，且只有 8 月高于 60%（图 9.2）。36 个月中，有 14 个月（占 38.9%）Pc 评分高于 60%，其中 2015 年 11 月高达 92%。

表 9.9　2014—2016 年预测 Ps 评分(%)

月	2014		2015		2016		3 年	
	Ps	Pc	Ps	Pc	Ps	Pc	Ps	Pc
1	45	41	63	41	88	78	65	53
2	54	56	68	53	77	65	66	58
3	77	62	79	63	69	40	75	55
4	13	12	73	84	60	41	49	46
5	50	34	64	49	73	60	62	48
6	82	72	38	25	54	38	58	45
7	82	61	82	58	73	53	79	57
8	72	56	95	87	89	73	85	72
9	58	45	63	47	84	62	68	51
10	70	56	71	54	29	20	57	43
11	68	58	71	92	34	26	58	58
12	19	13	63	61	51	40	44	38
平均	58	47	69	59	65	50	64	52

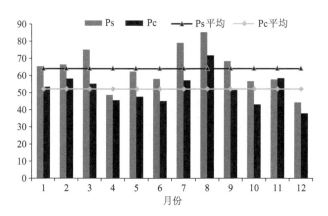

图 9.2　2014—2016 年 3 年模型预测质量 Ps 评分和 Pc 评分(%)

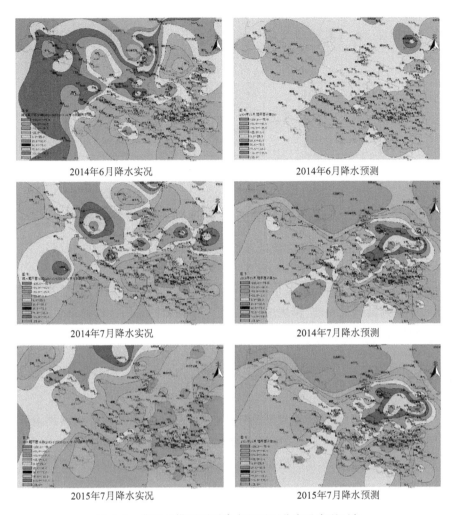

2014年6月降水实况　　　　　　　　2014年6月降水预测

2014年7月降水实况　　　　　　　　2014年7月降水预测

2015年7月降水实况　　　　　　　　2015年7月降水预测

图 9.3　典型月模型预测降水距平百分率及实况(%)

9.2　外强迫因子综合相似预测方法

目前短期气候预测主要针对月、季尺度的气温和降水异常进行预测。本节这里提出的"外强迫因子综合相似预测方法",是指在历史同期通过寻找与预测时段前期外强迫因子最相似的年份来进行预测的方法。

9.2.1　外强迫因子综合相似预测方法内涵和步骤

第一首先要通过研究确定某预测时段气候异常的前期强影响信号,即与预测时段气候异常有显著关联的前期外强迫因子,这些外强迫因子对气候的影响最好有明确的物理机制和过程,假设有 N 个这样的外强迫因子(图 9.4)。

第二针对预测时段,根据这 N 个显著关联的外强迫因子当前的异常状况,在有观测资料的历史时段内,分别寻找与这 N 个外强迫因子当前异常最为相似的前 M 个(推荐 5～8 个)年份,共确定出 $N×M$ 个相似年份。

第三在确定的 $N \times M$ 个相似年份中,找出外强迫因子相似最多的年份,该年份就是外强迫因子综合相似年,该相似年的气候要素异常可以作为预测时段气候异常预测的重要参考。

图 9.4　外强迫因子综合相似预测步骤示意图

9.2.2　外强迫因子综合相似预测方法客观判别相似年方法

提出利用相关系数加欧式距离方法进行客观判别外强迫因子的综合相似年。针对与预测时段显著关联的 N 个因子,逐个因子判断其相似年,首先利用相关分析方法,挑选出相关系数最高,即趋势最一致的年份排序,第二步在选出的趋势最一致的前 $M0$ 个(推荐 $10 \sim 15$ 个)中,利用计算欧式距离判断相似程度,再挑选出前 M 个最相似的年份。这样可以通过客观判断挑选出 $N \times M$ 个最相似的年份供预报员参考。

9.3　本章小结

结合本项目研究成果、前人研究成果及日常业务中总结的月尺度降水预测指标的梳理,归纳出 3 类影响中国西北地区东部月尺度降水异常的因子和关键影响时段,采用多元线性回归方法,建立了各地逐月降水客观预测模型,并简要介绍了外强迫因子综合相似预测方法的内涵及客观化判别步骤。

采用相关系数、符号一致率、Ps 评分检验法对模型拟合效果进行了检验。全年 78% 的气象站拟合降水距平百分率和实况降水距平百分率之间的相关系数通过 0.05 的显著性检验,大部分月在 64% 以上;宁夏和甘肃效果最好,全年达 $81\% \sim 84\%$;大部分月符号一致率在 $60\% \sim 70\%$、Ps 评分在 $70\% \sim 80\%$。

采用符号一致率、Ps 评分检验法,选择 3 年独立样本对模型预测效果进行了检验。平均 Ps 评分 64%,有 25 个月(占 69.4%)Ps 高于 60%;符号一致率近 3 年平均 52%,有 14 个月(占 38.9%)Pc 评分高于 60%。

第 10 章　中国西北地区东部汛期降水气候预测系统

10.1　系统简介

"西北地区东部降水气候预测系统"(简称"预测系统"或"NWE-PPS")将公益性行业(气象)专项中有关汛期降水预测的最新研究成果通过计算机语言集成为一个业务软件系统。与此同时,该系统结合数据库、GIS、统计分析等技术,以及项目最新成果建立的预测模型方法,将最新科研成果进行业务转化与应用,提高了中国西北地区东部汛期降水气候预测客观化水平和工作效率。

"预测系统"默认降水预测区域为中国西北地区东部(图 10.1),包括甘肃、宁夏、陕西、内蒙古和青海等省区 200 个气象站点。其中,甘肃 66 个、陕西 90 个、宁夏 22 个、内蒙古 11 个、青海 11 个。系统数据库资料起始时间统一默认设置为 1961 年 1 月 1 日,主要包括逐日、逐月降水和气温等气象要素。

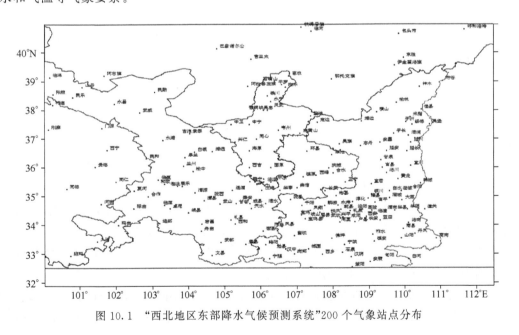

图 10.1　"西北地区东部降水气候预测系统"200 个气象站点分布

10.1.1　系统主要功能

(1)资料自动下载入库。按照用户设置,能自动定时下载国家气候中心 130 项气候指数、气候信息处理与分析系统(简称 CIPAS)中本区域内站点降水和气温资料,以及美国国家环境预报中心(NCEP)再分析资料,并进行处理入库。同时,支持用户手动数据资料下载。

(2)降水和气温的统计、查询。在中国西北地区东部研究区域内,能对甘肃、陕西、宁夏、青海(部分站点)、内蒙古(部分站点)的气候特征要素(降水和气温)进行全区域和分省(区)统计和查询分析。

(3)环流及海温场分析。该系统使用 NCEP 资料,能对全球或指定区域的大气温度、位势高度、纬向风场、经向风场、相对湿度、垂直速度和海表温度等进行统计诊断分析和显示,也可对选定的分析对象进行指定时间段年代际特征分析,并对典型降水年大气环流及海温场特征进行合成分析。

(4)气候指数诊断分析。该系统能够对 88 个大气环流指数、26 个海温指数、29 个其他气候指数(包括项目新建气候指数 13 个)原值和距平值年代际变化特征进行诊断分析。

(5)降水与气候指数相关分析。该系统能对甘肃、陕西、宁夏单个省区,或中国西北地区东部整个区域选定时段的降水与选定时段的气候指数进行相关分析,并提供通过 4 个信度(无信度、90%、95%、98%)检验的分析结果。

(6)降水时空分布特征分析。该系统能对选定区域、时间段的降水原值、距平和标准化值进行经验正交分解(EOF),给出 EOF 分解后的第一到第五模态空间分布结果,以及对应模态的时间系数变化曲线。

(7)月、季尺度降水预测。该系统能对甘肃、陕西、宁夏单个省区,或者中国西北地区东部整个区域选定月和季节,按照设置好的统计预测概念模型,给出多因子动态回归客观化降水预测结果。同时,根据外强迫因子进行客观化诊断,给出降水综合相似年。

(8)统计诊断和预测结果多种形式输出。能将统计、诊断分析和降水预测计算结果实时输出为图像和数据列表,并可保存后缀为 jpg、bmp 和 txt、xls 等格式的文件。`

10.1.2 系统主要特点

(1)集成了行业专项课题新建的 13 个预测指数、10 个降水预测物理概念模型等研究最新成果。

(2)将项目建立的外强迫因子综合相似、动态多因子线性回归降水预测方法实现了客观化和自动化,并实现了业务应用。

(3)融入了气象专业绘图软件 GrADS,不仅实现了对专业绘图软件的无缝集成,也实现了人机交互下的脚本自动生成,能将传统的命令行交换转变为图形化操作。

(4)集成了 GIS 图形分析及绘制功能组件 Map-Objects,在完成气候诊断计算分析的同时,能绘制体现时空分布特征的等值线填充图。

(5)实现了多种形式的数据更新途径。包括针对 CIPAS 开发的定时自动数据下载入库,针对离线文件(* .CPS)的手动入库更新,以及针对整理数据的文本文件(* .txt)的数据导入更新。

(6)支持预测模型本地参数选择。用户可以根据本地地理气候特征,更新预测模型中的指数种类和敏感时间段。内置地理信息支持宁夏、陕西、甘肃 3 省站点应用和显示。

10.2　系统安装

10.2.1　系统环境要求

用于安装该系统的计算机系统环境需要满足以下技术要求：

(1)计算机操作系统为 Windows XP,或者 Windows 7；

(2)操作系统能支持 Microsoft SQL Server 2008 R2 数据库运行；

(3)操作系统有支持 GIS 功能组件 Map Objects 2.2 的环境；

(4)操作系统有支持 GrADS2.0 的环境。

10.2.2　系统运行环境安装

在安装"降水气候预测系统"之前,需要在计算机上首先完成 Microsoft SQL Server 2008 R2 数据库和气象专业 GrADS 绘图环境的安装及设置。安装设置步骤如下：

(1)数据库安装及配置

根据网上教程"SQL Server 2008 R2 安装图文教程",完成 Microsoft SQL Server 2008 R2 数据库服务器安装配置。之后需要在 SQL Server 中附加"降水气候预测系统"数据库文件 XBQY_Rain_YC.mdf。具体步骤如下：

步骤1:登录 SQL Server 服务器后,右键点击"数据库"项目,选择"附加"(图 10.2),打开"附加数据库"窗口(图 10.3)。点击"添加"按钮,打开"定位数据库文件"窗口(图 10.4),选择本系统数据库文件 XBQY_Rain_YC.mdf 的保存目录及文件,点击"确定",附加数据库文件成功。

图 10.2　附加数据库文件

图 10.3　附加数据库窗口

图 10.4 定位数据库文件

步骤 2:首先删除附加数据库中原有登录名称,其次新建本系统现在要用的登录名称,并指定其权限。具体方法如下:

在 SQL Server 2008 数据库对象资源管理器中,"安全性"→"登录名"右击选择"新建登录名"(图 10.5)。打开"新建登录名"窗口,输入登录名称信息:登录名、密码、选择数据库、默认语言等信息(图 10.6)。

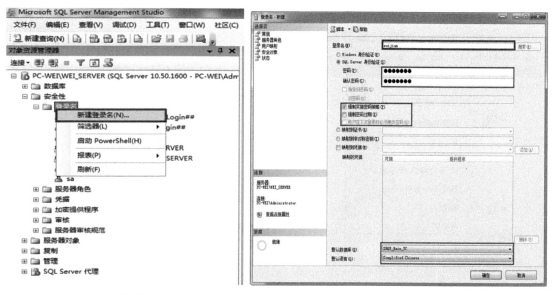

图 10.5 新建登录名   图 10.6 输入新建登录名信息

选择登录名属性中"服务器角色"选项,数据库角色中勾选 public 和 sysadmin 两个选项(图 10.7)。

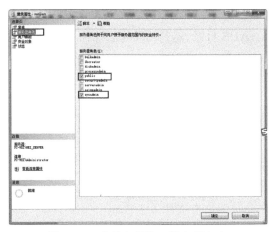

图 10.7　登录名属性—服务器角色

选择登录名属性中"用户映射"选项,登录名默认架构选择 dbo,数据库角色成员身份中勾选 public 和 db_owner 两个选项(图 10.8)。

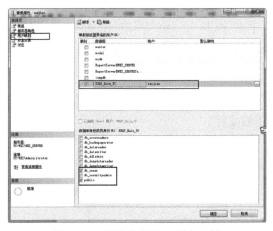

图 10.8　登录名属性—用户映射

选择登录名属性中"安全对象"选项,选择安全对象登录名,勾选 4 项权限:查看定义,更改,控制,模拟(图 10.9)。操作完成后,"降水气候预测系统"需要的 Microsoft SQL Server 2008 R2 数据库环境就安装配置好了。

图 10.9　登录名属性—安全对象

（2）GrADS绘图环境的安装

在安装目录下，进入 GrADS 目录，运行 openGrADS.exe，选择"安装"按钮（图 10.10），其他选择默认 GrADS 选项，点击确定，安装完成后"降水气候预测系统"需要的 GrADS 绘图环境就配置好了。

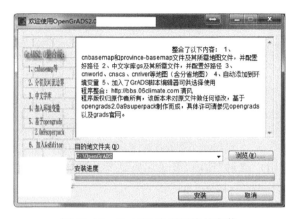

图 10.10 GrADS 绘图环境的安装

10.2.3 系统安装

"预测系统"安装包主要包含 GIS 系统支持 DLL、系统应用文件、配置文件，系统参数设置等文件，以及系统安装包压缩文件。

安装压缩包里有 9 个文件（详见表 10.1），其中包含 1 个系统安装运行文件、5 个数据文件、2 个配置文件和 1 个界面文件。解压缩后安装目录文件如图 10.11 所示。

表 10.1 安装压缩包文件列表清单

序号	文件名称	备注
1	setup. inx	配置文件
2	Setup. ini	配置文件
3	Setup. exe	安装时运行
4	Setup. bmp	界面
5	layout. bin	数据文件
6	ikernel. ex_	数据文件
7	data2. cab	数据文件
8	data1. hdr	数据文件
9	data1. cab	数据文件

名称	修改日期	类型	大小
setup.inx	2016/1/21 15:42	INX 文件	148 KB
Setup.ini	2016/1/21 15:42	配置设置	1 KB
Setup.exe	2000/10/5 16:00	应用程序	53 KB
Setup.bmp	1997/4/16 1:46	BMP 图像	81 KB
layout.bin	2016/1/21 15:43	BIN 文件	1 KB
ikernel.ex_	2002/7/26 8:07	EX_ 文件	339 KB
data2.cab	2016/1/21 15:43	WinRAR 压缩文…	121,848 KB
data1.hdr	2016/1/21 15:43	InstallShield Me…	33 KB
data1.cab	2016/1/21 15:42	WinRAR 压缩文…	427 KB

图 10.11　解压缩后安装目录文件列表

(1)系统安装步骤

步骤 1:双击运行 Setup. exe 安装文件,系统开始安装,弹出安装界面(图 10.12)。

图 10.12　预测系统安装界面

步骤 2:第一次安装没有该选项,如若重装会出现选择安装类型的界面(图 10.13)。其中,各安装类型选项具体说明见表 10.2。

图 10.13　降水气候预测系统选择安装类型

表 10.2　安装类型选项说明表

序号	选项名称	说明
1	Modify	修改安装配置
2	Repair	覆盖重新安装
3	Remove	删除原有安装的所有内容

步骤 3：预测系统安装成功后，会显示如图 10.14 的界面信息。同时，系统安装完成后，会自动在桌面和开始菜单中添加"降水气候预测系统"项和图标。

图 10.14　预测系统安装完成

（2）系统设置

预测系统安装完成后，由于数据库登录账户差别，需要对系统参数设置文件"DataSource. ini"中的数据库访问参数和本地路径参数进行修正（表 10.3）。用户可以根据本地环境和信息，对相关参数信息进行修改设置，以保证系统能够正常运行。

表 10.3　系统初始环境设置内容

类别	序号	名称	说明
系统配置	1	输出路径＝安装目录\产品目录\	本系统安装目录
	2	单位名称＝宁夏气候中心	用户单位信息，建议修改
	3	版权单位＝宁夏气候中心	用户单位信息，建议修改
	3	系统名称＝宁夏降水气候预测系统	用户系统名称信息，建议修改
	4	Gr 安装目录	用户 Gr 的安装目录位置
	5	NCEP 文件目录	用户 NCEP 文件存放位置
	6	图片目录	用户图片结果存放位置
	7	GS 文件目录	用户生成脚本存放位置
数据库配置	8	本地数据库配置	必须修正
	9	服务器名＝ip 地址或服务名称	必须修正
	10	数据库名＝XBQY_Rain_YC	必须修正
	11	登录名＝	必须修正
	12	密码＝	必须修正

注：除了以上注明必须修正的项目外，其他项目可以在运行中修改。①请修正等号（＝）之后为本机或服务器的正确路径和参数；②如果数据库参数不正确，系统将运行错误。

（3）系统安装及运行注意事项

请妥善保管安装文件包，并及时备份安装目录下的文件和文件夹。

系统运行后，本地机器环境设置会发生变化（图例、位置、地图元素、数据库等），而这些信息又和本地运行环境紧密相关。这些文件一般都保存在安装目录文件夹中，建议及时对上述信息进行备份，有助于恢复本地机器系统运行环境。

如果系统已经在本机中安装过，但是被杀毒软件杀毒等原因而破坏了本系统文件，只需要用备份目录中的文件对安装目录文件进行覆盖即可。

10.3　系统操作界面简介

10.3.1　系统操作界面

（1）系统初始界面

双击桌面"降水气候预测系统"图标，进入系统初始界面。降水气候预测系统可以根据预测人员设置，可将默认启动与操作界面显示为单个省区（例如宁夏，图 10.15），或者整个中国西北地区东部区域（图 10.16）。

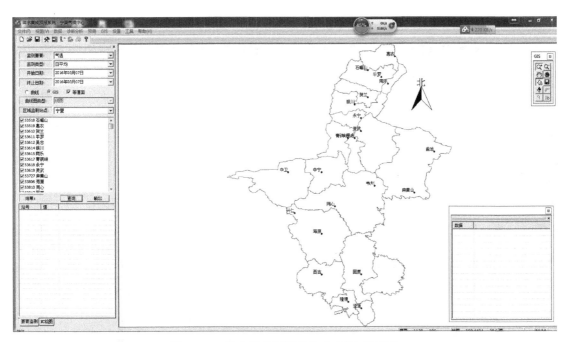

图 10.15　降水气候预测系统启动界面（宁夏）

系统初始界面设置方法：

①系统初始默认设置为宁夏区域，显示如图 10.15。

②如果需要设置为其他省区，具体操作步骤为：进入系统→"设置"→"系统设置"→"应用范围设置"，设置系统使用对应的数据区域。

③系统可选择设置的显示区域包括宁夏、甘肃、陕西和中国西北地区东部整个区域。

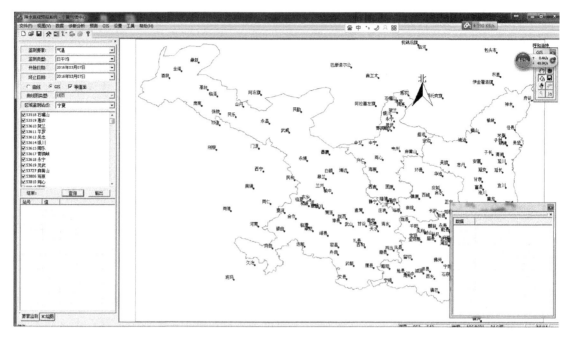

图 10.16　降水气候预测系统启动界面(中国西北地区东部)

（2）系统操作界面功能区

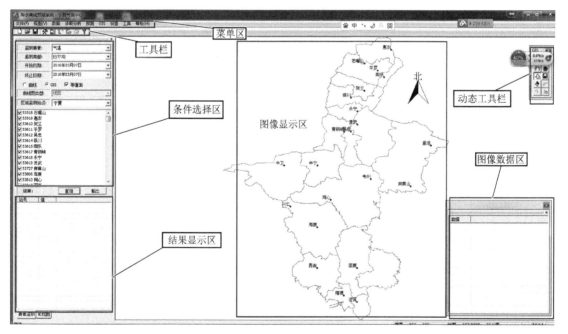

图 10.17　降水气候预测系统操作界面

降水气候预测系统操作界面主要由以下几个功能区组成：①菜单区，②工具栏，③条件选择区，④结果显示区，⑤图像显示区，⑥图像数据区，⑦动态工具栏等(图 10.17)。

10.3.2　系统功能菜单

（1）主界面菜单

图 10.18　降水气候预测系统主界面菜单内容

降水气候预测系统主界面菜单由文件、视图、数据、诊断分析、预测、GIS、设置、工具和帮助等 9 个功能模块组成（图 10.18）。其中，每个功能模块又包含多项子菜单。

（2）各功能模块子菜单

①文件

序号	功能	功能图
1	绘图数据输出 Excel 形式文件	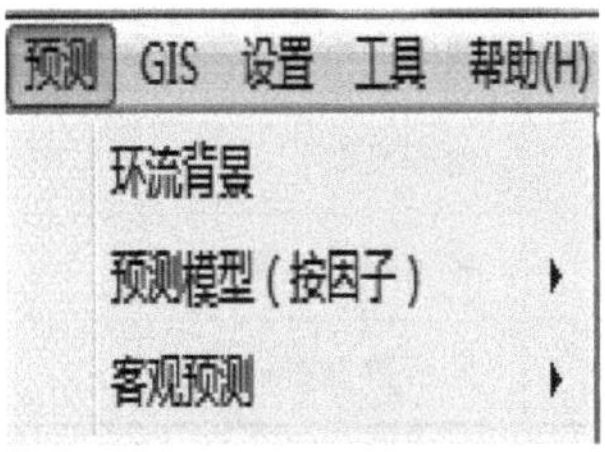
2	绘图数据输出等值线形式文件（con）	
3	保存当前界面 GIS 图像	
4	保存当前图表图像	
5	保存 NCEP 文件分析结果图像	
6	退出	

②视图

序号	功能	功能图
1	显示（隐藏）工具栏	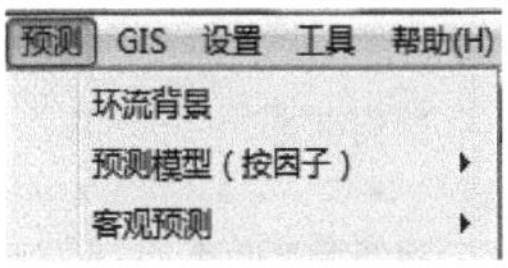
2	显示（隐藏）状态栏	

③数据

序号	功能	功能图
1	下载和入库任务检测	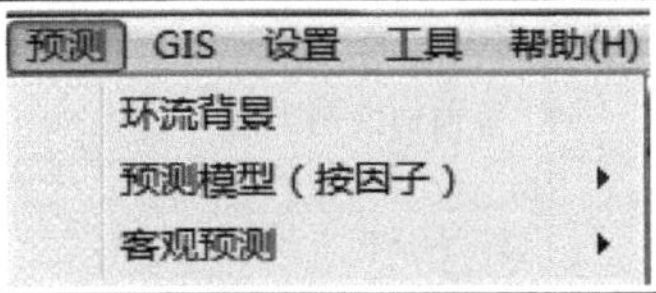
2	下载和入库任务配置	
3	FTP 设置	

④诊断分析

序号	功能	功能图
1	环流背景场分析	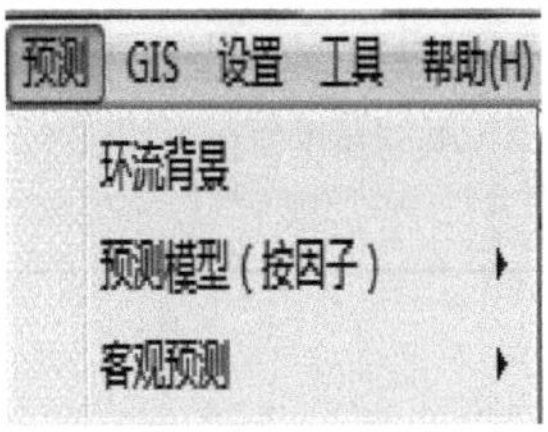
2	区域气候特征分析	
3	环流指数分析	
4	指数相关分析	
5	EOF 分析	

⑤预测

序号	功能	功能图
1	环流背景	
2	预测模型(海温、感热、积雪、海冰)	
3	客观预测(回归、相似)	

⑥GIS

序号	功能	功能图
1	地图放大	
2	地图缩小	
3	地图漫游	
4	显示题图全景	
5	显示数据窗口	

⑦设置

序号	功能	功能图
1	系统设置	
2	图例设置	
3	地图元素设置	

⑧工具

序号	功能	功能图
1	等值面绘制工具	
2	距平分析工具	

⑨帮助

序号	功能	功能图
1	显示版本信息	

10.4　降水气候预测系统诊断分析

10.4.1　环流及海温场分析

（1）功能概述

该功能针对 NCEP 再分析月资料,能对全球或指定区域的大气温度、位势高度、相对湿度、垂直速度、纬向风场、经向风场、UV 风场和海表温度 7 种再分析月资料进行 7 种统计诊断分析。在每项分析中,可以进行同时段数据合成,可选择连续年和非连续典型年两种数据合成方式,提供原值分析和距平分析两种统计分析结果。以上统计分析允许用户指定分析区域(经纬度范围)和等压面层(1000～10 hPa),允许用户定制投影方式、绘图类型(分色图和等值线图)、图像输出背景色、等值线间距、正反向彩虹色等。该功能是 GrADS 命令行接口图形化封装的结果,诊断分析结果与 GrADS 完全相同,

该功能旨在帮助业务人员了解掌握与预测月降水密切相关的前期区域、全球大气环流、海温场等关键因子的变化形势、年代际和典型异常年时空分布特征等信息。

（2）参数设置

①数据时间范围选择区包括:诊断对象(空间要素)、开始时间、终止时间、显示原值/距平、数据浏览/合成、非连续特征年、特征年列表 7 个设置功能选项。

②数据空间范围选择区包括:诊断区域东、西、南、北 4 个边界经纬度设置功能选项。

③数据输出属性选择区包括:绘图模式、层次、投影方式、背景颜色、自动图像大小、图像高度/宽度 6 个设置功能选项。

④绘图属性选择区包括:等值线间距、显示小于该值、显示大于该值、标注间隔、样条平滑、三次样条、反向彩虹色等 10 个设置功能选项。

⑤分析结果显示区用于展示图形化的诊断分析结果(功能区选项说明详见表 10.4)。

表 10.4　环流及海温场分析各功能区选项说明

功能区名	设置选项名	说明
数据时间范围选择区	空间要素	选择需要分析的 NCEP 月文件要素
	开始日期	选取 NCEP 再分析资料开始时间点
	终止日期	选取 NCEP 再分析资料结束时间点
	显示原值/距平	设置需要输出资料的原值或者是距平值
	数据浏览/合成	设置需要查看资料,还是需要进行资料合成
	非连续特征年	当需要进行资料合成时,按照不同类型(5 个选项)的特征年进行数据合成
	特征年列表	每个类型需要合成时,设置需要合成的年份
数据空间范围选择	东边界经度	设置诊断分析空间范围的东边界经度
	西边界经度	设置诊断分析空间范围的西边界经度
	南边界纬度	设置诊断分析空间范围的南边界纬度
	北边界纬度	设置诊断分析空间范围的北边界纬度
数据输出属性选择区	绘图模式	设置数据输出时图像输出模式(等值线,分色图)
	层次	设置需要分析 NCEP 数据的层次
	投影方式	设置需要输出数据的图像投影模式
	背景颜色	设置无数据区的图像背景

功能区名	设置选项名	说明
数据输出属性选择区	自动图像大小	设置输出图像大小是否根据屏幕分辨率自动决定
	图像宽度/高度	设置输出图像大小是否根据指定大小输出保存
绘图属性选择区	等值线间距	设置相邻等值线间的数值差
	显示小于该值	小于该值的数据进行显示
	显示大于该值	大于该值的数据进行显示
	标注间隔	设置相邻几个线条之间进行标注
	样条平滑	是否采用样条平滑绘制等值线
	三次样条	是否采用三次样条函数绘制等值线
	反向彩虹色	是否采用反向彩红色,默认是正向彩虹色
	高分辨率地图	是否调用高分辨率地图
	时间和图标	是否需要关闭 GrADS 的时间和图标显示
	显示绘图边框	是否需要绘制外边框

具体操作方法为:在每个操作区内,选择设置"分析界面选项"中的相应参数,点击"绘图"。在右边显示数据分析结果图像。点击"保存 NC 图像"保存当前 NCEP 文件分析结果为图像文件。

(3)使用操作

操作概要:环流及海温场分析界面包括 5 个功能区域:数据时间范围选择区、数据空间范围选择区、数据输出属性选择区、绘图属性选择区和分析结果显示区(图 10.19)。这 5 个功能部分,每个部分都针对要分析诊断数据的单一属性设计了选项内容,通过改变属性选项,就能改变诊断分析对象,及其空间范围、时间范围、分析方法等内容。

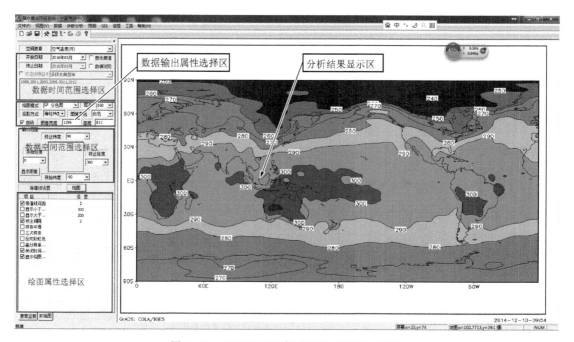

图 10.19 环流及海温场分析界面功能区分布

操作步骤 1：

点击系统菜单中的"诊断分析"→"环流背景场"，系统会自动切换到环流及海温场分析界面（如图 10.20）。

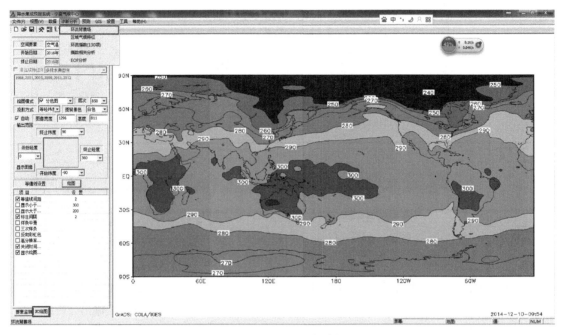

图 10.20　环流及海温场分析界面

操作步骤 2：

以 1990—2017 年 8 月 NCEP 大气温度再分析资料为例进行合成分析，操作顺序如下，结果如图 10.21 所示。

①"开始日期"选择：1990 年 08 月；

②"终止日期"选择：2017 年 08 月；

③选中"数据合成"；

④绘图模式选择"分色图，等值线图"；

⑤分层层次选择（默认）"850"；

⑥投影方式选择（默认）"等经纬投影"；

⑦图背景色选择（默认）"白色"；

⑧输出范围选择经度 0°～360°，纬度 90°至－90°；

⑨其他选择默认选项；

⑩点击"绘图"按钮。

10.4.2　区域气候特征分析

（1）功能概述

该功能针对本区域内站点要素（降水、气温）进行时间或空间分析，主要提供时间变化曲线图和空间变化等值线（面）图两种类型分析结果。该部分能够分别对气温、降水进行指定日期区间进行数据分析，包含日、旬、月、季不同时间尺度，并保存为多种图像格式。

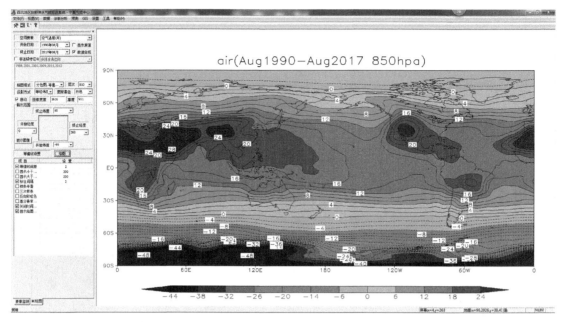

图 10.21　数据分析结果

使用该功能,在系统中可对宁夏、甘肃、陕西或者中国西北地区东部整个区域 1961 年以来不同时段的历史降水、气温资料进行统计诊断分析,并提供了 7 种图形和 2 种数据格式输出分析结果。

(2)参数设置

①要素时间选择区包括:监测要素、监测类型、开始日期、终止日期 4 个设置选项功能。

②绘图类型选择区包括:曲线、曲线类型、(GIS)等值面 3 个设置功能选项。

③站点范围选择区包括:区域监测站点、站点列表 2 个设置功能选项。

④执行操作区包括:查询、输出 2 个设置功能选项。

⑤分析结果输出区用于分析结果列表显示。

⑥图形输出显示区用于分析结果图形显示。

⑦图形数据区用于图形对应的绘图信息数据显示(功能区选项说明详见表 10.5)。

表 10.5　区域气候特征分析各功能区选项说明

功能区名	设置选项名	说明
要素时间选择区	监测要素	选择需要分析的气候要素
	监测类型	选择需要对要素执行的分析类型:日平均、月平均、年内同期日平均、年内同期月平均、跨年同期日平均、跨年同期月平均
	开始日期	设置分析资料开始时间点
	终止日期	设置分析资料结束时间点
绘图类型选择区	曲线	选择绘制时间变化图
	曲线类型	选择一种曲线图进行绘制,默认为线图
	(GIS)等值面	选择绘制空间分布图
站点范围选择区	区域监测站点	批量选择某个区域的站点进行分析
	站点列表	选择单个或多个站点进行分析

功能区名	设置选项名	说明
执行操作区	查询	对选择的数据执行查询分析
	输出	将数据分析结果保存输出

　　具体操作方法为：在每个操作区内，选择设置"分析界面选项"中的相应参数，点击"查询"。在分析结果输出区中显示各站数据，右边显示数据图形分析结果。点击"输出"保存当前分析结果为文本或 Excel 文件。

　　(3)使用操作

　　区域气候特征分析界面包括 7 个功能区域：要素时间选择区、绘图类型选择区、站点范围选择区、执行操作区、分析结果输出区、图形输出显示区和图形数据区(图 10.22)。这 7 个功能部分，每个部分都针对要分析诊断的预测区域降水数据属性设计了选项内容，通过改变属性选项，就能改变降水诊断分析对象，及其空间范围、时间范围等内容。

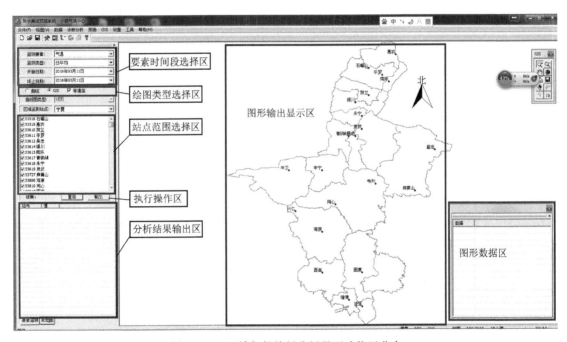

图 10.22　区域气候特征分析界面功能区分布

　　在每个操作区内，选择"界面选项"相应参数，点击"查询"。在结果输出列表中各站数据，右边显示数据图形分析结果。

　　操作步骤 1：

　　点击系统菜单中的"诊断分析"→"区域气候特征"，系统会切换至区域气候特征分析操作界面(如图 10.23)。

　　操作步骤 2：

　　以宁夏 1990—2018 年 8 月平均气温为例进行空间分析，操作顺序如下。空间分析结果如图 10.24 所示。

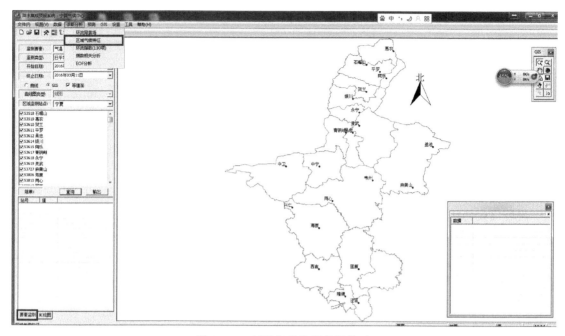

图 10.23　区域气候特征分析界面

①选择站点监测要素"气温"；

②选择统计类型"年内同期月平均"；

③"开始日期"选择：1990 年 08 月；

④"终止日期"选择：2017 年 08 月；

⑤选择绘图类型"GIS"等值面（空间 GIS 分布图）；

⑥选择监测站点区域"宁夏"；

⑦点击"查询"按钮。

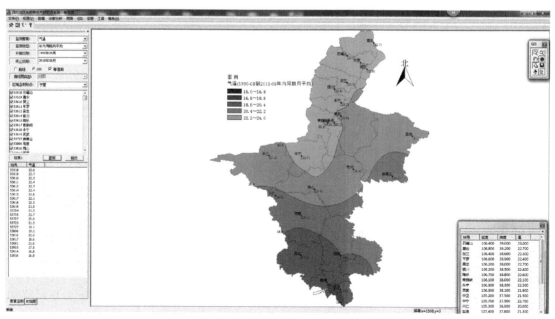

图 10.24　区域气候特征分析空间分布图结果

操作步骤 3：

以宁夏 1990—2018 年 1 月平均气温为例进行时间变化分析，操作顺序如下。变化曲线结果如图 10.25 所示。

①选择站点监测要素"气温"；

②选择统计类型"年内同期月平均"；

③"开始日期"选择：1990 年 01 月；

④"终止日期"选择：2017 年 01 月；

⑤选择绘图类型"曲线"；

⑥选择监测站点宁夏区域"石嘴山，银川，固原"；

⑦点击"查询"按钮；

⑧点击"输出"保存查询结果为 txt 文件和 Excel 文件。

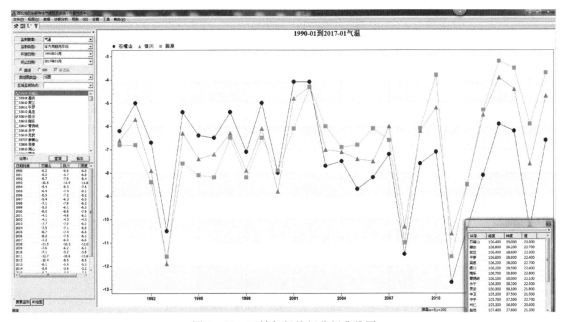

图 10.25　区域气候特征分析曲线图

10.4.3　指数相关分析

（1）功能概述

该功能能够计算分析三类指数（大气环流、海温指数、其他指数，共计 130 项）中某项指数与本区域站点气候要素（降水、气温）之间的相关系数，并且绘制通过 4 个不同信度检验的空间相关分布图。指数统计类型有年内同期、跨年同期。要素因子统计类型有年内同期月平均、跨年同期月平均。

该功能能够验证和检验两个因子之间的相关程度。对于已经建立的预测模型中的因子，用户可以根据不同时段的相关分析结果，有选择地筛选出特定时期内敏感的预报因子。对于拟建立的预报的因子，可以检验被选中因子的相关程度，为进一步筛选预报因子提供依据。

（2）参数设置

①指数选择区包括：指数类型、开始日期、终止日期、统计类型 4 个设置选项功能。

②指数项目选择包括：某个指数、分析可信度类型。

③要素选择区包括:气象要素、统计类型、开始日期、终止日期。

④指数结果显示区列举日期和对应的指数列表。

⑤要素分析结果显示区用于显示站号、日期和对应的要素值(功能区选项说明详见表 10.6)。

表 10.6 指数相关分析各功能区选项说明

功能区名	设置选项名	说明
指数选择区	指数类型	选择需要分析的三类指数之一
	开始日期	设置分析指数开始时间点
	终止日期	设置分析指数结束时间点
	统计类型	选择需要对指数进行哪种类型进行分析:年内同期、跨年同期分析
指数项目选择区	指数列表	选择某个指数进行分析
	信度检验	显示不同类型的可信度
要素选择区	气象要素	选择本区域内的气象要素(温度、降水)进行相关分析
	开始日期	选取分析要素的开始时间点
	终止日期	选取分析要素的结束时间点
	统计类型	选择需要对本地要素进行哪种类型进行分析:年内同期月平均、跨年同期月平均
指数结果显示	指数结果列表	显示指数分析结果到列表中
要素结果显示	要素结果列表	显示要素分析结果到列表中(含相关系数)

具体操作方法为:在 1~3 功能区内,选择"功能区选项说明"中的相应参数,点击"确定"。在指数结果显示区中显示日期和对应的指数,右边显示本区域站点对应日期的要素结果。

(3)使用操作

操作概要:

指数相关分析界面由 5 个功能区组成(图 10.26):指数选择区、要素选择区、指数项目选择、指数结果显示、要素分析结果显示。在前三个功能区内,选择"功能区选项说明"相应参数,点击"确定"。左边输出指数结果,右边显示站点要素结果。

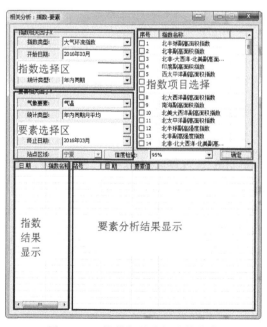

图 10.26 指数相关分析功能分布

操作步骤 1：

点击系统菜单中的"诊断分析"→"指数相关分析"，系统切换至指数相关分析操作界面（如图 10.27）。

图 10.27　指数相关分析

操作步骤 2：

以 1990—2017 年宁夏 8 月月降水量与 12 月北半球副高面积指数（大气环流指数）之间的相关统计分析为例，操作顺序如下，指数相关分析结果如图 10.28 所示。

①选择指数类型："大气环流指数"；

②"开始日期"选择：1990 年 08 月；

③"终止日期"选择：2017 年 08 月；

④选择统计类型"年内同期"；

⑤选择指数：北半球副高面积指数；

⑥选择信度检验："95％"；

⑦选择气象要素："降水"；

⑧"开始日期"选择：1990 年 08 月；

⑨"终止日期"选择：2017 年 08 月；

⑩点击"确定"。显示分析结果如图 10.28 所示；

⑪点击"文件"→"保存 GIS 图像"保存当前分析结果为多种图像文件；

⑫点击图 10.28 右上角 ，关闭指数—要素相关分析窗口。

指数结果显示在左边列表中，要素结果显示在右边列表中（含相关系数），在指数相关分析结果输出数据图形分析结果。其中，图形数据一并显示到右下角数据列表中（图 10.28）。

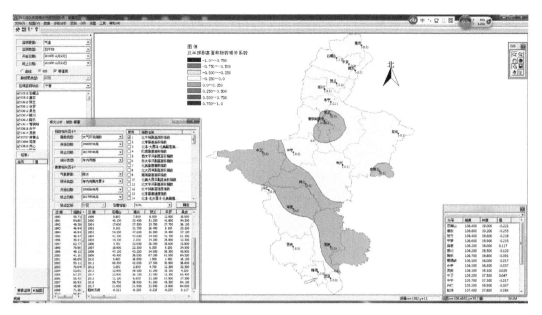

图 10.28　指数相关分析结果

10.5　预测系统客观化工具

预测系统主要提供两种客观预测工具,即动态多因子回归和外强迫因子综合相似两种客观化降水预测工具。

10.5.1　动态多因子回归

（1）功能概述

动态多因子回归是在敏感指数因子的历史资料序列（区间可选,默认 1961—2010 年）与本区域各站降水量之间建立回归方程,通过求解方程系数,代入当年资料,获得预测月降水量和降水百分率客观化预测结果。

该功能模块允许用户选择的内容有预报区域、预测时间（月）、建立回归方程所用的历史资料起止时间、指定预测结果类型（降水量和降水百分率）、用户自定义图例,能提供两种类型、三种格式的客观化降水量预测数据图形产品。

（2）参数设置

①用户操作区包括:监测区域站点、预测时间、预测因子（仅显示）、历史资料开始年份、历史资料终止年份、选择自定义图例、图形结果类型、回归计算、查看结果等 9 个设置选项功能（图 10.29）。

②数据显示区包括:站名、年份、降水量、预测因子 4 个列表（图 10.29）。

③图形显示区（主窗口右侧）包括:预测结果图例、预测结果显示区域、预测各站降水结果列表、最小化的预测操作界面 4 个子功能区（图 10.30）。允许在用户操作区内针对 9 项参数进行设置,数据显示区和图形显示区内只展示结果。

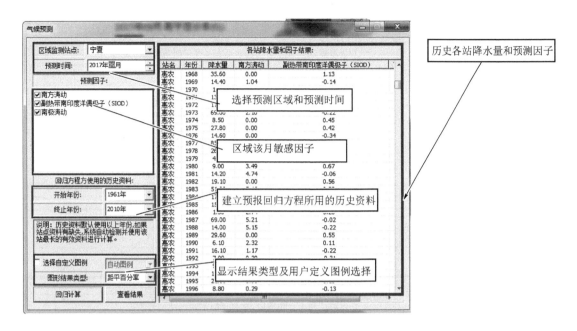

图 10.29　动态多因子回归(用户操作和数据显示区)

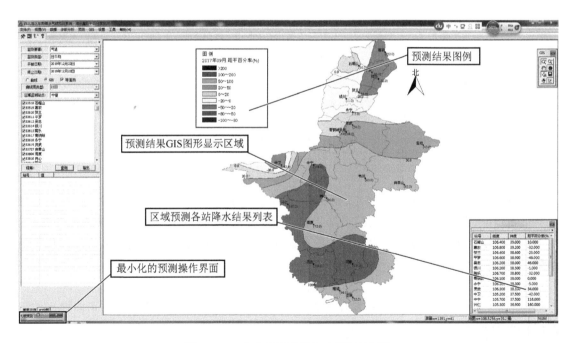

图 10.30　动态多因子回归(图形显示区)

　　在降水气候预测系统中,用户操作区、数据显示区和图形显示区是设置并开展动态多因子回归降水客观化预测工作的主要操作界面。预测选项内容及用途,参见表 10.7 中选项说明,按照说明设置相关参数。

表 10.7　动态多因子回归各功能区选项说明

功能区名	设置选项名	说明
用户操作区	区域监测站点	选取默认区域的站点建立动态多因子回归预报方程
	预测时间	设置要预测的时间段(月),例如 2017 年 9 月
	预测因子	显示与预测月降水所用的气候指数因子。各月预测因子均在安装目录下(例如:C:\Program Files (x86)\宁夏气候中心\降水气候预测系统\)model.txt 文件中。业务人员可通过修改该文件对预测月降水预测因子进行修改优化
	开始年份	设置建立动态多因子回归预测方程资料的开始年份
	终止年份	设置建立动态多因子回归预测方程资料的终止年份
	选择自定义图例	选取该项,可以根据自己设置的颜色等级图例绘制降水预测等值线填充图。不选择采用默认图例自动绘图
	图形结果类型	选择将预测结果绘制为降水量或者距平百分率图
	回归计算	点击建立动态多因子回归预测方程,完成预测结果计算
	查看结果	点击绘制降水预测图,并显示降水预测结果列表
数据显示区	站名	列出预测站点名称
	年份	列出所用数据的历史年份
	降水量	列出建立预测月动态多因子回归预测方程用到的历史降水数据
	预测因子	列出建立预测月动态多因子回归预测方程用到的多个历史因子数据
图形显示区	预测结果图例	根据降水量或者降水距平百分率预测结果,自动绘制等值线填充图的图例
	预测结果显示区	将降水量或者降水距平百分率预测结果以等值线填充图的形式显示在该区域
	预测各站降水结果列表	以列表的形式,显示站点名称、与降水量或者降水距平百分率预测数据结果
	最小化的预测操作界面	默认点击"查看结果"按钮,数据显示区窗口会自动最小化。若点击该按钮,整个数据显示区窗口会在界面上恢复正常

(3)使用操作

用户操作区包括:监测区域站点、预测时间、预测因子(仅显示)、历史资料开始年份、历史资料终止年份、选择自定义图例、图形结果类型、回归计算、查看结果 9 个设置选项功能(见图 10.29)。允许在用户操作区内针对 9 项参数进行设置,数据显示区和图形显示区内只展示结果。

操作步骤 1:

点击系统菜单中的"预测"→"客观预测"→"回归",系统会切换至动态多因子回归操作界面(如 10.31)。

动态多因子回归界面包括 3 个功能区域:①用户操作区、②数据显示区、③图形显示区(主窗口右侧,此处不显示)(图 10.32)。这 3 个功能部分中,第一部分针对动态多因子回归方法的单一属性设计了选项内容,通过改变属性选项,就能改变降水预测中因子、预测对象,及其时间范围等内容。

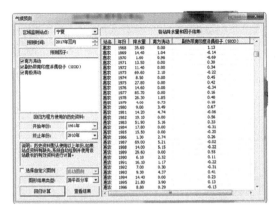
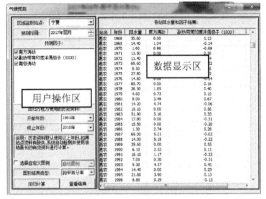

图 10.31　动态多因子回归操作界面　　　　图 10.32　动态多因子回归界面功能区分布

操作步骤 2：

以通过分析 1961—2010 年期间南方涛动、副热带南印度洋偶极子（SIOD）、南极涛动和太平洋年代际振荡（PDO）四个因子预测 2017 年 9 月宁夏各站降水量为例。

①在用户操作区，在"区域监测站点"选项中首先选择"宁夏"，之后在"预测时间"选项中首先输入要预测的时间，例如：2017 年 09 月。随后"预测因子"选项下面就会列出 9 月宁夏降水预测用到的 3 个预测因子，即南方涛动、副热带南印度洋偶极子（SIOD）和南极涛动。

②在用户操作区，在"开始年份"选项中输入建立回归方程使用历史资料的开始年份，例如：1961。在"终止年份"选项中输入建立回归方程使用历史资料的终止年份，例如：2010。

③在用户操作区，在完成了①、②操作后，点击"回归计算"按钮，降水预测系统会在后台通过动态多因子回归算法模块，利用①和②中设定的预测因子历史数据资料，自动建立预测月（2017 年 9 月）每个站点的降水预测回归方程，并在后台计算得出预测月（2017 年 9 月）降水量和降水距平百分率预测结果数据。同时，数据显示区会自动显示建立方程所用的历史站点降水、预测因子数据列表。

④在用户操作区，完成了③操作的基础上，请在"图形结果类型"中选择降水预测数据结果展示类型，可选择"降水量"或者"距平百分率"，之后点击"查看结果"，动态多因子回归方法计算得出的宁夏全区 2017 年 9 月降水预测图形产品和数据产品就会直接输出并展示在"图形显示区"中。若"图形结果类型"选择"降水量"，则宁夏 2017 年 9 月降水量预测结果输出显示如图 10.33；若"图形结果类型"选择"距平百分率"，则宁夏 2017 年 9 月降水距平百分率预测结果输出显示如图 10.34。同时，与之对应的月降水量和降水距平百分率预测结果数据也会以列表的形式在右下角显示出来。

⑤在完成了④操作的基础上，点击"文件"→"保存 GIS 图像"可将月降水预测结果保存为多种图像文件。同时，也可以点击"文件"→"输出 Excel"把站点月降水预测结果数据保存为 Excel 类型文件。

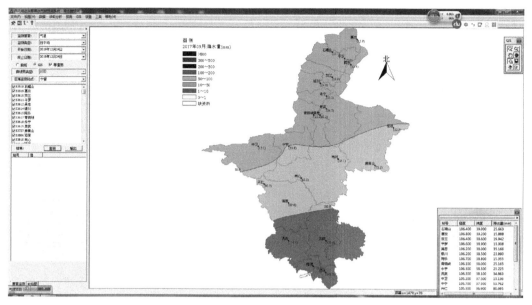

图 10.33   动态多因子回归 2017 年 9 月降水量预测结果

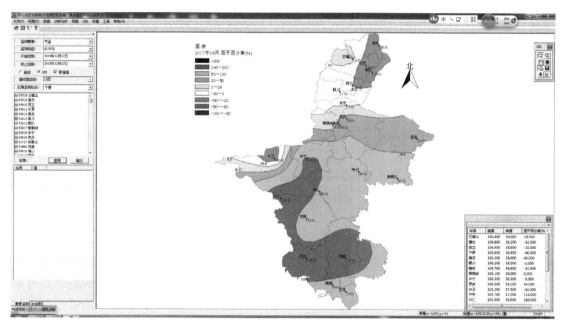

图 10.34   动态多因子回归 2017 年 9 月降水距平百分率预测结果

10.5.2   外强迫因子综合相似

（1）功能概述

外强迫因子综合相似分析是将本区域敏感指数的逐年资料（区间可选，默认 1961—2010 年）与当年敏感指数资料进行相关求解，通过对比历史逐年月数据与当年月数据之间的相关系数和欧氏距离，获得当前年与历史逐年的相似结果，并筛选出最相似的 10 年供用户决策参考。该功能模块允许用户选择的内容有：分析月，历史资料起止时间（默认 1961—2010 年）。

（2）参数设置

①相似因子区用户选项包括：分析月、相似因子 2 个设置选项功能。

②历史资料选择区包括：开始年份、终止年份、开始计算 3 个设置选项功能。

③相似结果显示区包括：历史相似年顺序列表、各年因子数据及相关系数见图 10.35。

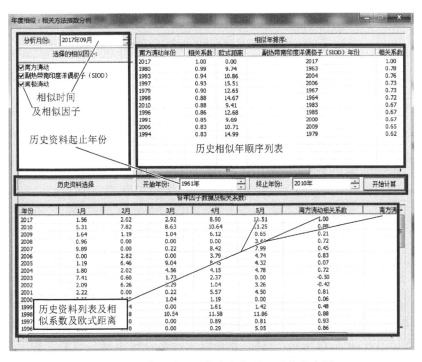

图 10.35　外强迫因子综合相似界面功能分布图

在降水气候预测系统，相似因子区、历史资料选择区、相似结果显示区是设置并开展外强迫因子综合相似分析工作的主要操作界面。在实际操作中，请参见表 10.8 中的说明对相关参数进行设置选择。

表 10.8　外强迫因子综合相似各功能区选项说明

功能区名	设置选项名	说明
相似因子区	分析月	设置要分析的预测时间段(月)，例如 2017 年 9 月
	相似因子	显示与分析月降水预测密切相关的外强迫因子清单。注：各月降水外强迫因子均保存在安装目录下(例如：C:\Program Files (x86)\宁夏气候中心\降水气候预测系统\)Similar_model.txt 文件中以列表形式给出，业务人会员可以根据最近研究成果在该文件中对各月外强迫因子列表进行修改
历史资料选择区	开始年份	设置外强迫综合相似因子中历史资料开始年份
	终止年份	设置外强迫综合相似因子中历史资料终止年份
	开始计算	点击按钮，计算得出逐年外强迫因子历史观测数据与分析月前期各个外强迫因子之间的相关系数和欧式距离
相似结果显示区	历史相似年顺序列表	列举 11 个相似年，包含当年和 10 个最相似的气候年份的各因子相似系数和欧氏距离
	各年因子数据及相关系数列表	列举选择历史区间的所有年计算相似系数和欧氏距离

（3）使用操作

操作步骤 1：

具体操作方法为：点击系统菜单中的"预测"→"客观预测"→"相似"，系统会自动切换至动态多因子回归操作界面（图 10.36）。

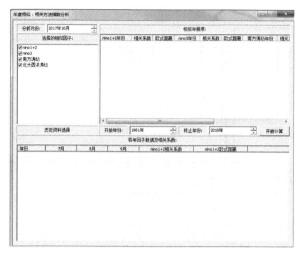

图 10.36　外强迫因子综合相似操作界面

外强迫因子综合相似界面包括 3 个功能区域：①相似因子区、②历史资料选择区、③相似结果显示区（图 10.37）。这 3 个功能部分，前两个部分针对外强迫因子综合相似方法的单一属性设计了选项内容，通过改变属性选项，就能改变降水外强迫综合相似分析中预测因子、预测对象，及其时间范围等内容。

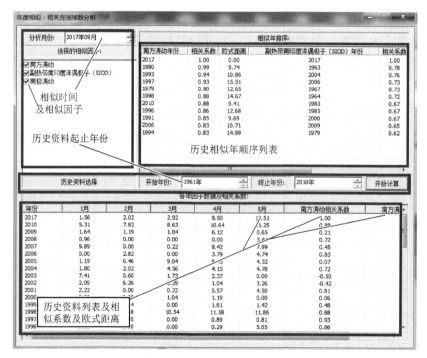

图 10.37　外强迫因子综合相似界面功能区分布

操作步骤 2：

以 2017 年 9 月外强迫因子综合相似诊断为例，具体使用操作步骤如下：

①在相似因子区，在"分析月"选项中首先输入要开展外强迫因子综合相似分析的月，例如：2017 年 9 月。随后在"相似因子"选项下面就会列出 9 月宁夏降水外强迫因子综合相似分析用到的 3 个因子，即南方涛动、副热带南印度洋偶极子（SIOD）和南极涛动。

②在历史资料选择区，在"开始年份"选项输入外强迫综合相似因子中历史资料开始年份，例如：1961。在"终止年份"选项中输入设置外强迫综合相似因子中历史资料终止年份，例如：2010。随后，点击"开始计算"按钮，该工具就会自动在后台计算得出逐年外强迫因子历史观测数据与分析月 2017 年 9 月前期各个外强迫因子之间的相关系数和欧式距离列表，并对计算出的各因子相关系数和欧氏距离结果进行综合分析。

③在相似结果显示区，在完成了①、②操作后，在"相似年排序"下面就会自动列出历史相似年顺序列表；同时，在"各年因子数据及相关系数"下面也会按历史相似年顺序列表中的年份先后顺序，自动列出 2017 年 9 月外强迫因子综合相似分析中各历史年因子数据资料及其相关系数大小（图 10.38）。

④在完成③操作基础上，外强迫因子综合相似在界面输出的同时，还有一项在后台的数据输出文件，输出内容为相似年运算过程中每个因子历史数据及相似系数和欧氏距离。并按照站点归类显示。输出文件名称为：因子类型—字段名.txt，一般该输出文件都存储在系统安装目录下（例如：C:\Program Files（x86）\宁夏气候中心\降水气候预测系统\）。

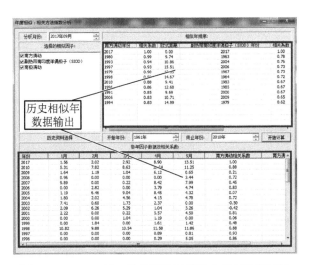

图 10.38　2017 年 9 月外强迫因子综合相似诊断结果

10.6　本章小结

本章重点介绍了"西北地区东部降水气候预测系统"的功能及应用特点，详细阐述了系统运行环境要求和环境安装具体步骤。环境安装过程中，详细说明了数据库的附加和 GrADS 安装步骤，最后讲述了预测系统安装。第 10.1 节和 10.2 节以一个"系统维护者"的角色，从了解本系统到搭建系统运行环境、逐步建立本系统的运行条件等方面进行了阐述。第 10.3 节和 10.5 节内容，从一个气候预测工作者的角度，讲解了 3 个方面内容。10.3 节重点介绍系统界面，旨在让用户能够从宏观角度，了解系统设计界面安排和系统内容。10.4 节和 10.5 节针对气候业务常用的诊断分析和客观预测工具进行了详细讲解，每节都从功能概述、参数设置、使用操作 3 个方面进行详述。通过以上内容，力图使用户能够深入了解系统设计者的总体意图和功能操作细节。

　　当然，要想使用该系统，仅仅了解意图是不够的，需要用户通过熟练操作，反复练习，以此来扩展以上功能的用途，使得该系统能够深入到业务流程中，真正帮助业务人员减轻负担，提高效率。

第 11 章　总结

本书分析了中国西北地区东部降水时空分布及其异常演变的一些新特征,给出了降水异常典型年对应的大气环流异常背景及主要影响系统,较全面揭示了对中国西北地区东部降水有显著影响的外强迫因子与降水异常的联系,并探讨了可能的物理机制和过程,这些外强迫因子包含了热带印度洋海盆模和太平洋 ENSO、大西洋三极子、北亚洲地面感热、北极格林兰海冰等主要的下垫面热力异常,并在影响及其机理研究基础上提炼出了对降水具有显著预测意义的预测指标 10 多个,建立了有物理基础的预测概念模型 10 个、基于外强迫因子综合相似和动态多因子回归预测方法为基础的"中国西北地区东部汛期降水气候预测系统",经检验该预测系统的预报效果较好,可以应用于预测业务。

11.1　汛期降水周期及强度变化

中国西北地区东部降水的主要周期为 2 年和 3 年。1958—1982 年以 3 年周期为主,1990—1999 年以 2 年周期为主,21 世纪以来 2 年与 3 年周期的振幅有所增加,但还不够显著。小雨和中雨是中国西北地区东部夏季降水的主要构成部分,小雨占总雨日的 80%。小雨和中雨日数占夏季雨日 90% 以上,降水量占夏季雨量的 70% 左右。甘肃西南部和青海东部是该地区雨日和雨量大值中心所在。近 32 年夏季小雨和中雨日数和降水量大体上呈减少趋势,21 世纪初减少速率慢于 20 世纪 80—90 年代。小雨主要受北方冷气团控制,冷、暖气团的交绥界线位置偏南,水汽输送较常年略有增多,但仍很微弱;中雨、大雨和暴雨主要受到副高西伸和南方暖湿空气的影响,冷、暖气团的交绥界线位置偏北,水汽沿西太副高西侧北上影响中国西北地区东部,南边界的水汽通量越大,水汽辐合和上升运动越强,降水强度越大。

11.2　降水异常特征及典型异常环流

西北地区东部汛期降水的空间分布呈现东南多、西北少,由东南向西北呈台阶状递减的分布特征,从宁夏中南部经甘肃景泰、定西、武山、礼县、武都到文县有一个由北向南的相对少雨带。汛期第一模态主要体现了整个西北地区东部为全区一致性,大值区位于甘肃河东与陕西中南部,第二模态表现为西北—东南反向的变化特征。

西北地区东部汛期干旱年东亚中纬度新疆脊强,东亚大槽深且偏西,该地区位于新疆脊前与东亚大槽后部的西北气流控制下;500 hPa 高度距平场上,日本海为负距平,新疆为正距平,青藏高原大部为正距平区,从而形成了"西高东低"的环流形势;在低纬度印缅槽偏弱且偏南,印度与孟加拉湾高度场偏高,西南暖湿气流弱,水汽难以向西北地区东部输送。西北地区东部汛期多雨年东亚 500 hPa 高度异常与旱年基本相反,东亚中纬度新疆脊弱,东亚大槽浅,气流比较平直;在 500 hPa 高度距平场上,表现为"西负东正",从而形成了"西低东高"的环流形势;

在低纬度印缅槽偏强且偏北,印度与孟加拉湾高度场偏低,西南暖湿气流强,有利水汽向西北地区东部输送。

11.3　海温对降水异常的影响及其机理

11.3.1　热带印度洋海盆模的影响

热带印度洋海盆模对中国西北地区东部 5 月降水有显著影响,而且这种影响存在显著的年代际变化特征,1976 年之前影响不显著,1977 年之后影响显著,1986 年以来影响进一步加强,即前期冬、春季热带印度洋海盆模持续偏暖(冷)对应该地区 5 月全区域降水一致偏多(少),热带印度洋海盆模对该地区 5 月降水异常影响是其发挥"电容器效应"的一种具体体现。热带印度洋暖海盆模作为赤道附近热源,可以在亚欧地区大气中引起类似"Matsuno-Gill Pattern"的响应,高层响应在青藏高原西南侧形成异常高压,并在北半球沿中纬度向下游传播形成遥相关波列,中国西北地区东部中高层形成"西低东高"环流形势,高层气流异常辐散;低层海盆模引起的西北太平洋异常反气旋的西侧,造成中国西北地区东部弱偏南、偏东气流,气流辐合,这样高低层配合形成上升运动和水汽异常大值中心,有利于中国西北地区东部降水偏多。

11.3.2　热带太平洋 ENSO 的影响

热带太平洋 ENSO 发生、发展、峰值、消亡期等不同阶段对中国西北地区东部降水有显著影响。月尺度上,ENSO 在其发展的 10 月、峰值期 1 月的指数,与次年 3 月、4 月、5 月中国西北地区东部降水显著相关,与 3 月降水相关性最好。热带太平洋暖事件 El Niño(冷事件 La Niña),对应当年 10 月降水一致偏少(偏多),而在峰值后的 3 月、5 月降水一致偏多(偏少)。ENSO 与西北地区东部降水的关系存在显著年代际变化特征,与当年 10 月、次年 3 月、4 月、5 月相关总体呈增强趋势,20 世纪 70 年代中后期之前关系不显著,70 年代末 80 年代初以来关系突然增强变为显著。而 ENSO 与 9 月降水在 90 年代中期以前相关显著,之后突然减小至不显著。ENSO 与 3 月、5 月降水显著相关的物理过程完全不同,ENSO 对 3 月降水是直接影响,对 5 月降水是通过热带印度洋海盆模"电容器效应"的接力作用而实现的。El Niño 当年 10 月主要影响系统是"西高东低"异常环流型,配合中、低层异常气旋引起的异常偏北风共同影响,引起降水偏少。而次年春季 3 月主要影响系统是中、低西北太平洋地区异常反气旋引起的异常偏南风输送水汽,有利于降水偏多。

11.3.3　春、夏、秋季节连旱的海温演变格局

中国西北地区东部春、夏、秋季严重季节干旱与 ENSO 关系密切,热带中东太平洋海温前冷后暖(首先前一个冷事件 La Niña 在春季消亡,紧接着下一个暖事件 El Niño 在夏、秋季节发生、发展)演变格局有利于西北地区东部春、夏、秋季节连旱。中国西北地区东部降水对 ENSO 的冷、暖位相具有偏少响应敏感的非对称性,ENSO 更有利于降水偏少和干旱发生。

11.3.4 大西洋三极子、南印度洋三极子等与降水异常的联系

北大西洋海温异常与中国西北地区东部夏季 6 月、7 月降水关系密切。前期 3—5 月北大西洋海温表现为外冷内暖（外暖内冷）马蹄形海温异常分布型，对应 6 月中国西北地区东部降水一致偏多（偏少）。前期 4—6 月北大西洋海温表现为南北暖、中间冷（南北冷、中间暖）的三极子海温异常分布型，对应 7 月中国西北地区东部降水一致偏多（偏少）。

南印度洋海温异常与中国西北地区东部 3 月降水 EOF 第二模态持续显著相关，南印度洋海温异常表现为从西南向东北方向正、负相间的三极子分布形态，超前 1～2 个月关系最显著，前期 12—2 月南印度洋海温异常呈"－＋－"（"＋－＋"）分布，对应中国西北地区东部的东北区域降水偏少（偏多），西南区域降水偏多（少）的分布型。

11.4 北亚洲地面感热对降水异常的影响及机理

11.4.1 乌拉尔山感热对降水量和降水日数的影响及其机理

冬季欧亚大陆中高纬地表感热通量与中国西北东部夏季降水存在显著负相关，即当冬季欧亚大陆中高纬大气向地表感热输送偏大（小）时，后期尤其盛夏中国西北东部降水偏多（少）。且两者的相关在 20 世纪 90 年代初到 21 世纪 00 年代后期最为显著。冬季欧亚大陆中高纬大气向地表输送感热值偏大，引起了春、夏季地表向大气输送感热值偏大，使得夏季 500 hPa 乌拉尔山阻塞高压加强，蒙古低压加深，西北太平洋副热带高压强度偏强、位置偏西，中国西北东部位于副高外围和蒙古低压底部；西风急流位置偏北，南压高压呈东部型；对流层中低层表现为异常上升气流，同时有水汽辐合，导致中国西北东部夏季降水偏多。当欧亚大陆中高纬冬季大气向地表感热输送偏小时，春、夏季地表向大气感热输送偏小，引起的夏季大气环流异常与上述大致相反，使得中国西北东部夏季降水偏少。

春季乌拉尔山感热偏强时，引起 5 月乌拉尔山西部大气温度升高，6—7 月乌拉尔山气温继续升高、位势高度增大，随着西风带的推移，下游蒙古地区气温下降、位势高度减小，夏季蒙古气旋增强、低层冷空气增强影响中国西北地区东部，有利于其小雨日数增多，若同时南部暖空气增强，则有利于其发生局地强降水。

11.4.2 中国西北地区西部地面感热与其东部降水的联系

中国西北地区西部地面热力输送异常与其东部夏季降水具有较好的相关关系，且这种相关性的持续性较好。当中国西北地区西部前期（3—4 月）地面感热输送偏强（弱）时，甘肃中、北部和宁夏等地区后期（7—8 月）降水偏少（多），陕西南部降水偏多（少）；而当前期（4—5 月）中国西北地区西部地面感热输送偏强（弱）时，后期（9 月）甘肃和宁夏南部、陕西大部降水偏多（少）。前期（3—5 月）中国西北地区西部地面感热输送偏强时，后期（6—8 月）西北地区上空500 hPa 高度场异常偏高，出现反气旋式环流，不利于西北地区东部上游小槽的发展，因此不利于该偏北地区降水。

11.5 青藏高原热状况与降水周期的耦合关系

11.5.1 中国西北地区东部汛期降水与青藏高原冬季积雪在 3 年周期上的响应

黄河流域夏季降水和高原前冬积雪日数存在准 3 年周期循环,并且两者有很好的协同变化关系。高原前冬积雪日数与黄河流域夏季降水在 3 年尺度上的协同变化在不同的时期也有差异,1983 年以前是二者 3 年周期协同变化最显著的阶段,1983—1993 年是一个调整时期,随后又逐渐明显。高原前冬积雪日数为西南偏多型时,黄河流域夏季降水为大部分偏少分布型;当高原前冬积雪日数为中东部偏多型时,黄河流域夏季降水表现为黄河源区偏多,其余地区偏少型;当高原整体前冬积雪日数为偏少型时,黄河流域夏季降水呈现全流域一致偏多。同时,可以注意到在准 3 年尺度上黄河流域夏季降水对前冬高原积雪日数的异常偏少更为敏感。从大气环流角度看,当高原前冬积雪日数偏多时,接下来的夏季高原上升运动弱,副高偏南或偏东,黄河流域水汽输送通量以辐散为主,降水较少;当高原前冬积雪日数偏少时,接下来的夏季高原上升运动强,副高偏强,位置偏西偏北,黄河流域以水汽输送通量辐合为主,降水较多。

11.5.2 青藏高原春季感热对中国西北地区东部汛期降水 3 年周期的影响

高原东部春季感热与中国西北地区东部汛期降水均存在显著的准 3 年周期,其耦合场在准 3 年周期上表现也最为明显。当高原东部春季感热异常偏强(弱)时,对应中国西北地区东部汛期降水的整体异常偏多(少)3 年周期循环的协同关系在 1960—1982 年表现尤为显著,1983—1990 年为调整阶段,20 世纪 90 年代以来 3 年周期又逐渐明显,但仍达不到 1982 年之前。高原东部春季感热通过对大气环流的持续加热过程影响着中国西北地区东部汛期降水,主要表现在当高原东部春季感热偏强时,春季至 9 月中国东北地区 500 hPa 高度场偏高,高原地区高度场偏低,西北东部位于高空异常的"槽前脊后",有持续的来自西太平洋经南海与孟加拉湾而来的气流汇合向西北东部辐合并伴随上升运动,这种影响在 8 月尤为显著。总体来看,当高原东部春季感热偏强(弱)时,中国西北地区东部汛期利于降水的上升气流增强(减弱);水汽输送通量场表现为异常的南风(北风)分量,水汽输送偏多(少),并伴随有(不)利于中国西北地区东部汛期降水的水汽辐合(辐散),降水偏多(少)。

11.6 北极海冰对降水的影响及其机理

前期冬春季格陵兰海—巴伦支海海区海冰异常对中国西北地区东部初夏 6 月降水有显著的影响。格陵兰海—巴伦支海海域海冰偏多(少)时,中国西北地区东部降水偏少(多)。格陵兰海—巴伦支海海冰异常变化可引起欧洲东部位势高度的异常,通过激发遥相关波列,在欧亚大陆上空 850～200 hPa 高度场上存在一明显正负相间波列,引起东亚东北部高度场异常,从而引起降水异常。因为该地区正好位于中国西北地区东部降水典型异常环流"西低东高"或"西高东低"其东部异常系统的位置。当海冰偏多(少)时,对应格陵兰海域及欧洲东部上空为位势高度的正(负)异常,新地岛以南乌拉尔山上空为位势高度负(正)异常,蒙古高原上空、巴尔喀什湖与贝加尔湖上空为位势高度正(负)异常,中国东部渤、黄海上空容易出现位势高度负

（正）异常，即西北地区东部处在西北（平直）气流控制下，对应西北地区东部降水偏少（多）。

11.7　降水预测指标、模型和系统

综合海温、感热、海冰等有物理意义的外强迫信号影响因子，考虑影响的年代际变化，确定了影响显著的时段，建立了热带太平洋 ENSO、印度洋海盆模态，北大西洋三极子（NATI）、北亚洲感热指数、青藏高原冬季积雪和春季感热、西北干旱区地面加热场强度、格陵兰海冰密度等 10 多个预测指标，建立了西北地区东部降水异常的预测模型 10 个。实现了"外强迫因子综合相似"客观判别，将大量研究成果作为插件集于系统中，便于预报员学习和培训，建立了集学习培训和客观预测于一体的"西北地区东部降水气候预测系统"。

参考文献

白虎志,李栋梁,陆登荣,等,2005. 西北地区东部夏季降水日数的变化趋势及其气候特征[J]. 干旱地区农业研究,23(3):133-140.

白虎志,李耀辉,董安祥,等,2011. 中国西北地区近500年极端干旱事件(1470-2008)[M]. 北京:气象出版社.

白肇烨,徐国昌,1988. 中国西北天气[M],北京:气象出版社.

柏晶瑜,徐祥德,周玉淑,等,2003. 春季青藏高原感热异常对长江中下游夏季降水影响的初步研究[J]. 应用气象学报,14(30):363-368.

毕宝贵,刘月巍,李泽椿,2006. 地表热通量对陕南强降水的影响[J]. 地理研究,24(5):681-691.

卞林根,林学椿,2008. 南极海冰涛动及其对东亚季风和我国夏季降水的可能影响[J]. 冰川冻土,30(2):196-203.

卜玉康,1994. 大气环流基础[M]. 北京:气象出版社.

曹宁,张磊,马宁,等,2011. 宁夏暴雨洪涝灾害风险区划[J]. 农业网络信息(2):1-3.

巢清尘,巢纪平,2001. 热带西太平洋和东印度洋对ENSO发展的影响[J]. 科学进展,11(12):1293-1300.

陈冬冬,戴永久,2009a. 近五十年我国西北地区降水强度变化特征[J]. 大气科学,33(5):923-935.

陈冬冬,戴永久,2009b. 近五十年中国西北地区夏季降水场变化特征及影响因素分析[J]. 大气科学,33(6):1247-1258.

陈烈庭,1991. 阿拉伯海南海海温距平纬向差异对长江中下游降水的影响[J]. 大气科学,15(1):33-41.

陈烈庭,1998. 青藏高原冬春季异常雪盖与江南前汛期降水关系的检验和应用[J]. 应用气象学报,1998(s1):2-9.

陈明轩,管兆勇,徐海明,2003. 冬春季格陵兰海冰变化与初夏中国气温/降水关系的初步分析[J]. 高原气象,22(1):7-13.

陈乾金,高波,李维京,等,2000. 青藏高原冬季积雪异常和长江中下游主汛期旱涝及其与环流关系的研究[J]. 气象学报,58(5):582-595.

陈圣劼,李栋梁,何金海,2012. 北亚洲大陆冬季地表感热通量对我国江淮梅雨的影响[J]. 高原气象,31(2):359-369.

陈文,2002. El Nino和La Nina事件对东亚冬、夏季风循环的影响[J]. 大气科学,26(5):597-609.

陈晓光,金秀玲,1998. ENSO与宁夏季降水关系的分析[J]. 甘肃气象,16(1):48-52.

陈晓燕,尚可政,王式功,等,2010. 近50年中国不同强度降水日数时空变化特征[J]. 干旱区研究,27(5):766-772.

谌芸,李强,李泽椿,2006. 青藏高原东北部强降水天气过程的气候特征分析[J]. 应用气象学报,17(S1):98-103.

除多,杨勇,罗布坚参,等,2015. 1981-2010年青藏高原积雪日数时空变化特征分析[J]. 冰川冻土,37(6):1461-1472.

戴逸飞,李栋梁,王慧,2017. 青藏高原地面感热强度指数的建立及其对华南盛夏降水的影响[J]. 应用气象学报,28(2):157-167.

丁裕国,余锦华,施能,2001. 近百年全球平均气温年际变率中的QBO长期变化特征[J]. 大气科学,25(1):

89-102.

符淙斌,滕星林,1988. 我国夏季的气候异常与埃尔尼诺/南方涛动现象的关系[J]. 大气科学,12(s1): 133-141.

高荣,钟海玲,董文杰,等,2010. 青藏高原积雪和季节冻融层的突变特征及其对中国降水的影响[J]. 冰川冻土,32(3):469-474.

龚道溢,王绍武,1999. 近百年 ENSO 对全球陆地及中国降水的影响[J]. 科学通报,44(3):399-407.

郭慧,黄涛,邓茂芝,等,2007. 甘肃天水地区 45a 来强降水与洪涝灾害特征分析[J]. 冰川冻土,29(5):808-812.

郭慕平,王志伟,秦爱民,等,2009.54 年来中国西北地区降水量的变化[J]. 干旱区研究,26(1):120-125.

郭新宇,蒋全荣,2001. 河套地区 4—5 月雨量变化周期特征及其趋势预测[J]. 南京气象学院学报,24(4): 576-580.

黄菲,狄慧,胡蓓蓓,等,2014. 北极海冰的年代际转型及极端低温变化特征[J]. 气候变化研究快报,3(2): 39-45.

黄菲,李栋梁,汤绪,等,2009. 用过程透雨量确定的东亚夏季风北边缘特征[J]. 应用气象学报,20(5):530-538.

黄荣辉,陈际龙,2010. 我国东、西部夏季水汽输送特征及其差异[J]. 大气科学,34(6):1035-1045.

黄荣辉,陈文,丁一汇,等,2003. 关于季风动力学以及季风与 ENSO 循环相互作用的研究[J]. 大气科学,27 (4):484-502.

黄玉霞,李栋梁,王宝鉴,等,2004. 西北地区近 40 年年降水异常的时空特征分析[J]. 高原气象,33(3): 245-252.

贾建颖,孙照渤,刘向文,等,2009. 中国东部夏季降水准两年周期振荡的长期演变[J]. 大气科学,33(2): 397-407.

贾文雄,2012. 近 50 年来祁连山及河西走廊降水的时空变化[J]. 地理学报,67(5):631-644.

江志红,杨金虎,张强,2009. 春季印度洋 SSTA 对夏季中国西北东部极端降水事件的影响研究[J]. 热带气象学报,25(6):641-648.

金葆志,彭勇,1999. 陕西汉中"98·7"洪涝灾害剖析[J]. 灾害学,14(1):43-47.

金祖辉,陶诗言,1999. ENSO 循环与中国东部地区夏季和冬季降水关系的研究[J]. 大气科学,23(6):663-672.

柯长青,李培基,1998. 青藏高原积雪分布与变化特征[J]. 地理学报,53(3):19-25

柯长青,李培基,1998. 用 EOF 方法研究青藏高原积雪深度分布与变化[J]. 冰川冻土,20(1):64-67.

李崇银,1989. El Nino 事件与中国东部气温异常[J]. 热带气象,5(3):210-219.

李崇银,1992. 华北地区汛期降水的一个分析研究[J]. 气象学报,50(1):41-49.

李崇银,2000. 气候动力学引论(第二版)[M]. 北京:气象出版社.

李崇银,穆明权,毕训强,2000. 大气环流的年代际变化II:GCM 数值模拟研究[J]. 大气科学,24(6):739-748.

李崇银,穆明权,2000. 论东亚冬季风-暖池状况-ENSO 循环相互作用[J]. 科学通报,45(7):678-685.

李崇银,肖子牛,1993. 大气对外强迫低频遥响应的数值模拟:II;对欧亚中高纬"寒潮"异常的响应[J]. 大气科学,17(5):523-531.

李栋梁,何金海,汤绪,等,2007. 青藏高原地面加热场强度与 ENSO 循环的关系[J]. 高原气象,26(1):39-46.

李栋梁,李维京,魏丽,等,2003a. 青藏高原地面感热及其异常的诊断分析[J]. 气候与环境研究,8(1):71-83.

李栋梁,李维京,魏丽,等,2003b. 青藏高原地面感热对北半球大气环流和中国气候异常的影响[J]. 气候与环境研究,8(1):60-70.

李栋梁,柳苗,王慧,2008. 高原东部凝结潜热及其对北半球 500 hPa 高度场和我国汛期降水的影响[J]. 高原气象,27(4):713-718.

李栋梁,彭素琴,1992. 中国西部降水资源的稳定性研究[J]. 应用气象学报,3(4):451-458.

李栋梁,邵鹏程,王慧,等,2013. 中国东亚副热带夏季风北边缘带研究进展[J]. 高原气象,32(1):305-314.

李栋梁,谢金南,王蕾,等,2000. 甘肃河东年降水量的周期变化[J]. 高原气象,19(3):295-303.

李栋梁,谢金南,王文,1997. 中国西北夏季降水特征及其异常研究[J]. 大气科学,21(3):331-340.

李栋梁,姚辉,1991.1470—1979 年中国旱涝与厄尔尼诺事件[J]. 干旱区地理,14(2):48-52.

李栋梁,章基嘉,1997. 夏季青藏高原下垫面感热异常的诊断研究[J]. 高原气象,16(4):367-375.

李明聪,李栋梁,2017. 东亚冬夏季风关系在 1970 年代末的年代际转折[J]. 气象科学,37(3):331-340.

李培基,1993. 中国西部积雪变化特征[J]. 地理学报(6):505-515.

李培基,1996. 青藏高原积雪对全球变暖的响应[J]. 地理学报(3):260-265.

李潇,李栋梁,王颖,2015a. 中国西北东部汛期降水对青藏高原东部春季感热在准 3a 周期上的响应[J]. 气象学报,73(4):737-748.

李潇,李栋梁,张莉萍,2015b. 河套及其邻近地区汛期降水的变频特征[J]. 高原气象,34(5):1301-1309.

李耀辉,李栋梁,2004.ENSO 循环对西北地区夏季气候异常的影响[J]. 高原气象,23(6):930-935.

李耀辉,李栋梁,赵庆云,2000. 中国西北春季降水与太平洋秋季海温的异常特征及其相关分析[J]. 高原气象,19(1):100-110.

李耀辉,李栋梁,赵庆云,2004.ENSO 循环对西北地区夏季气候异常的影响[J]. 高原气象,23(6):930-935.

李永华,卢楚翰,徐海明,等,2011. 夏季青藏高原大气热源与西南地区东部旱涝的关系[J]. 大气科学,35(3):422-434.

刘屹岷,吴国雄,刘辉,等,1999. 空间非均匀加热对副热带高压形成和变异的影响Ⅲ:凝结潜热加热与南亚高压及西太平洋副高[J]. 气象学报,57(5):525-538.

罗凤敏,高君亮,辛智鸣,等,2019. 乌兰布和沙漠东北缘地温变化特征及其影响因字[J]. 中国沙漠,39(1):170-186.

罗绍华,金祖辉,陈烈庭,1985. 印度洋和南海海温与长江中下游夏季降水的相关分析[J]. 大气科学,9(3):336-342.

罗霄,李栋梁,王慧,2013. 华西秋雨演变的新特征及其对大气环流的相应[J]. 高原气象,32(4):1019-1031.

罗哲贤,2005. 中国西北干旱气候动力学引论[M]. 北京:气象出版社,90-128.

马镜娴,戴彩娣,2000. 西北地区东部降水量年际和年代际变化的若干特征[J]. 高原气象,19(2):166-171.

马丽娟,2008. 近 50 年青藏高原积雪的时空变化特征及其与大气环流因子的关系[学位论文]. 北京:中国科学院研究生院.

闵锦忠,孙照渤,曾刚,2000. 南海和印度洋海温异常对东亚大气环流及降水的影响[J]. 南京气象学院学报,23(4):542-548.

倪东鸿,孙照渤,赵玉春,2000.ENSO 循环在夏季的不同位相对东亚夏季风的影响[J]. 南京气象学院学报,23(1):48-54.

庞雪琪,李栋梁,姚慧茹,2017. 欧亚中高纬冬季地表感热异常与中国西北东部夏季降水的可能联系[J]. 高原气象,36(3):675-684.

彭加毅,孙照渤,2000. 春季赤道东太平洋海温异常对西太平洋副高的影响[J]. 南京气象学院学报,23(2):191-195.

钱林清,2000. 黄土高原气候[M]. 北京:气象出版社,8-23.

任国玉,袁玉江,柳艳菊,等,2016. 我国西北干燥区降水变化规律[J]. 干旱区研究,33(1):1-19.

宋连春,邓振镛,董安祥,等,2003. 干旱[M],北京:气象出版社.

宋文玲,顾薇,柳艳菊,等,2013. 黄河中游夏季降水异常的先兆特征和预测方法[J]. 气象,39(9):1204-1209.

孙国武,罗哲贤,李兆元,等,1997. 中国西北干旱气候研究[M]. 北京:气象出版社,1-371.

孙圣杰,李栋梁,2019. 气候变暖背景下西太平洋副热带高压体形态变异及热力原因[J]. 气象学报,77(1):100-110.

孙旭光,2005. 大气对太平洋年际和年代际海温异常响应的观测分析和数值模拟研究[D]. 南京:南京大学.

覃郑婕,侯书贵,王叶堂,等,2017. 青藏高原冬季积雪时空变化特征及其与北极涛动的关系[J]. 地理研究,36

(4):743-754.

陶诗言,张庆云,1998. 亚洲冬夏季风对 ENSO 事件的响应[J]. 大气科学,22(4):399-407.

王宝鉴,李栋梁,黄玉霞,等,2004. 东亚夏季风异常与西北东部汛期降水的关系分析[J]. 冰川冻土,26(5):563-568.

王宝鉴,何金海,黄玉霞,2004. 西北地区近 40 年 6—9 月降水的异常特征分析[J]. 气象,30(6):28-31.

王宝鉴,2003. 东亚夏季风异常与西北地区干旱关系分析研究[D]. 南京:南京信息工程大学.

王澄海,崔洋,2006. 中国西北地区地区近 50 年降水周期的稳定性分析[J]. 地球科学进展,21(6):576-584.

王春学,李栋梁,2012. 基于 MTM-SVD 方法的黄河流域夏季降水年际变化及其主要影响因子分析[J]. 大气科学,36(4):823-834.

王晖,隆霄,马旭林,等,2013. 近 50a 中国西北地区东部降水特征[J]. 干旱区研究,30(4):712-718.

王凯,孙美平,巩宁刚,2018. 西北地区大气水汽含量时空分布及其输送研究[J]. 干旱区地理,41(2):290-297.

王可丽,江灏,赵红岩,2005. 西风带与季风对中国西北地区的水汽输送[J]. 水科学进展,16(3):432-438.

王美蓉,周顺武,段安民,2012,近 30 年青藏高原中东部大气热源变化趋势:观测与再分析资料对比[J]. 科学通报,57(23):178.

王同美,吴国雄,万日金,2008. 青藏高原的热力和动力作用对亚洲季风区环流的影响[J]. 高原气象,27(1):1-9.

王晓春,吴国雄,1997. 中国夏季降水异常空间模与副热带高压的关系[J]. 大气科学,21(2):34-42.

王叶堂,何勇,侯书贵,2007. 2000—2005 年青藏高原积雪时空变化分析[J]. 冰川冻土,29(6):855-861.

王义祥,2007. 基于地理信息系统的祁连山地区数字地形分析和隆升机理研究[D]. 兰州:兰州大学.

王迎春,2014. 宁夏降水变化特征及其与青藏高原加热场的联系[D]. 成都:成都信息工程大学.

王咏青,罗哲贤,郭建侠,2005. 西北地区东部干旱化与天气体系演变的关系[J]. 南京气象学院院报,28(1):28-35.

王跃男,陈隆勋,何金海,等,2009,夏季青藏高原热源低频振荡对我国东部降水的影响[J]. 应用气象学报,20(4):419-427.

王展,申双和,刘荣花,2011. 近 40a 中国不同量级降水对年降水量变化的影响性分析[J]. 气象与环境科学,34(4):7-13.

王芝兰,李耀辉,王劲松,等,2015. SVD 分析青藏高原冬春积雪异常与西北地区春、夏季降水的相关关系. 干旱气象,33(3):363-370.

韦志刚,陈文,黄荣辉,2008. 青藏高原冬春积雪异常影响中国夏季降水的数值模拟[J]. 高原山地气象研究,128(1):1-7.

韦志刚,黄荣辉,陈文,等,2002,青藏高原地面站积雪的空间分布和年代际变化特征[J]. 大气科学,26(4):496-508.

韦志刚,罗四维,董文杰,等,1998,青藏高原积雪资料分析及其与我国夏季降水的关系[J]. 应用气象学报,1998(s1):40-47.

吴国雄,刘平,刘屹岷,2000. 印度洋海温异常对西太平洋副热带高压的影响——大气中的两级热力适应[J]. 气象学报,58(5):513-522.

吴国雄,孟文,1998. 赤道印度洋—太平洋地区还起系统的齿轮耦合和 ENSO 事件 I:资料分析[J]. 大气科学,22(4):470-480.

吴国雄,李伟平,郭华,等,1997. 青藏高原感热气泵和亚洲夏季风[C]//赵九章纪念文集. 北京:科学出版社.

吴国雄,刘屹岷,2000. 热力适应、过流、频散和副高 I. 热力适应和过流[J]. 大气科学,24(4):433-446.

吴荷,陈海山,黄菱芳,2015. 欧亚中高纬春季地表感热异常与长江中下游夏季降水的可能联系[J]. 气候与环境研究,20(1):119-128.

吴统文,钱正安,李培基,等,1998. 青藏高原多、少雪年后期西北干旱区降水的对比分析[J]. 高原气象,17
　　(4):364-372.

吴统文,钱正安,2000,青藏高原冬春积雪异常与中国东部地区夏季降水关系的进一步分析[J]. 气象学报,58
　　(5):570-581.

伍光和,江存远,1998. 甘肃省综合自然区划[M]. 兰州:甘肃科学技术出版社.

武炳义,高登义,黄荣辉,2000. 冬春季节北极海冰的年际和年代际变化[J]. 气候与环境研究,5(3):249-258.

夏权,陈少勇,李艳,等,2012. 黄河上中游地区盛夏旱涝变化及其环流异常特征[J]. 资源科学,34(11):
　　2189-2196.

谢金南,王素艳,马镜娴,2000. 厄尔尼诺事件与西北干旱相关的稳定性问题[C]//中国西北干旱气候变化与
　　预测研究. 北京:气象出版社,250-254.

信忠保,谢志仁,2005. 宁夏气候变化对 ENSO 事件的响应[J]. 干旱区地理,28(2):239-243.

徐国昌,董安祥,1982. 我国西部降水量的准三年周期[J]. 高原气象,1(2):11-17.

徐国昌,张志银,1983. 青藏高原对西北干旱气候形成的作用[J]. 高原气象,2(2):9-16.

徐小红,李兆元,杨文峰,2000. 印度洋、大西洋海温对我国西北地区旱涝的影响[C]//中国西北干旱气候变化
　　与预测研究(Ⅲ),北京:气象出版社,132-136.

许晨海,姚展予,陈进强,2004. 黄河上游降水的时空变化及其环流特征[J]. 气象,30(11):51-54.

严中伟,杨赤,2000. 近几十年中国极端气候变化格局[J]. 气候与环境研究,5(3):267-272.

晏红明,严华生,谢应齐,2001. 中国汛期降水的印度洋 SSTA 信号特征分析[J]. 热带气象学报,17(2):
　　109-116.

杨建玲,冯建民,穆建华,等,2013. 西北地区东部季节干旱的时空变化特征分析[J]. 冰川冻土,35(4):
　　949-958.

杨建玲,刘秦玉,2008. 热带印度洋 SST 海盆模态的"充电/放电"作用—对夏季南亚高压的影响[J]. 海洋学
　　报,30(2):1-8.

杨建玲,2007. 热带印度洋海表面温度异常对亚洲季风区大气环流的影响研究[D]. 青岛:中国海洋大学海
　　洋.

杨金虎,江志红,王鹏祥,等,2008. 太平洋 SSTA 同西北东部夏季极端降水事件的遥联[J]. 高原气象,27(2):
　　331-338.

杨金虎,孙兰东,林婧婧,等,2015a.1961-2012 年盛夏持续性干湿异常分析及预测[J]. 资源科学,37(10):
　　2078-2085.

杨金虎,孙兰东,林婧婧,等,2015b. 西北东南部夏季干湿转折异常分析及预测[J]. 自然资源学报,30
　　(2):282-292.

杨金虎,杨启国,姚玉璧,等,2006. 西北东部夏季干湿的演变及环流特征分析[J]. 气象,32(10):94-101.

杨晓丹,2005. 中国西北地区降水变化及其可能原因的诊断研究[D]. 北京:中国气象科学研究院.

杨修群,郭燕娟,徐桂玉,等,2002. 年际和年代际气候变化的全球时空特征比较[J]. 南京大学学报(自然科
　　学),38(3):308-317.

姚慧茹,李栋梁,王慧,2017.1981-2012 年西北东部夏季降水不同强度雨日变化及其环流特征的对比分析
　　[J]. 气象学报,75(3):16-31.

叶笃正,黄荣辉,1991. 我国长江黄河两流域旱涝规律成因与预测研究的进展、成果与问题[J]. 地球科学进
　　展,6(4):24-29.

应明,孙淑清,2000. 西太平洋副热带高压对热带海温异常响应的研究[J]. 大气科学,24(2):193-206.

余锦华,丁裕国,刘晶淼,2001. 近百年全球平均地面气温准周期信号及其长期演变特征的分析[J]. 大气科
　　学,25(6):767-777.

翟盘茂,余荣,郭艳君,等,2016.2015/2016 年强厄尔尼诺过程及其对全球和中国气候的主要影响[J]. 气象学

报,74(3):309-321.

张铭,左瑞亭,曾庆存,2007.IAP 九层大气环流模式[M].北京:气象出版社,8-77.

张琼,刘平,吴国雄,2003.印度洋和南海海温与长江中下游旱涝[J].大气科学,127(16):992-1006.

张若楠,2011.北极海冰异常对中国夏季气候的可能影响[D].北京:中国气象科学研究院.

张顺利,陶诗言,2001.青藏高原积雪对亚洲夏季风影响的诊断及数值研究[J].大气科学,25(3):372-390.

张扬,白红英,黄晓月,等,2018.近 55 a 秦岭山区极端气温变化及其对区域变暖的影响[J].山地学报,36(1):23-33.

张长灿,李栋梁,王慧,等,2017.青藏高原春季地表感热特征及其对中国东部夏季雨型的影响[J].高原气象,36(1):13-23.

赵庆云,李栋梁,吴洪宝,2006.西北区东部近 40 年地面气温变化的分析[J].高原气象,25(4):643-650.

赵庆云,张武,唐杰,等,2006.西北东部气候异常特征及其对冬季高原感热的响应[J].中国沙漠,26(3):415-420.

赵勇,李如琦,杨霞,等,2013.5 月青藏高原地区感热异常对北疆夏季降水的影响[J].高原气象,32(5):1215-1223.

郑丽娜,2018.近 55a 中国西北地区夏季降水的时空演变特征[J].海洋气象学报,38(2):50-59.

郑益群,钱永甫,苗曼倩,等,2000.青藏高原积雪对中国夏季风气候的影响[J].大气科学,24(6):761-774.

周俊前,刘新,李伟平,等,2016.青藏高原春季地表感热异常对西北地区东部降水变化的影响[J].高原气象,35(4):845−853.

周连童,黄荣辉,2008.中国西北干旱、半干旱区感热的年代际变化特征及其与中国夏季降水的关系[J].大气科学,32(6):1276-1288.

周秀骥,赵平,陈军明,等,2009,青藏高原热力作用对北半球气候影响的研究[J].中国科学(地球科学),39(11):1473-1486.

周长春,高晓清,陈文,等,2009.中亚感热异常对我国西北温度、降水的影响[J].高原气象,28(2):395-401.

朱炳瑗,李栋梁,1992.1845−1988 年期间厄尔尼诺事件与我国西北旱涝[J].大气科学,16(2):185-192.

朱玉祥,丁一汇,刘海文,2009.青藏高原冬季积雪影响我国夏季降水的模拟研究[J].大气科学,33(5):903-915.

ANNAMALAI H,LIU Ping,XIE Shang-Ping,2005b.Southwest Indian Ocean SST variability:Its local effect and remote influence on Asian monsoons[J].J Clim,18(20):4150-4167.

ANNAMALAI H,XIE Shang-Ping,MCCREARY J P.2005a.Impacts of Indian Ocean Sea Surface Temperature on Developing El Niño[J].J Clim,18(2):302-319.

AXEl Timmermann,AN Soon-il,KUG Jong-Seong,et al,2018.El Niño-Southern Oscillation complexity[J].Nature,559(7715):535-545.

CHEN G S,HUANG R H,ZHOU L T,2013.Baroclinic instability of the silk road pattern induced by thermal damping[J].J Atmos Sci,70(9):2875-2893.

CHEN G S,HUANG R H,2012.Excitation mechanisms of the teleconnection patterns affecting the July precipitation in northwest China[J].J Climate,25(22):7834-7851.

CHEN Y,ZHAI P M,2014.Two types of typical circulation pattern for persistent extreme precipitation in Central-Eastern China[J].Quart J Roy Meteor Soc,140(682):1467-1478.

COHEN J,SCREEN J A,FURTADO J C,et al,2014.Recent Arctic amplification and extreme mid-latitude weather[J].Nature Geoscience,7(9):627-637.

DING Q,WANG B,2005.Circumglobal teleconnection in the Northern Hemisphere summer[J].J Climate,18:3483-3505.

DUAN A,LI F,WANG M,et al,2011.Persistent Weakening Trend in the Spring Sensible Heat Source over the Tibetan Plateau and Its Impact on the Asian Summer Monsoon[J]. Journal of Climate,24(21):5671-5682.

DUAN A,WU G,LIANG X,2008. Influence of the Tibetan Plateau on the summer climate patterns over Asia in the IAP/LASG SAMIL model[J]. Advances in Atmospheric Sciences,25(4):518-528.

GILL A E,1980. Some simple solutions for heat-induced tropical circulation[J], Quart J Roy Meteor Soc,106 (449):447-462.

HUANG R H,2001. Decadal variability of the summer monsoon rainfall in East Asia and its Association with the SST anomalies in the tropical Pacific[J]. Exchanges,20:1-3.

HUANG R,WU Y,1989. The influence of ENSO on the summer climate change in China and its mechanism [J]. Adv Atmos Sci,6(1): 21-32.

KLEIN S A,SODE B J,LAU N C,1999. Remote sea surface temperature variations during ENSO:Evidence for a tropical atmospheric bridge[J]. J Clim,12(4):917-932.

LAU N C,LEETMAA A,NATH M J,et al,2005. Influences of ENSO-Induced Indo-Western Pacific SST anomalies on extratropical atmospheric variability during the boreal summer[J]. J Clim,18(15):2922-2942.

LI X,LI D,LI X,et al,2018. Prolonged seasonal drought events over northern China and their possible causes [J]. Int J Climatol,38:4802-4817.

MANABE S,STOUFFER R J,1980. Sensitivity of a global climate model to an increase of CO2 in the atmosphere[J]. Journal of Geophysical Research,85(C10):5529-5554.

MCPHADE M J,BUSALACCHI A J,Anderson,et al,2010. A TOGA retrospective[J]. Oceanography, 23:86-103.

ORSOLINI Y J,ZHANG L,PETERS D H W,et al,2015. Extreme precipitation events over north China in August 2010 and their link to eastward-propagating wave-trains across Eurasia:Observations and monthly forecasting[J]. Quart J Roy Meteor Soc,141(693):3097-3105.

PING Z,CHEN L,2001. Interannual variability of atmospheric heat source/sink over the Qinghai-Xizang (Tibetan) Plateau and its relation to circulation[J]. Advances in Atmospheric Sciences,18(1):106-116.

QIAN W H,FU J L,YAN Z W,2007. Decrease of light rain events in summer associated with a warming environment in China during 1961-2005[J]. Geophys Res Lett,34(11):L11705, doi:10. 1029/2007GL029631.

SAJI N H,GOSWAMI B N,VINAYACHANDRAN P N,et al,1999. A dipole mode in the tropical Indian Ocean[J]. Nature,401(6751):360-363.

SCHOTT F A,XIE S P,MCCCREARY J P,2009. Indian Ocean circulation and climate variability. Rev Geophys,47(1): RG1002, doi:10. 1029/2007RG000245.

SCREEN J A,SIMMONDS I,2010. The central role of diminishing sea ice in recent Arctic temperature amplification[J]. Nature,464(7293): 1334-1337.

SERREZE M C,BARRETT A P,STROEVE J C,et al,2009. The emergence of surface-based Arctic amplification[J]. The Cryosphere,3(1):11-19.

SUN Sheng-jie,LI Dong-liang,2018. Variability in the western Pacific subtropical high and its relationship with sea temperature variation considering the background of climate warming over the past 60 years[J]. J Trop Meteor,24(4):468-480.

TRENBERTH K E,1990. Recent observed interdecadal climate changes in the Northern Hemisphere[J]. Bull Amer Meteor Soc,71(7): 988-993.

TU K,YAN Z W,WANG Y,2011. A spatial cluster analysis of heavy rains in China[J]. Atmos Oceanic Sci Lett,4(1):36-40.

WANG H,LI D,2011. Correlation of surface sensible heat flux in the arid region of northwestern China with the northern boundary of the East Asian summer monsoon and Chinese summer precipitation[J]. J Geophys

Res：Atmospheres，116(D19)：1441-1458.

WANG S，ZHAO Z，1981. Droughts and floods in China 1470-1979. Climate and History，271-288.

WANG B，WU R G，FU X H，2000. Pacific-East Asian Teleconnection：HowdoesENSO affect East Asian climate[J]. J Clim，13(9)：1517-1536.

WATANABE M，JIN F F，2003. A moist linear baroclinic model：Coupled dynamical-convective response to El Niño[J]. J Clim，16(8)：1121-1139.

WEBSTER P J，YANG S，1992. Monsoon and ENSO：Selectively interactive systems[J]. Quart J R Meteor Soc，118(507)：877-926.

WEBSTER P J，MOORE A M，LOSCHNIGG J P，et al，1999. Coupled ocean-atmosphere dynamics in the Indian Ocean during 1997-98[J]. Nature，401：356-360.

WEBSTER P J，MAGANA V O，PALMER T N，et al，1998. Monsoons：Processes，predictability，and prospects for prediction[J]. J Geophys Res，103(C7)：14451-14510.

WU G，LIU Y，DONG B，et al，2012，Revisiting Asian monsoon formation and change associated with Tibetan Plateau forcing：I. Formation[J]. Climate Dynamics，39(5)：1169-1181.

WU G，ZHANG Y，1998. Tibetan Plateau forcing and the timing of the monsoon onset over South Asia and the South China Sea[J]. Mon Wea Rev，126(4)：913-927.

WU Tongwen，QIAN Zhengan. 2003. The relation between the Tibetan winter snow and the Asian summer monsoon and rainfall：an observational investigation[J]. J Climate，16(12)：2038-2051.

WU R G，BEN P，KIRTMAN，2004. Understanding the impacts of the Indian Ocean on ENSO variability in a coupled GCM[J]. J Clim. ，17(20)：4019-4031.

XIE S，HU K，HAFNER J，et al，2009. Indian Ocean Capacitor Effect on Indo－Western Pacific Climate during the Summer following El Niño[J]. J Clim，22(3)：730-747.

YANG J，LIU Q，LIU Z，et al，2009. Basin mode of Indian Ocean sea surface temperature and Northern Hemisphere circumglobal teleconnection[J]. Geophys Res Lett，36(19)：L19705，doi：10. 1029/2009GL039559.

YANG J，LIU Q，LIU Z，2010. Linking Observations of the Asian Monsoon to the Indian Ocean SST：Possible Roles of Indian Ocean Basin Mode and Dipole Mode[J]. Journal of Climate，23(21)：5889-5902.

YANG Jianling，LIU Qinyu，XIE Shang-Ping，et al，2007. Impact of the Indian Ocean SST basin mode on the Asian summer monsoon[J]. Geophys Res Lett，34(2)：L02708，doi：10. 1029/2006 GL028571.

ZENG Q C，YUAN C G，ZHANG X H，1987. A globalgridpoint general circulation model[J]. Collection of Papers Presented at the WMO/IUGG NWP Symposium (Special Volume of Journal of the Meteorological Society of Japan)：421-430.

ZHANG R，SUMI A，KIMOTO M，1996. Impact of El Niño on the East Asian monsoon：A diagnostic study of the 86/87 and 91/92 events[J]. J Meteor Soc Japan，74：49-62.

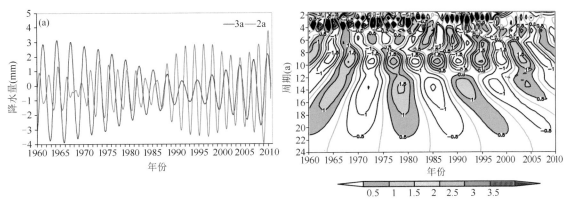

图 2.17　中国西北地区东部 2 年、3 年周期的 Butterworh 滤波
(a)及降水的 Morlet 小波变换(b)

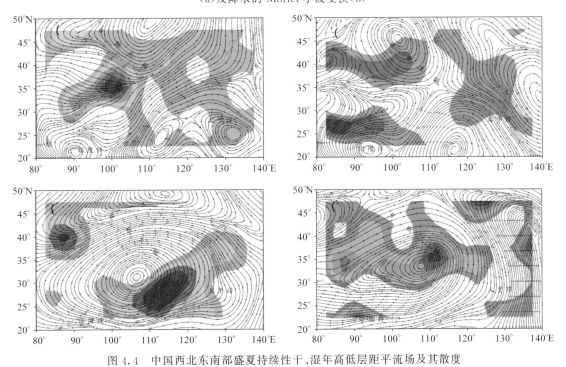

图 4.4　中国西北东南部盛夏持续性干、湿年高低层距平流场及其散度
(a)干年 700 hPa;(b)湿年 700 hPa;(c)干年 200 hPa;(d)湿年 200 hPa(阴影部分代表正散度区,散度单位:10^{-5} s^{-1})

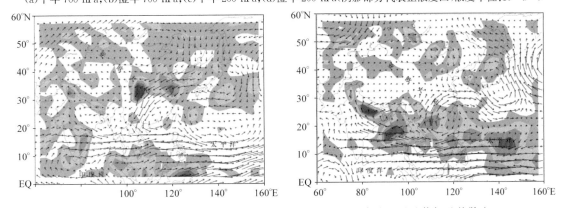

图 4.5　中国西北东南部盛夏持续性干(a)、湿(b)年整层水汽通量差值场及其散度
(阴影部分代表正散度区)

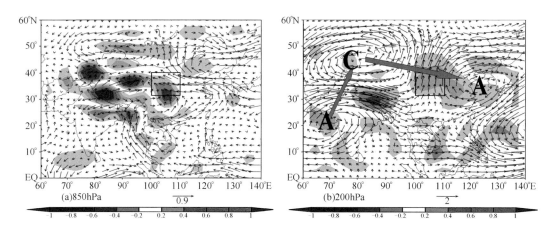

图 5.9　同图 5.8,只是回归的物理量为 5 月对流层水平风场(矢量,单位:m·s⁻¹)及其散度
(彩色区,单位 10^{-6} s⁻¹)的回归分布(正值表示辐散,负值表示辐合)

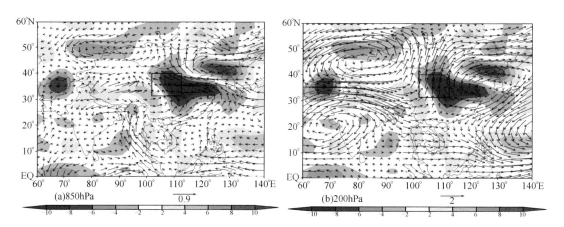

图 5.10　同图 5.8,只是回归的物理量为 5 月 500 hPa 垂直运动场(彩色区,单位:10^{-3} m/s)
叠加了 850 hPa(左)和 200 hPa(右)水平风场(矢量,单位:m/s)的回归分布,
彩色区正值表示垂直下降运动,负值表示垂直上升运动

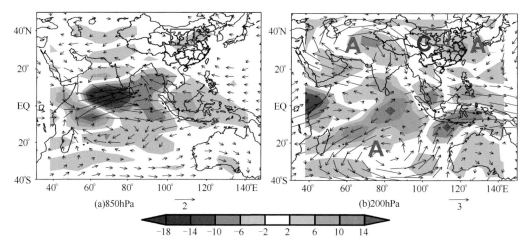

图 5.14　FOAM1.5 模拟的热带印度洋暖海盆模引起的 5 月水平风场异常(矢量,单位:m/s)
及其散度场(阴影,单位:10^{-5} s⁻¹)。图中 A、C 分别表示反气旋和气旋

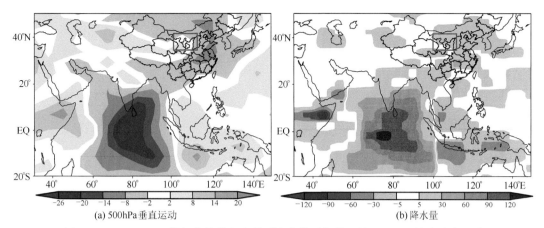

(a) 500hPa垂直运动   (b) 降水量

图 5.15 FOAM1.5 模拟的热带印度洋暖海盆模引起的 5 月 500 hPa 异常垂直运动

（a）（单位：10^{-3} Pa·s^{-1}）和异常降水量（b）（单位：mm/月）

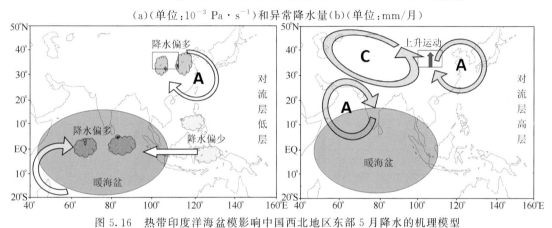

图 5.16 热带印度洋海盆模影响中国西北地区东部 5 月降水的机理模型

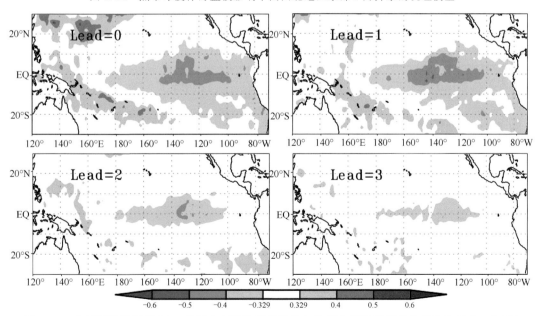

图 5.21 中国西北地区东部 10 月降水 EOF1 时间系数与热带太平洋海温相关系数分布，Lead 表示
海温超前降水的月，阴影区域超过 95％信度检验

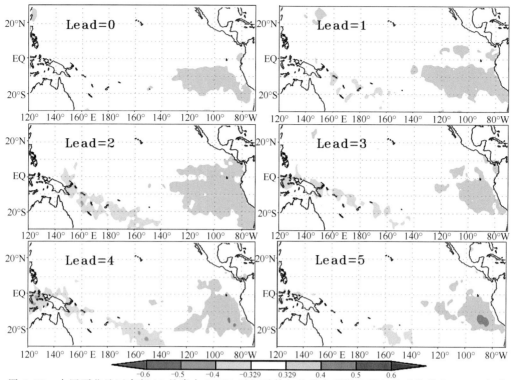

图 5.22　中国西北地区东部 10 月降水 EOF2 时间系数与热带太平洋海温相关系数分布,Lead 表示
海温超前降水的月,阴影区域超过 95％信度检验

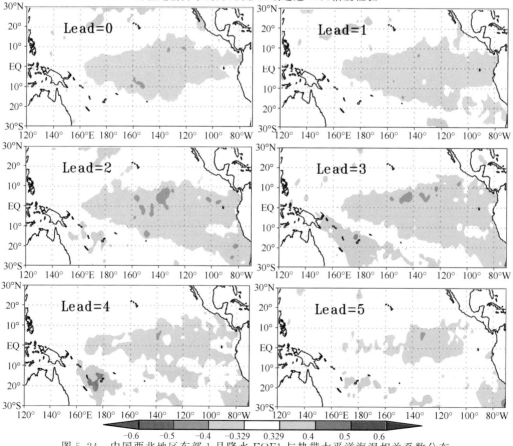

图 5.24　中国西北地区东部 1 月降水 EOF1 与热带太平洋海温相关系数分布
(Lead 表示海温超前降水的月,阴影区域超过 95％信度检验)

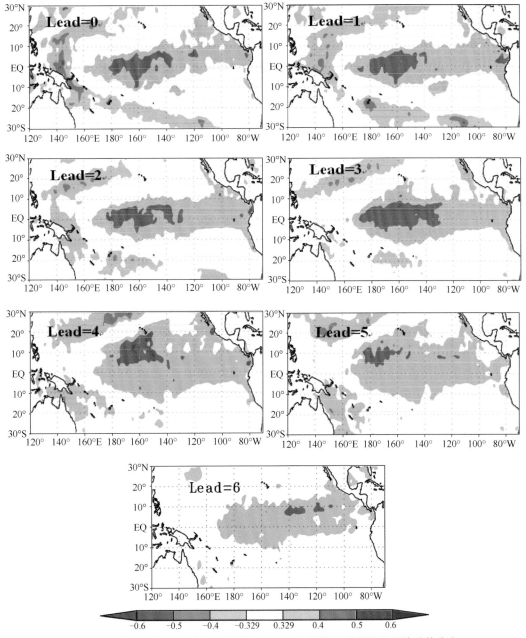

图 5.26 中国西北地区东部 3 月降水 EOF1 与热带太平洋海温相关系数分布

Lead 表示海温超前降水的月,阴影区域超过 95% 信度检验

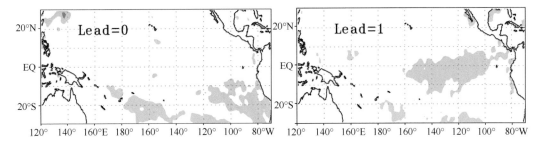

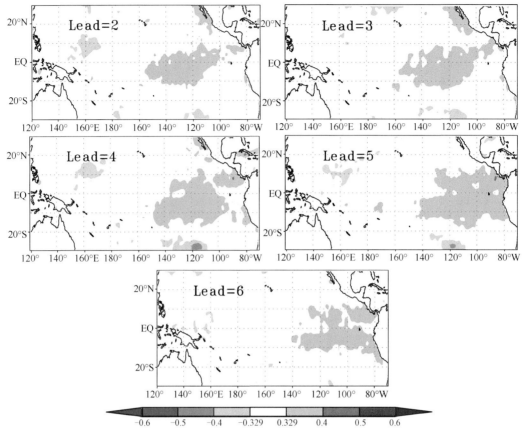

图 5.28　中国西北地区东部 4 月降水 EOF3 与热带太平洋海温相关系数分布

Lead 表示海温超前降水的月，阴影区域超过 95% 信度检验

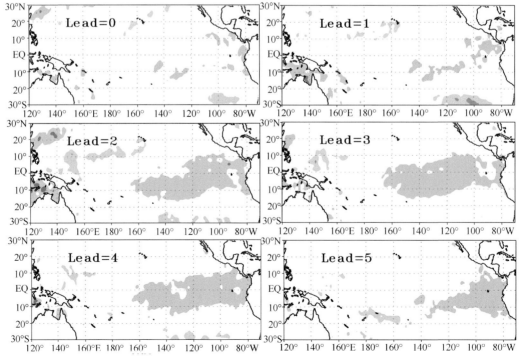

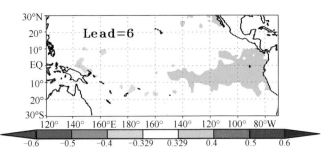

图 5.30　中国西北地区东部 5 月降水 EOF1 与热带太平洋海温相关系数分布

Lead 表示海温超前降水的月,阴影区域超过 95％信度检验

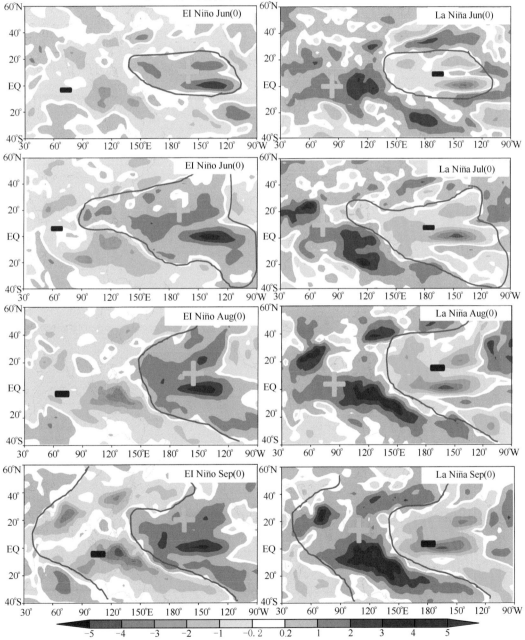

图 5.40　热带太平洋 ENSO 事件当年 6—9 月逐月大气可降水量异常演变(单位:mm/d)

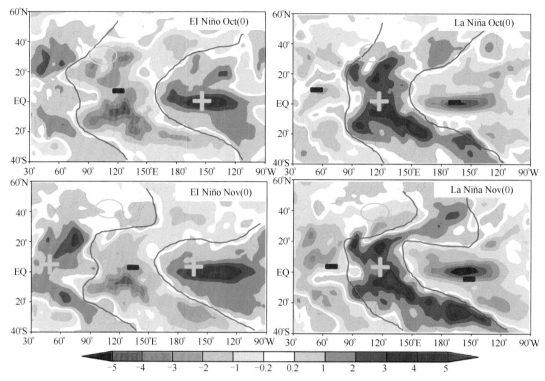

图 5.41　热带太平洋 ENSO 事件当年 10—11 月逐月大气可降水量异常演变(单位:mm/d)

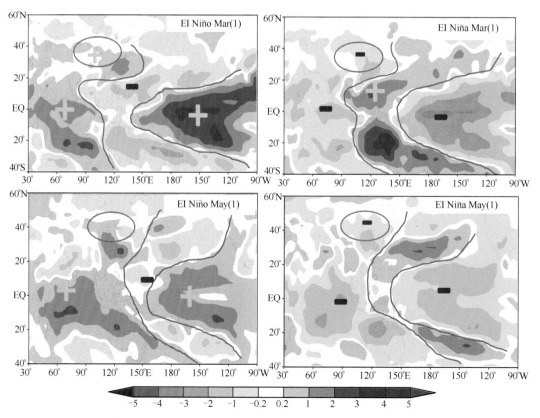

图 5.42　热带太平洋 ENSO 事件次年 3—5 月逐月大气可降水量异常演变(单位:mm/d)

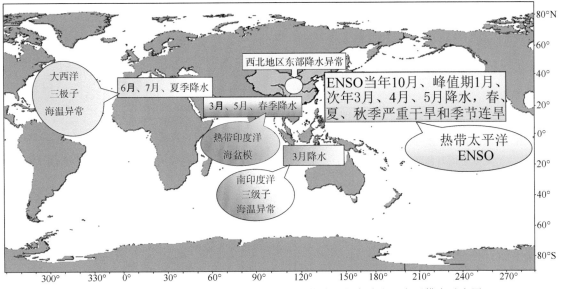

图 5.65 与中国西北地区东部降水异常有显著关联的全球海温主要模态示意图

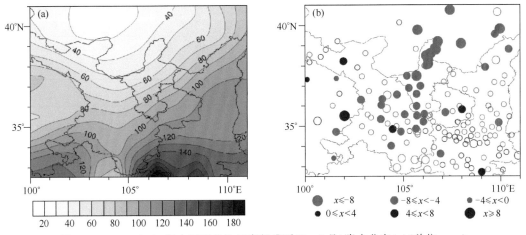

图 6.1 1961—2015 年中国西北地区东部盛夏(7—8 月)降水分布(a)(单位:mm)
及其百分率的线性趋势(b)(单位:%(10a)$^{-1}$;实心通过 90% 的置信水平 t 检验)

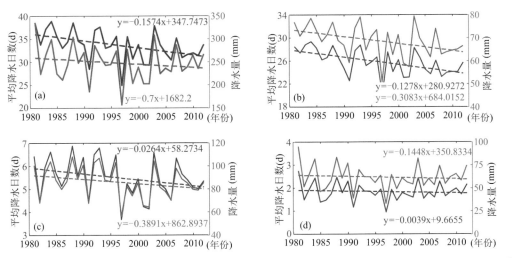

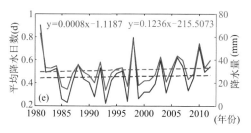

图 6.7 1981—2012 年中国西北地区东部平均降水日数(单位:d)和降水量(单位:mm)的年际变化
(a)夏季总雨日和降水量;(b)小雨;(c)中雨;(d)大雨;(e)暴雨和(特)大暴雨虚线为线性趋势

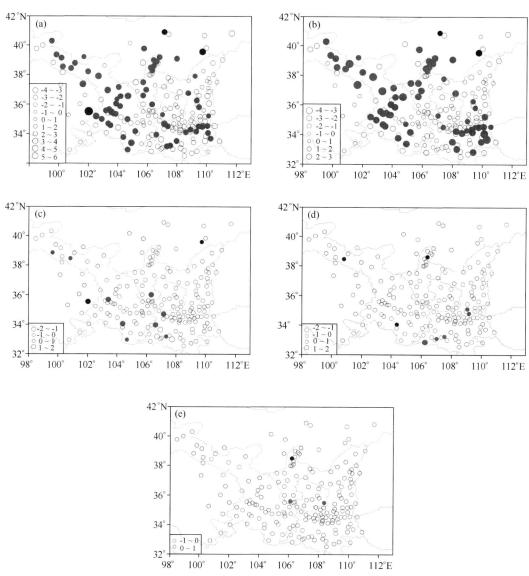

图 6.8 1981—2012 年中国西北地区东部不同强度降水日数的线性倾向率分布
(单位:d・(10 a)⁻¹)(a)夏季总雨日;(b)小雨;(c)中雨;(d)大雨;
(e)暴雨和(特)大暴雨;实心圆表示通过 α=0.05 的显著性检验

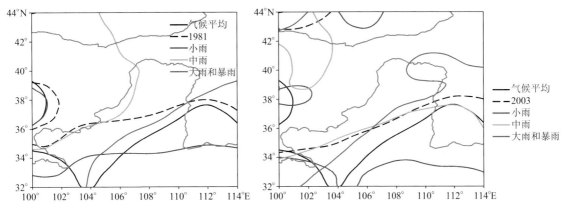

图 6.10 中国西北地区东部不同强度降水期间 500 hPa 温度平流冷暖平流 0 界线的位置

(a)1981 年 8 月；(b)2003 年 8 月

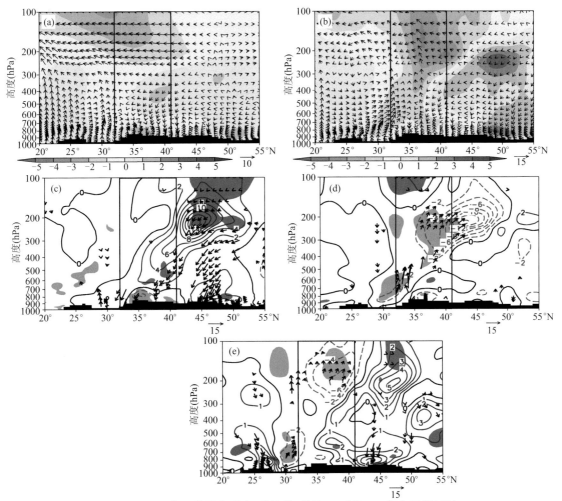

图 6.11 1981 年 8 月温度平流(等值线,单位:10^{-5}℃ · s^{-1})和风场(箭矢,

水平风速单位:m · s^{-1},垂直风速单位:Pa · s^{-1})沿 106°E 的垂直剖面

(a)32 年平均值；(b)1981 年距平场；(c)小雨偏多的距平场；(d)中雨偏多的

距平场；(e)大雨偏多的距平场 ((c)、(d)、(e)中阴影表示通过 $\alpha=0.05$ 的显著性检验)

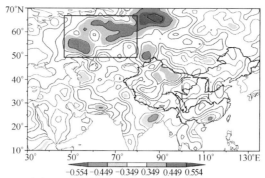

图 6.17　中国西北地区东部夏季降水与前期春季欧亚高纬地表感热通量的相关系数分布
（阴影表示通过 $\alpha=0.05$ 的显著性检验）

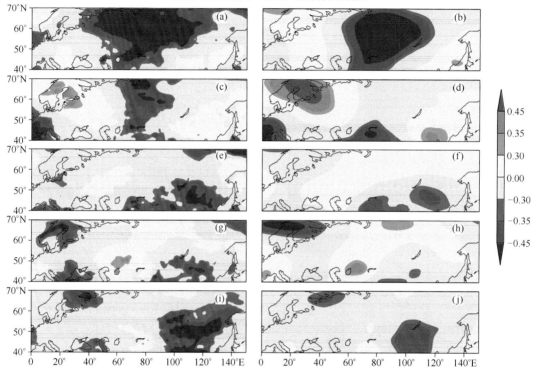

图 6.26　春季乌拉尔山感热通量与 4—8 月地面 2 m 气温(a、c、e、g、i)和 500 hPa 位势高度
(b、d、f、h、j)的相关系数分布(阴影表示通过 $\alpha=0.05$ 的显著性检验)

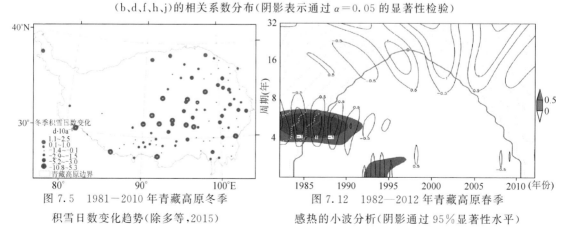

图 7.5　1981—2010 年青藏高原冬季
积雪日数变化趋势(除多等,2015)

图 7.12　1982—2012 年青藏高原春季
感热的小波分析(阴影通过 95% 显著性水平)

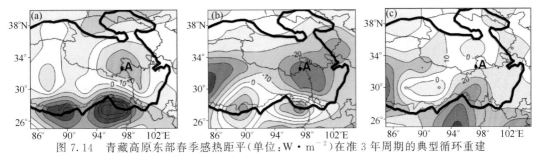

图 7.14　青藏高原东部春季感热距平(单位:W・m⁻²)在准 3 年周期的典型循环重建

（a）0°位相（第 1 年）；（b）120°位相（第 2 年）；（c）240°位相（第 3 年）（实心圆为选取的时间重建站点）

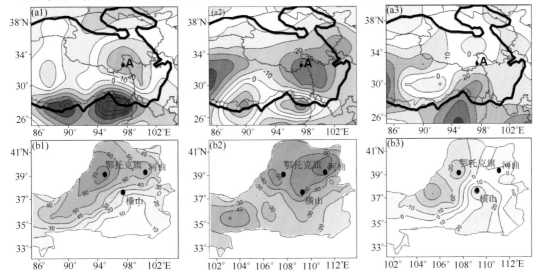

图 7.27　高原东部春季感热距平(a)(单位:W/m²)和中国西北地区东部汛期降水距平百分率

（b）在准 3 年周期的典型循环重建：（a1、b1）0 位相（第 1 年）；（a2、b2）120°位相（第 2 年）；

（a3、b3）240°位相（第 3 年）；（实心圆为选取的时间重建站点）

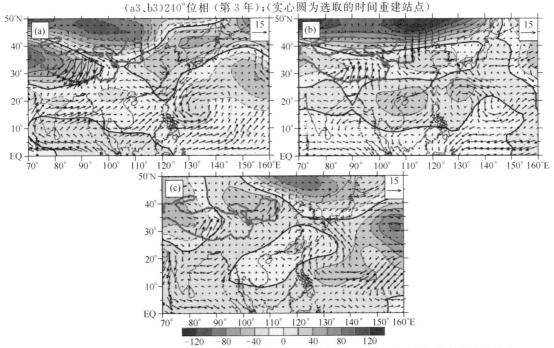

图 7.29　高原东部春季感热与汛期 500 hPa 高度场及整层水汽通量在准 3 年周期上的联合重建；

（a）0°位相（第 1 年）；（b）120°位相（第 2 年）；（c）240°位相（第 3 年）阴影：500 hPa

高度距平场（单位:gpm）；黑实线：零线；矢量：水汽通量距平（单位:kg・(m・s)⁻¹）

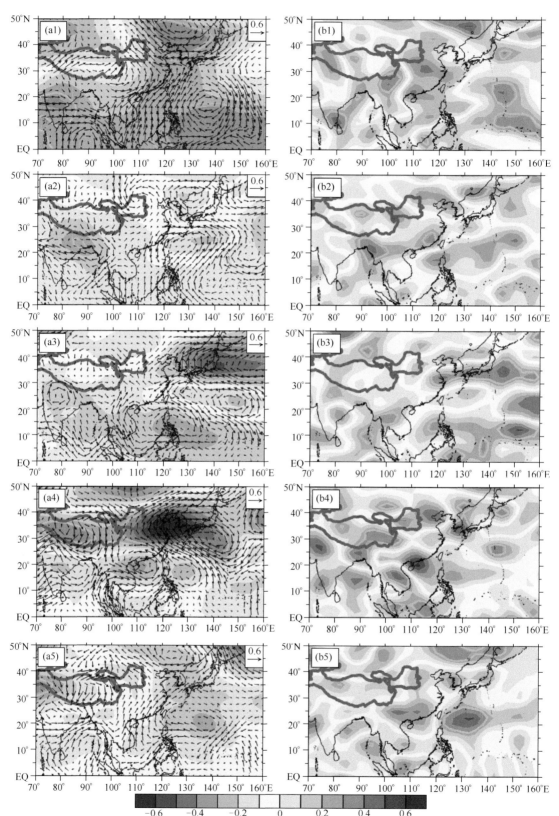

图 7.30　高原东部春季感热的大值中心区域平均的 3 年周期时间重建序列与同期春季平均(1)
以及 6 月(2)、7 月(3)、8 月(4)、9 月(5)的 500 hPa 高度场及 850 hPa 水平风场(a)、
500 hPa 垂直速度场(b)的相关系数.绿色线表示通过 0.05 显著性检验

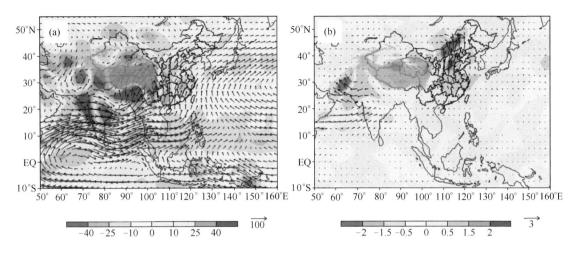

图 7.32 汛期 850 hPa 水汽输送通量(单位:kg・(m・s)⁻¹)与水汽通量散度

(单位:10^{-6}g(s・m²・hPa)⁻¹)(a)为气候平均态(1960—2010 年);(b)为感热强年与弱年的差值合成

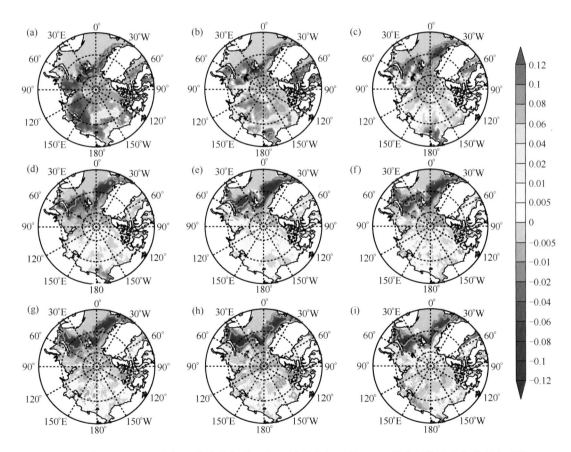

图 8.1 中国西北地区东部 6 月降水与前一年 9 月到当年 5 月(a～i)的北极海冰密集度回归系数

(绿色线内是通过 $\alpha=0.05$ 显著性水平检验的区域)

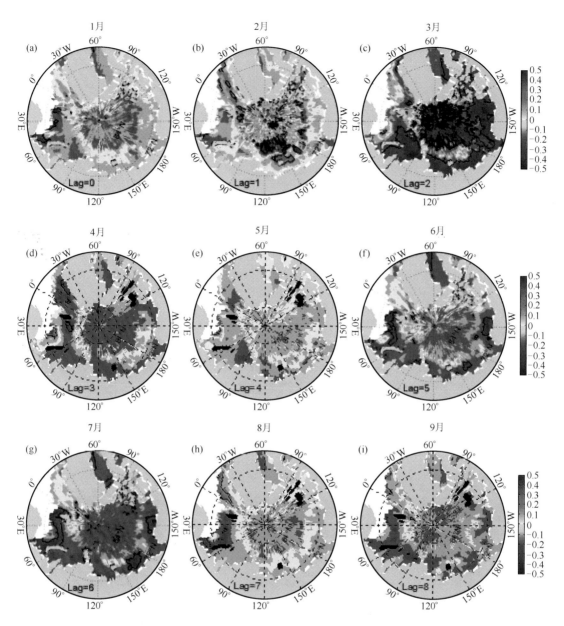

图 8.4 1—9 月渤黄海区域平均的 500 hPa 位势高度与 1 月北极海冰密集度的
相关系数(Lag 表示位势高度落后海冰变化的月数。色标为相关数值,
黑色实线内为通过 $\alpha = 0.05$ 显著水平检验的区域)